超越存在的视野

建筑形式美的原则

The Principles of Composition

[美] 托伯特 · 哈姆林（Talbot Hamlin） 著

邹德侬　刘丛红　译

華中科技大學出版社
http://www.hustp.com
中国 · 武汉

图书在版编目（CIP）数据

建筑形式美的原则 /（美）托伯特·哈姆林著；邹德侬，刘丛红译. —武汉：华中科技大学出版社，2020.8（2022.1重印）
（时间塔）
ISBN 978-7-5680-6162-9

Ⅰ.①建… Ⅱ.①托… ②邹… ③刘… Ⅲ.①建筑设计–研究 Ⅳ.①TU2

中国版本图书馆CIP数据核字（2020）第101843号

FORMS and FUNCTIONS of TWENTIETH-CENTURY ARCHITECTURE VOLUME II
The Principles of Composition
Edited by TALBOT HAMLIN, with a Chapter on Color by JULIAN E. GARNSEY
COLUMBIA UNIVERSITY PRESS
New York 1952

建筑形式美的原则
JIANZHU XINGSHIMEI DE YUANZE

［美］托伯特·哈姆林 著
邹德侬 刘丛红 译

出版发行：华中科技大学出版社（中国·武汉）
武汉市东湖新技术开发区华工科技园
电话：(027)81321913
邮编：430223

策划编辑：贺 晴
责任编辑：赵 萌
美术编辑：王 娜
责任监印：朱 玢

印 刷：武汉精一佳印刷有限公司
开 本：787 mm × 1092 mm 1/16
印 张：14
字 数：305千字
版 次：2022年1月 第1版 第2次印刷
定 价：78.00元

投稿邮箱：heq@hustp.com
本书若有印装质量问题，请向出版社营销中心调换
全国免费服务热线：400-6679-118 竭诚为您服务

目　录

第一章　建筑美学

（引言）

最早的建筑学家维特鲁威（Marcus Vitruvius Pollio），在奥古斯都时期写的全部著作流传至今。他认为，建筑有个三位一体的基础：适用（convenience）、坚固（solid and lasting strength）和美观（beauty）（图 1、2）。现代的评论家，用它来寻求功能完善、结构先进和富于想象的创造性设计。从维特鲁威的时代到现在，尽管不同时代有不同侧重点，但这三个不同的要素，依然被当成优秀建筑至关重要的因素。

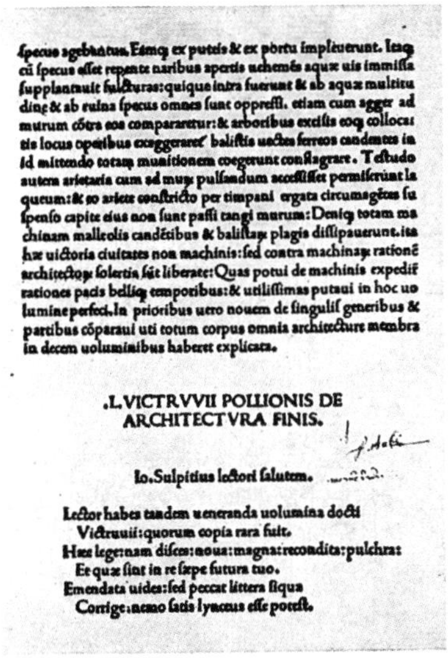

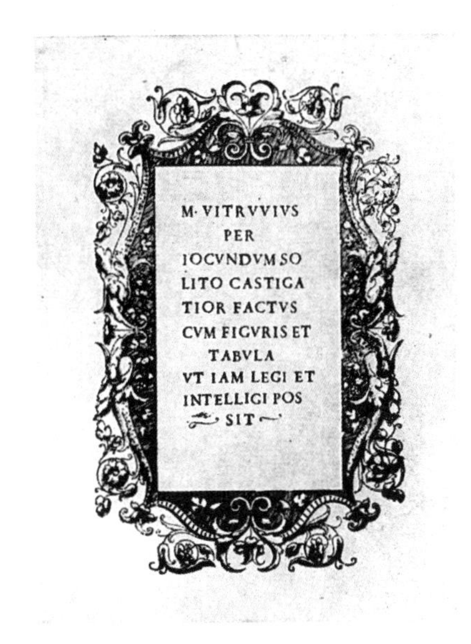
M·VITRVVIVS
PER
IOCVNDVM SO
LITO CASTIGA
TIOR FACTVS
CVM FIGVRIS ET
TABVLA
VT IAM LEGI ET
INTELLIGI POS
SIT

【图 1】（左）维特鲁威著作初版的末页和题署，罗马，1486
韵文中写道：“读者，现在你有了博学的维特鲁威令人起敬的书卷，这是举世罕见的副本。读了它，你将会学到宏伟、清新、渊博和美丽的东西……”承埃弗里图书馆（Avery Library）提供

【图 2】（右）维特鲁威著作带插图初版的标题页，威尼斯，1511
插图为建筑师乔瓦尼·焦孔多修士（Fra Giocondo）所作。部分标题页上写道：“……索引和插图在一起，以便于理解。”承埃弗里图书馆提供

13 世纪，维拉尔·德奥内库尔（Villard de Honnecourt）的草图集，对结构和外观表现出强烈兴趣（图 3、4、12），同时中世纪或大或小的住房的平面，特别是城镇住房的平面，从多种角度表明人们对当时所涉及的适用问题进行了精心推敲。修道院、礼拜堂和大教堂的设计，以最注意表现结构而著称，同时在美学方面的特征，也是显而易见的。可以看出，中世纪的建筑师们对这三个方面从不厚此薄彼。

在文艺复兴时期，特别是 16 世纪末和 17 世纪，追求形式的审美占了上风，一直到法国路易十四

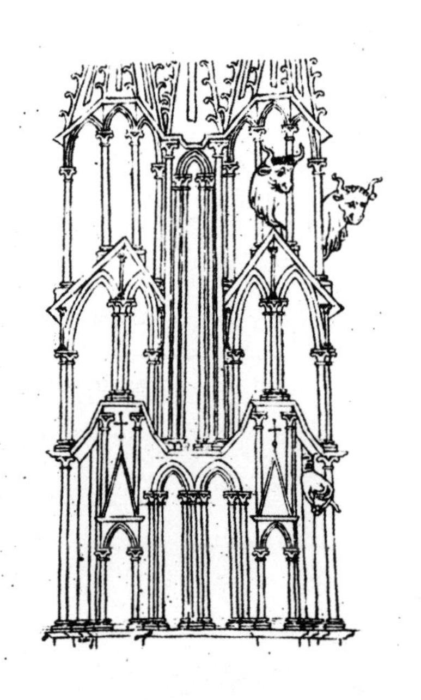

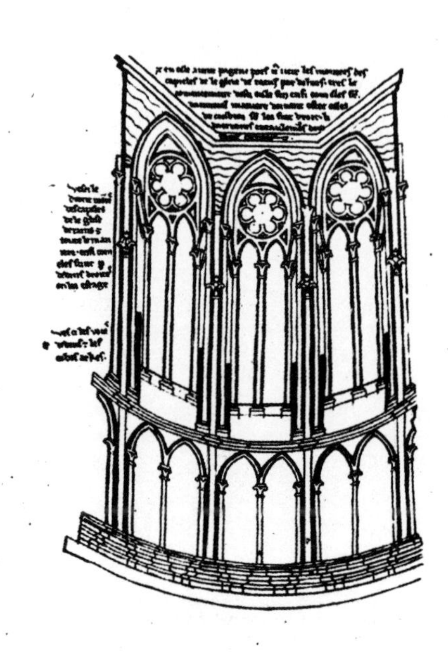

【图 3】（左）由维拉尔 • 德奥内库尔绘制的法国拉昂大教堂塔楼

13 世纪建筑师所绘的这幅草图表明，他试图以原始的透视法，画出拉昂大教堂塔楼突出和后退的立面。引自《维拉尔 • 德奥内库尔的草图集摹本》，伦敦，1859

【图 4】（右）由维拉尔 • 德奥内库尔绘制的法国兰斯大教堂的唱诗班小圣堂

这表明了维拉尔 • 德奥内库尔对当时建筑的兴趣所在，从兰斯大教堂那里，他为自己的设计汲取了许多灵感。引自《维拉尔 • 德奥内库尔的草图集摹本》，伦敦，1859

时期的学院派作者，像弗朗索瓦 • 布隆代尔（François Blondel）（图 5）和克洛德 • 佩罗（Claude Perrault）（图 6）这些人，在他们的著作里，到头来几乎唯独对比例、细部和立面的设计问题感兴趣。当然，他们也完全知道，建筑必须为一定的用途服务，结构也应该坚固，但他们主要的兴趣还是在美学理论上（图 7 ～ 9）。

在 18 世纪，对这种一边倒的观点有了反击。这个时期理性主义者的倾向，加上当时发展了小巧而适用的住宅概念，都迫使人们去注意适用、高效和紧凑的平面布置问题。新材料和老材料的新用法，已被付诸运用，结构的经济性也在变成非常迫切的需求，于是，建筑科学获得了新的动力。维特鲁威所主张的用途、结构和美观之间的平衡，又得以显现。1771 至 1774 年间，由弗朗索瓦 • 布隆代尔著述，由皮埃尔 • 帕特（Pierre Patte）协同完成的《皇家建筑学院建筑学教程》（图 5），对高效的平面布置问题，对建筑材料和建设方法问题，做了具有真知灼见的分析，同时也是一篇美学设计和细部装饰方面的专题论文。后来由布隆代尔倡导的学校课程，对建筑风格的全盘“摩登化”，指出了非常广阔的途径。在英国，艾萨克 • 韦尔（Isaac Ware）的《建筑之整体》（1756），同样也表示了一种全面而合理的态度，因为他的“整体”，既包括建筑材料、结构及经济、高效的平面布置，又包括美观的立面和内景的创造。

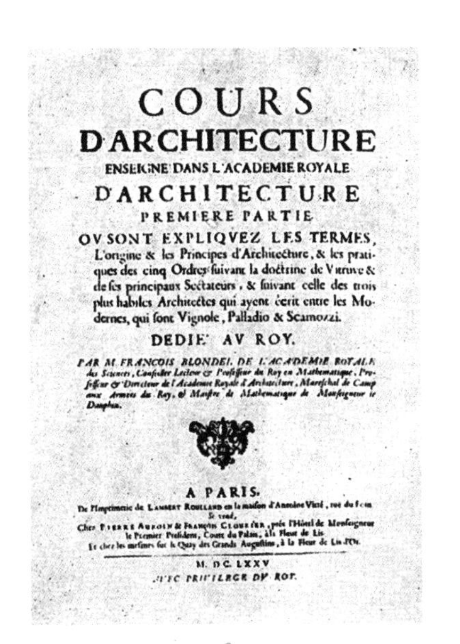
COURS
D'ARCHITECTURE
ENSEIGNE' DANS L'ACADEMIE ROYALE
D'ARCHITECTURE
PREMIERE PARTIE
OV SONT EXPLIQVEZ LES TERMES,
L'origine & les Principes d'Architecture, & les pratiques des cinq Ordres suivant la doctrine de Vitruve & de ses principaux Sectateurs, & suivant celle des trois plus habiles Architectes qui ayent écrit entre les Modernes, qui sont Vignole, Palladio & Scamozzi.
DEDIE' AV ROY.
PAR M. FRANCOIS BLONDEL, DE L'ACADEMIE ROYALE des Sciences, Conseiller Lecteur & Professeur du Roy en Mathematique, Professeur & Directeur de l'Academie Royale d'Architecture, Mareschal de Camp aux Armées du Roy, & Maistre de Mathematique de Monseigneur le Dauphin.
A PARIS.
M. DC. LXXV.

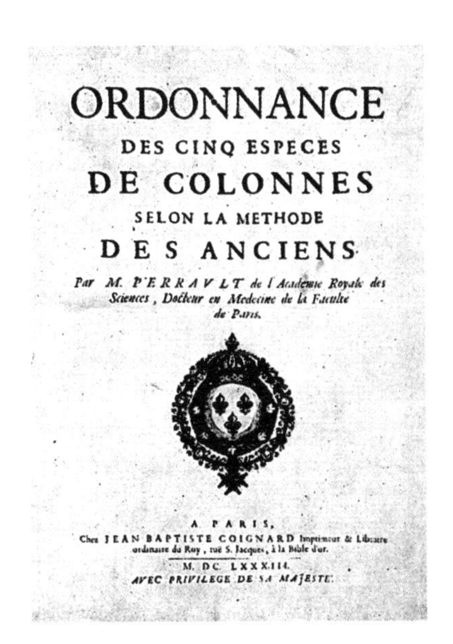
ORDONNANCE
DES CINQ ESPECES
DE COLONNES
SELON LA METHODE
DES ANCIENS.
Par M. PERRAULT de l'Academie Royale des Sciences, Docteur en Medecine de la Faculte de Paris.
A PARIS,
Chez JEAN BAPTISTE COIGNARD Imprimeur & Libraire ordinaire du Roy, ruë S. Jacques, à la Bible d'or.
M. DC. LXXXIII.
AVEC PRIVILEGE DE SA MAJESTE.

【图 5】（左）弗朗索瓦 • 布隆代尔所著《皇家建筑学院建筑学教程》的标题页，巴黎，1675

本书包括路易十四时期的官方建筑教条，如皇家建筑学院所讲授的那样，它强调绝对的比例为取得美学效果的首要方法。承埃弗里图书馆提供

【图 6】（右）克洛德 • 佩罗所著《古典建筑的柱式规制》一书的标题页，巴黎，1683

本书为佩罗所著，他设计过罗浮宫的东立面。他支持设计中的自由精神，并以此反对皇家建筑学院的教条主义理论。承埃弗里图书馆提供

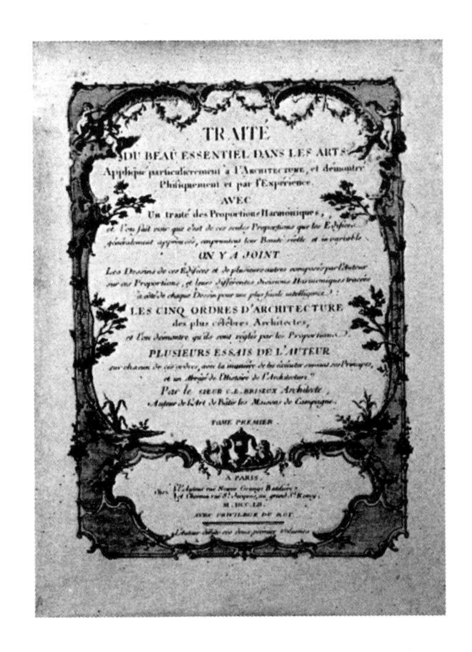
TRAITÉ
DU BEAU ESSENTIEL DANS LES ARTS
Appliqué particulièrement à l'ARCHITECTURE, et démontré Phisiquement et par l'Expérience.
AVEC
Un traité des Proportions Harmoniques,
ON Y A JOINT
LES CINQ ORDRES D'ARCHITECTURE
des plus célèbres Architectes,
PLUSIEURS ESSAIS DE L'AUTEUR
TOME PREMIER.
A PARIS.

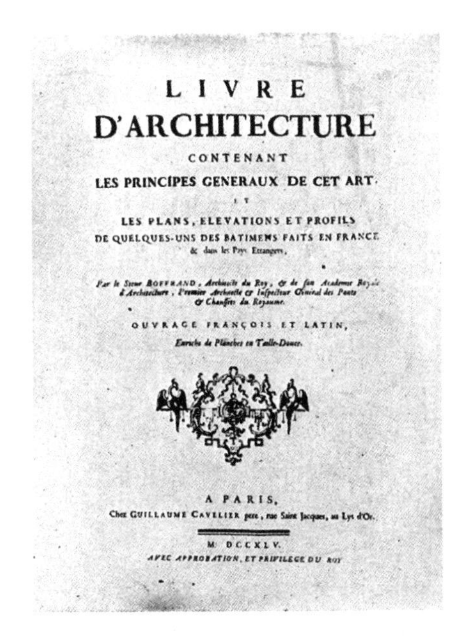
LIVRE
D'ARCHITECTURE
CONTENANT
LES PRINCIPES GENERAUX DE CET ART
ET
LES PLANS, ELEVATIONS ET PROFILS
DE QUELQUES-UNS DES BATIMENS FAITS EN FRANCE
& dans les Pays Etrangers,
Par le Sieur BOFFRAND, Architecte du Roy, & de son Academie Royale d'Architecture, Premier Architecte & Inspecteur Général des Ponts & Chaussées du Royaume.
OUVRAGE FRANÇOIS ET LATIN,
Enrichi de Planches en Taille-Douce.
A PARIS,
Chez GUILLAUME CAVELIER pere, rue Saint Jacques, au Lys d'Or.
M. DCCXLV.
AVEC APPROBATION, ET PRIVILEGE DU ROY

【图 7】（左）夏尔 - 艾蒂安 • 布里索（Charles-Étienne Briseux）所著《……美学论文》一书的标题页，巴黎，1752

本书是一部完全雕版印刷的辉煌巨著，是曾经出版过的建筑学书籍中最庞杂的一种。它支持绝对比例是真正美观的唯一源泉的理论。承埃弗里图书馆提供

【图 8】（右）加布里埃尔 - 热尔曼 • 博夫朗（Gabriel-Germain Boffrand）所著《……建筑艺术》一书的标题页，巴黎，1745

作者之目的在于，给建筑规定良好的鉴赏标准，包括适宜、实用、对健康无害、合于公共感官，以及纯粹的形式。承埃弗里图书馆提供

REGINA VIRTUS

I QUATTRO LIBRI
DELL'ARCHITETTURA
Di Andrea Palladio.

CON PRIVILEGI.

IN VENETIA,
Appresso Bartolomeo
Carampello.
1581.

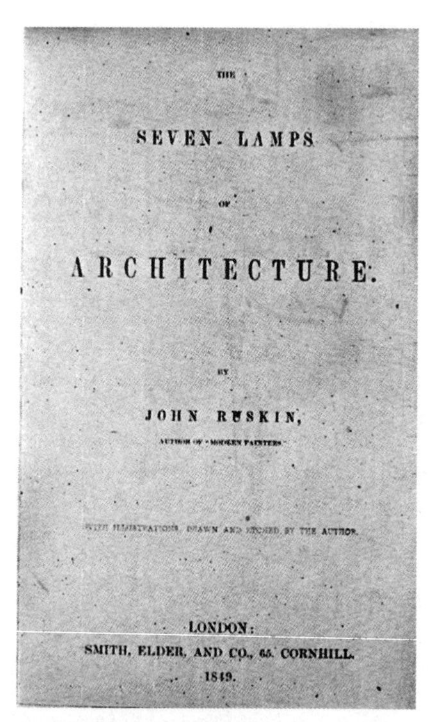

THE

SEVEN. LAMPS

OF

ARCHITECTURE.

BY

JOHN RUSKIN,

LONDON:
SMITH, ELDER, AND CO., 65, CORNHILL.
1849.

【图 9】（左）安德烈亚 • 帕拉第奥（Andrea Palladio）所著《建筑四书》初版的标题页，威尼斯，1581
当建筑的风气转向肆意玩弄细部时，帕拉第奥以他有影响的著作，尽力恢复经典的尊严和常理。承埃弗里图书馆提供
【图 10】（右）《建筑的七盏明灯》一书初版的标题页，伦敦，1849
19 世纪评论家们所推崇的最有影响、最激动人心的一部建筑学著作。承纽约公共图书馆提供

到 19 世纪，对这个问题的看法就不那么一致了。理性主义在早些年间还占据着统治地位，并且控制着大多数古典复兴主义建筑师们的设计思想。后来，对风格的争论与对混乱的批评比肩而行。到约翰 • 罗斯金（John Ruskin）的早年，即 1849 年他写《建筑的七盏明灯》（*The Seven Lamps of Architecture*）的时候，他认为，将建筑艺术与单纯建筑物区分开的一个重大因素就是装饰。在他的著作中，对任何结构或平面的适用问题，几乎不管不问（图 10、11）。与之相反，维奥莱 - 勒 - 杜克（Viollet-le-Duc）则复原了维特鲁威的三位一体，也许他把结构的地位摆得最高，在他的心目中，好的建筑总是以好的结构为基础，美的形象总是由结构的情况来决定。

但是，19 世纪后 30 年，建筑师们又逐渐倾向于把美学设计当成首要兴趣，其中最善于思考的建筑师，还能在平面布置中把适用放在显要的地位，而且把简洁而合乎逻辑的平面布局作为当时衡量一切优秀设计的标志。事实上，也许 19 世纪的建筑师们所做出的最大贡献就在于，他们对工业文明所需的复杂而又难以解决的平面布局问题，做出了富于创见的回应。可是，学术评论的主要气氛，是一种美学和风格上的偏见。在那种自由折中主义时代，很难会有别的什么答案。认为一座建筑物，必须符合人们所认知的某种“风格”——古典式、哥特式、英式、法式、意式、西班牙式、殖民地式，或

【图 11】（左）《建筑的七盏明灯》一书中作者所作的插图
尽管罗斯金不是建筑师，但他是一位技巧娴熟而注重精确度的线描画家。承纽约公共图书馆提供
【图 12】（右）维拉尔 • 德奥内库尔所画的人体草图
一系列图形表明，艺术家试图将人体还原成多种不同的基本几何形状。引自《维拉尔 • 德奥内库尔的草图集摹本》，伦敦，1895

者什么式也不是——替任何既定的建筑物挑选风格，成了设计中的主要问题。建筑师和建筑评论家们，就围绕着这个问题绞尽脑汁，大量的评论文章着力于这一种或那一种风格的宣传，而这个问题的重要性，愈来愈演变成对肤浅的纯外观问题的过分强调。

大概就是这个原因，招致了走向理性主义的强烈反响，理性主义以所谓国际风格的诞生为特征。因此，近来的某些评论家们就提出了质疑，把追求美观当作建筑的既定目标是否得当。他们并不否认建筑的美观这一事实，但只是把它当作良好的功能和结构设计的副产品，他们断言，一味地引导建筑师把注意力集中在“非本质的”美观上，只能将他们引向感情用事或华而不实的设计上，肯定会混淆视听。

以上这种见解也违背前人的经验。我们能从维特鲁威对希腊建筑的记载中看出，希腊的建筑师们差不多最后总是对他们所设计结构物的美观最感兴趣。即使没有这些记载，建筑物本身也会告诉我们，例如建筑物原原本本地记载着多立克柱式在发展过程中的微妙变化和逐步精炼。至于罗马，维特鲁威本人就是见证。从我们所熟悉的中世纪建筑中，我们也必然会得出同样的结论。维拉尔 • 德奥内库尔的草图集（图 12），显然是一部经常在大自然和建筑美的激发之下而产生的作品，是一部立足于独创的作品，在满足视觉方面，并不亚于他热衷描绘的兰斯和拉昂的作品。著名的建筑师协会，曾号召全欧洲讨论米兰大教堂是用正三角形原理（ad triangulam）还是方内三角形原理（ad quadratum）来完成的，这个问题充分透露出人们对抽象形式的浓厚兴趣。文艺复兴以来，建筑师们寻求美观的那段经历，无须多说，早已人人皆知，而我们当代建筑界许多伟大的先驱和奠基人，如奥托•瓦格纳（Otto Wagner）、路易斯•沙利文（Louis Sullivan）、勒柯布西耶（Le Corbusier，以下称柯布西耶）和弗兰克•劳埃德•赖特（Frank Lloyd Wright），他们一致认为，美的创作是建筑师的最高职责。

为什么说在建筑学里美是重要的，还有另外的理由。人们觉得这件事不过是一种合乎逻辑的常识，是一个早已有了定论的简单问题：人们喜欢哪种视觉感受？规则的还是散乱的？令人神往还是望而生厌？任何建筑物都在创造或调节视觉感受，这不容忽视，如果建筑物很大，视觉的创造相应地也就更重要一些。如果形成的视觉感受是有条有理而且赏心悦目的，当人们与建筑物进行视觉接触时，精神上的健康、愉快和满足，都会因此而明显得到增强。所以，研究这种简称为“美”的品质，是负责任的建筑设计的重要组成部分。

归根到底，决定一座建筑物重大价值的，看来总是美学标准。有几百座希腊神庙散布于地中海世界，它们的平面概念一般差不多，且毫无疑问，每个神庙和其他的神庙一样，都与宗教仪式的功能十分吻合。可是历代的评论仅仅推崇奥林匹亚的宙斯神庙和雅典的帕提农神庙，把它们作为两个最优秀的典范，而且似乎都是在纯美学的基础上做出的抉择。有许多平面与宙斯神庙和帕提农神庙类似的法国大教堂，就外观而言，它们都是“能行的”，可是我们所喜爱、所欣赏的是，比“能行”更好的东西，比复杂项目的漂亮解决方案更高的东西，这种东西所具有的品质，我们只能称之为美。

此外，纯物质的功能主义，绝不能创造出完全令人满意的建筑物来，因为有许多问题，纯物质的功能主义并不能做出确切的回答，像“一个房间要多大？”“一个门得多高？”“这个走廊必须做多宽？”等问题。对于类似的问题，功能分析所能给予的回答很有限。功能主义只能说，“这样一种房间，由于某种使用要求，不能比这再小了”“一个门至少要这么高”“这个走廊不能比这再窄了”。况且，一个建筑是一个天地，把什么都建立在“最小”这一概念上，不可思议。人类的精神也有它的需要，其中就需要空间，人在空间里伸展自己，扩大自己，并使自己得到快乐。对于所提出的这些问题，功能主义没有完整的答案，而建筑师则必须在他设计的每个结构物中做妥善回答。他用什么做准则呢？有了想象力和创造优美空间和优美结构的愿望还不够，显然还得掌握许多这方面的事务。

这样一来，有意识地寻求建筑中的美，就变成建筑师业务中不容回避的部分了。有理智地寻求美，必须知道什么是美，而且对此，肯定会有好多不同的见解，这是不言而喻的。把美作为一种品质来研究，是美学领域的事情，而且这种研究，有一部分是科学的，有一些则是玄学的。本书不打算对这个令人头痛的知识领域进行全面的介绍，只想大体上对主要的美学理论进行简短的概括。

第一大类美学理论认为，美是形式上的特殊关系所形成的基本效果，诸如高度、宽度、大小或色彩之类的事情。美寓于形式本身或形式直觉中，或者是由它们所激发出来的。美的感受是一种直接由形式引发的情绪，与它的含义和其他外来的概念无关。柏拉图认为，合乎比例的形式是美的，这些形式类似、令人联想起或者指向了一种仅仅在理想世界里才存在的“理想形式”，也包括了在我们这个不理想的世俗世界里的一切偶然的形式。能够深切感受到的美，使人既产生快乐也产生痛苦，但这是一种让人愿意体验的痛苦：这种痛苦来自我们对不完美的现实的认识，来自对我们所渴望的理想世界的渺茫感和隔绝感。而这种欢乐则来自对完美理想中美好对象的几乎不自觉的认识。事实上，这种形式独立论，总是要求理想的绝对概念，向美好的形式靠拢，这种理论必然导致神秘主义和玄学。

这种美学思想，在建筑评论中激起了建筑设计比例至上的观念，并热衷于在高、宽、厚、长的数学关系中，寻找建筑美的奥妙。于是，那些企图在三角形、圆形、五角星、黄金分割、$\sqrt{5}$矩形、模度、算术比等之中，追求建筑美的大量著作便问世了。现代最著名的论述是杰伊•汉比奇（Jay Hambidge）的动态平衡原理。这一原理，从本质上说，是一种以矩形对角线与边的关系为基础的原理。

第二大类美学理论的基本概念是，一件艺术作品的美主要取决于它表现的是什么，而正是由于这种表现十分得体，所以形式才是美的。例如黑格尔认为，以最完善的方式来表达最高尚的思想，那是最美的。叔本华认为，艺术是通过意志（欲望、力量）和认知（体量、材料）之间基本的和必然的斗争的外化而获得价值的。这里所说的斗争，构成了整个大自然与一切生命的基础。他长期致力于分析与研究建筑学这门学科后发现，最动人的美，好像是最完美地表达材料强度和重力之间的斗争所形成的。这是建筑学中特别重要的概念。在许多建筑评论家当中，叔本华首先把结构的表现当作建筑美的基础看待。另外一个与此大体相似的学派，叫作“表现主义”，其评论家们，把艺术的美建立在表达伦理理想或宗教教义、教条的基础上。例如罗斯金认为，建筑的美和价值来自建筑对神的理想和行动的表现。普金（Pugin）主张，基督教国家只有按照哥特式的理想，才能建立起美丽的建筑物，因为对基督教国家而言，哥特风格和基督教风格“同等卓越”。许多更近代的评论家则认定，建筑美的重要基础之一，是表现建筑物的功能或使用目的。

形式主义者和表现主义者这两派评论家们，都把他们的着重点放在自己的艺术创作上。但是，19世纪的科学领域有一项十分重要的成就，就是科学心理学的创立。科学心理学是研究人的头脑和神经系统具体怎样运作的一门科学。显然，有许多艺术对象招一些人喜欢，而让另一些人不喜欢，一旦抓住了个人反应的要旨，美的感受就变成一种心理学上的事情。专门研究人的心理反应，而不是去研究艺术对象，这也许是弄清“美是怎样形成的”这个争论不休问题的最好方法。这样一种美学理论的发展，倒是由于心理学的原因，而不是纯外观的或者玄学上的原因。

艺术的心理学理论有很多，心理学有多少种，艺术心理学就有多少种。心理学分裂成两个经常论战的营垒：实验和生理心理学家为一方，分析心理学家为另一方，而心理美学恰好也是这样分裂的。心理美学的这种多样化，是由不同理论家的观念和理论引起的，一些理论家认为，美的唯一起因在于眼睛简单而自由的活动，而另一些理论家像分析心理学家们一样，认为美的秘密存在于美的物体和早期的、强烈的（但经常被“忘掉”或被“埋没”）、普遍而又原始的体验两者之间的联系之中。

在这两个营垒之间，有两种最重要的心理学理论——移情（Einfühlung）和格式塔心理学（Gestalt-psychology）理论。照前者的理论，当观者觉得自己仿佛置身于作品中时，这一艺术作品则有强烈的感染力，美是人们置身在一个事物里觉得愉快的结果。在建筑学中，美是由观者对建筑物所起的现实作用的体验而得来的，如简朴、安适、优雅——可以说愉快寓于建筑物强烈感人的外观中，宁静寓于修长的水平线中，明朗寓于轻松的率真之中，如此等等。这个建筑美学学派的影响正在扩大。第二种理论建立在格式塔心理学的普通理论基础上，即每一个自觉的经验或知觉，都是一个复杂的偶发事件，因此，美的感受并不是简单、孤立的情绪，可将它从其他所有的情绪里抽离出来，并做独立研究。换句话说，它是一种感觉、联想、回忆、冲动和知觉等的群集，回荡于整个的存在之中。抽掉任何一个要素，都会破坏这个整体。艺术作品美感上的力量，就在于这个由不同反应组成的巨大集合体，美来自许多层面上紧张状态的缓和。这种建筑理论的要点是，要在建筑形象里找到可以引起联想的部位，这几乎是唯独在美学理论中才有的事情。

建筑美学，有许多对建筑师具有特殊吸引力的特殊因素。建筑通常被认为是视觉艺术之一，而认为所有的视觉艺术作品好像都建立在一个视点和仅在一个瞬间感知的基础上，这已经成为美学家的惯例，一种纯粹的惯例。甚至一张简单的图画，为了充分地欣赏它，也需要一段时间的审视。在建筑学中，这个时间因素就变得更加重要了，一座建筑物从来不只是一个立面，它是外部形式和内部形式的有机综合体。在伟大而不朽的建筑杰作中，这个综合体的每一个要素，都要参与到全部的艺术体验当中去。一座复杂建筑物的完全评价，需要的不只是几分钟或几小时的工夫，而是许多天或者几个星期。

伟大的建筑，一向是一个艺术整体，观者所体验的与它相关的每个事物，都是伟大建筑所带来的大量艺术体验的一部分，它的美感对观者来说，是逐渐增多的。当一个人接近它，绕它漫步，来到主要入口，然后进入内部时，建筑物和谐的魅力或优雅的恬静，就会逐渐变得清晰起来。人们一旦入内，总要通过它所拥有的种种内部空间，看到变化的景物——距离不等的柱子或墙壁，孔洞、地板、天花板，大量的色彩，明暗的变化——这些都是依照设计师的意愿而纳入秩序的。这种复杂和变化着的感受，乃是建筑美学属性的一部分。因这种感受而降临的秩序，则是建筑设计不可缺少的一部分。休止、对比、高潮，这些都包括在内，因而建筑设计中的时间因素，如同音乐作曲中的时间因素一样，也成为它明确的和自然的特征。

建筑美学的另一特殊性质，会在下面的情况里出现：当从不同的视点去看建筑物，同样的尺寸在效果上似乎发生了变化的时候，观者常常能为变化做出“本能的矫正”，例如一座简单的矩形建筑物，它的主要立面是对称构图，即使从一个角上去靠近这座建筑物时，它的透视绝不是对称的，但对称构图的感觉还是很强烈（图 13 ～ 15）。这种透视中的“本能的矫正”问题，在高度方向上的情况也是如此。

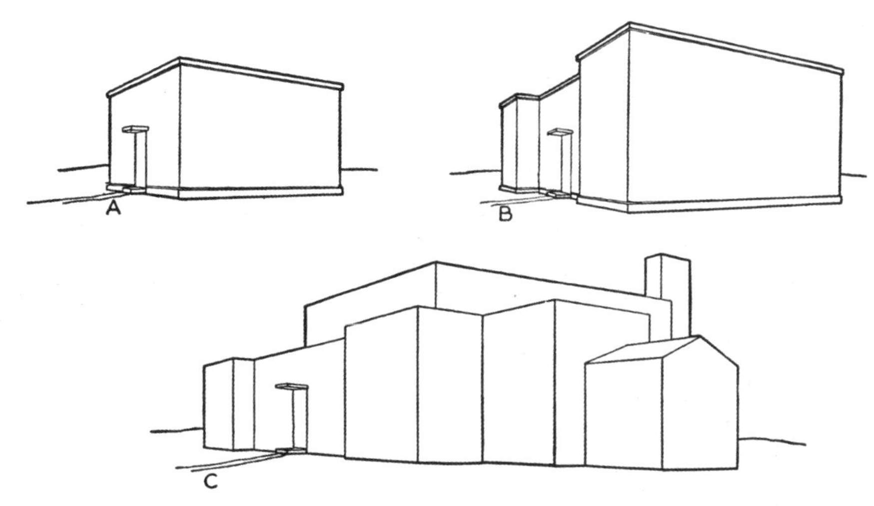

【图 13】对透视的本能矫正
尽管有透视变形，A 和 B 仍然显示为对称的建筑物。可是在 C 中，因为整体的复杂性，正面的对称就不能马上被感知。

【图 14】雅典，提修斯神庙，从角上看去
从任何角度看，希腊神庙的外形都那么简洁，以至于它的对称构图总是可以被察觉到。承韦尔图书馆（Ware Library）提供

可是，对透视变形的这种本能调节有限。当一座建筑物太大或者太复杂的时候，人们就迷茫了，而且所见到的尺寸有被透视改变的倾向，人们的想象力不足以形成所需要的矫正值，在高度方向尤其如此，所以，在这种情况下人们常常受骗。为了好看，尖塔和垂直构件，几乎总是要设计得高于立面甚至透视图的实际需要（图 16）。能够判断出一般观者大致所具有的视觉误差数值，并据此拟定设计，

【图 15】纽约，邮政局，从东北角看去
建筑师：麦金、米德与怀特事务所
这座建筑物这样设计，观者能毫无疑问地认出哪一个面是正面，即使它从角上看上去并不对称，但构图很容易被认出来是对称的。引自《麦金、米德与怀特事务所作品专辑》

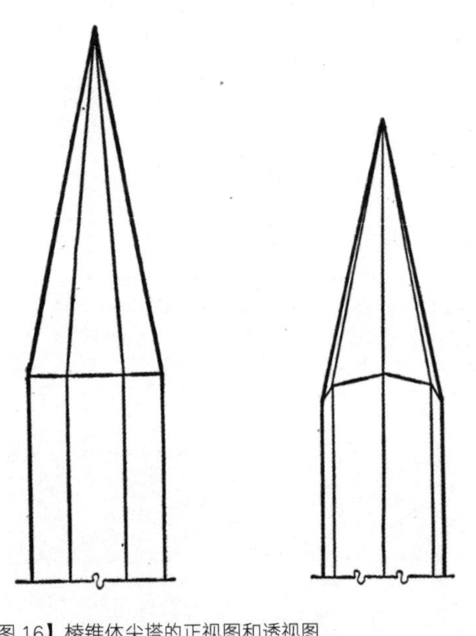

【图 16】棱锥体尖塔的正视图和透视图
这说明在表现这种棱锥形式时，正视图靠不住。

是建筑师感觉敏锐、想象丰富的标志之一。

对建筑师来说，发挥本能的透视想象非常重要。建筑物作为三维空间的实体而存在，不是用图面或者相片所能表达完善的，对于任何一个建筑形体来说，基本都是如此。让我们来研究一下，从建筑物的外表面向外突出的最简单构件，如一个檐沟或一个基座。如果它沿着一个 90° 的转角铺设，几乎从任何视点看上去它都与正立面所显示的情况不同；从角上看，它呈现一副样子，从一边成一个角度看，它将呈现另一副样子（图 17）。假定它是古典檐口的线脚，整个线脚的轮廓将随着视点的变化而变化（图 18）。任何矩形棱柱的投影变化，常常要比正剖面或正几何投影所显示的要大得多（图 16 ～ 19）。这一点，在一些部位的设计中是头等重要的，像设计室内或柱廊里的矩形或方形垛子、檐口或挑出的屋顶雨檐，以及许多巴洛克式或美国早期殖民地式的那种突起的方塔等（图 20）。对于这些构件，建筑师一定得考虑从对角线方向看去所增加的宽度，而且必须做出合理的矫正，起码得作一张图，来显示一下从

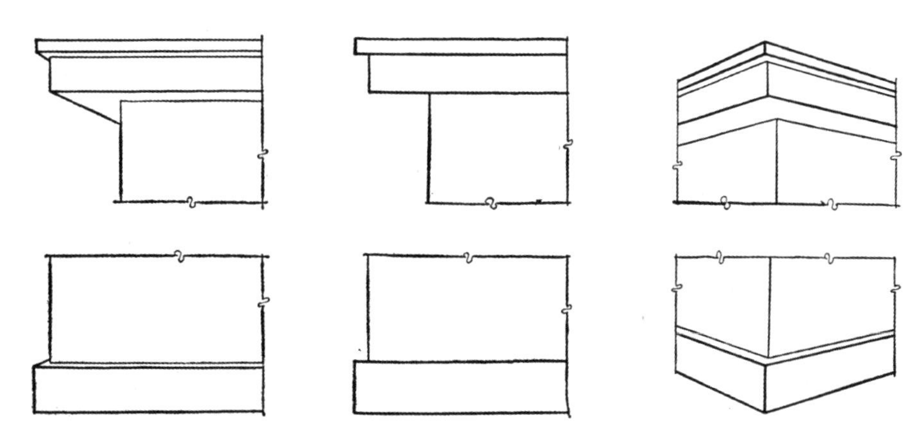

【图 17】一个向外突出的简单檐头和基座的不同投影
左：自正面一点的一角透视；中：正视图；右：从角上的透视。
任何三维的物体，根据不同的视点，其视觉形象各不相同。

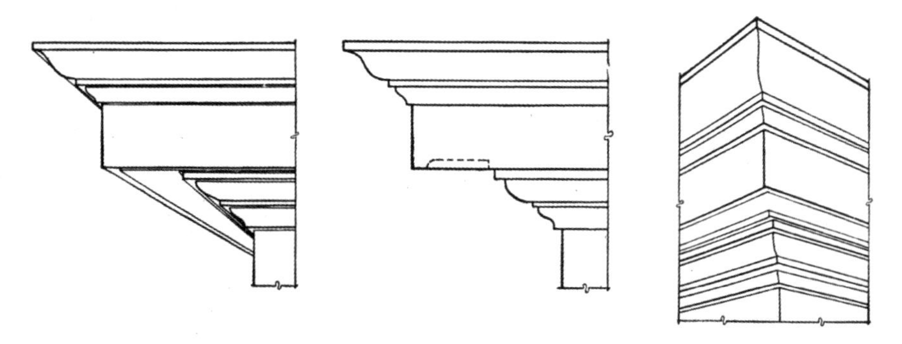

【图 18】简单古典檐口的透视图和正视图
左：从正面看；中：正视图；右：从角上看。

对角线方向看的立面或透视。

当然，一个走着的人，沿着或绕着整个建筑物对它进行观察时，建筑物突出的翼部或突起的亭楼，宽度不等的边部和端部，也是十分重要的设计因素。这些因素都很有影响，只要是敏感的设计师，差不多都要考虑到这些，他会本能地去想象平面和立面的效果。此外，如果他是一位有才智的建筑师，他会用一系列的小型透视草图去核对他的想象。

鉴于建筑是庞大的三维空间艺术品，一个比较普遍的情况应当引起注意，那就是石头接缝、线脚或在平面中沿着转折交圈的外表面的水平线和转折本身的水平线的共同效果。不管是在高于还是低于视线的任何平面上，当在透视中看到这种水平的母题时，视线的连续性都会被平面中的棱角或转折所破坏。这种方向上的突然变化，这种连续性的丧失，常常会有力地强调垂直的棱角，并使之显得重要起来。同样，任何棱角的存在，由于连续的水平线明显中断，会反过来使得水平线更加突出。大概就

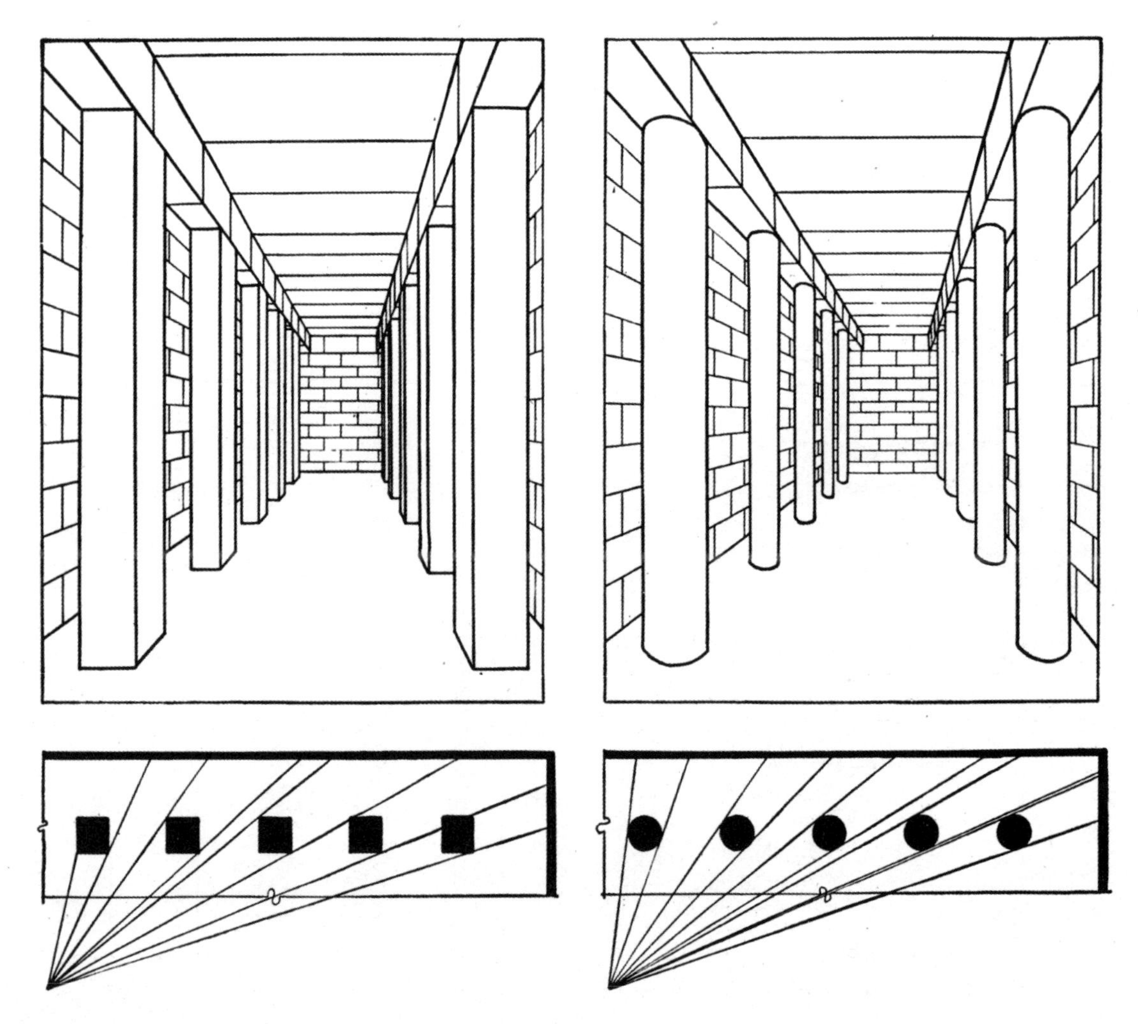

【图 19】方形和圆形的支柱

透视图和局部平面图表明，从任何一点来观察，支柱的形状都决定着视觉效果，以及开敞或封闭感。而在正投影的立面图中，这两个方案是一样的。

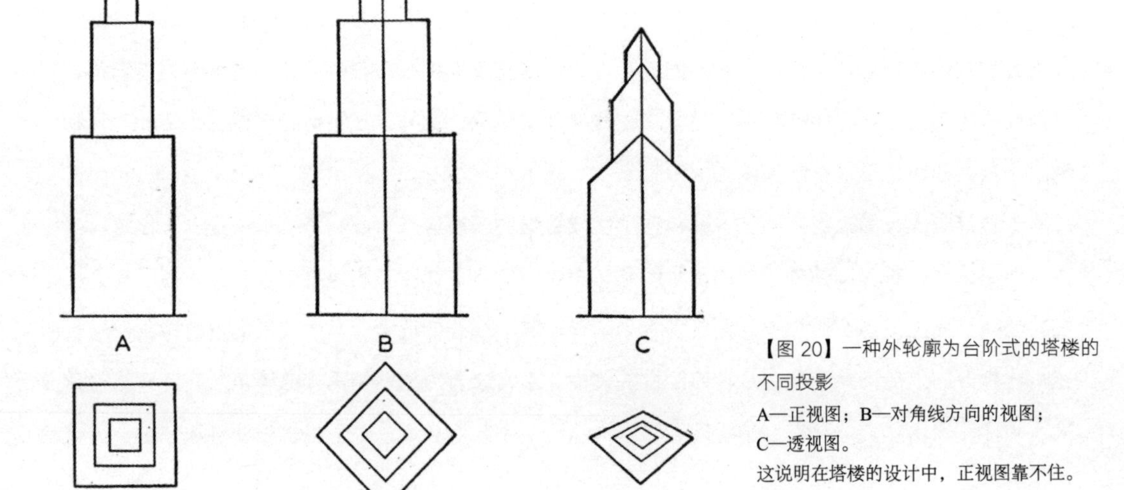

【图 20】一种外轮廓为台阶式的塔楼的不同投影

A—正视图；B—对角线方向的视图；C—透视图。

这说明在塔楼的设计中，正视图靠不住。

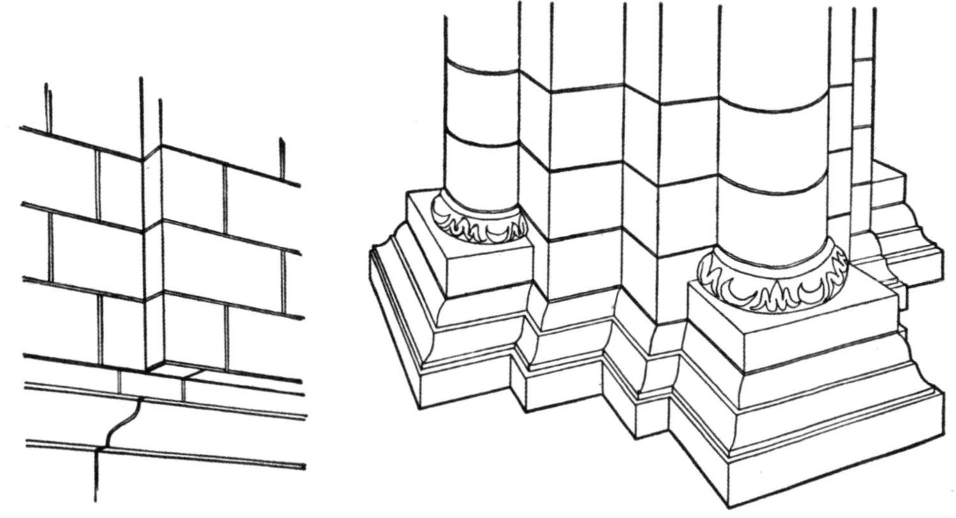

【图 21】（左）一面石板墙

透视中所见到的墙缝，强调石板表面被打断；同样，石墙板的存在，又强调被打断的石缝。

【图 22】（右）法国，维泽莱大教堂，中殿集柱的基座

透视中所见到的水平线，强调和表现了平面的特点。引自维奥莱 - 勒 - 杜克所著的《……理论词典》

是这个原因，18 世纪的建筑师们，经常在石墙中使用稍微凹进的槛墙（图 21），这无疑也是罗马式建筑的集束柱子平面设计得很复杂的原因之一（图 22）。

可以看出，不管我们采纳的是什么样的建筑美学基本理论，所有这些观察结果都是毫无疑问的，它们是各种建筑物本性中所固有的特性。因此，我们能够以清醒的头脑，以揭示建筑的属性为目的，去审视那些几乎世世代代都被公认为美的建筑物。我们由此可以得出一套虽然说不上是设计法则或者什么定律，但可以说是在许多不同情况下都能够应用的一般原则。这样，我们就能发现许多对于建筑的美来说显然不可缺少的基本特性。对许多建筑物及其有关的著作进行这番审视，会发现一组起着主导作用的属性，它们十分重要，值得去详尽讨论。这些属性是：统一、均衡、比例、尺度、韵律、高潮和设计中的序列。研究这些建筑属性，并由此推导出设计原则，就是以下几章的目的。

为第一章推荐的补充读物

本章及随后几章所列的读物，虽然没有形成一套完整的图书目录，但它们是一种主观选定的参考资料，以帮助读者对于课题进行进一步研究。由于所推荐的这些著述并不总是支持本文的观点，它们可以帮助读者对所争论的问题做出公允的判断。

涉及一般美学的书籍

Ackhoff, Russell L., "Aesthetics of Twentieth-Century Architecture", lecture delivered at the Annual Convention of the American Institute of Architects, Salt Lake City, Utah, June 22, 1948.

Allen, Beverly Sprague, *Tides in English Taste* (1619-1800), 2 vols. (Cambridge, Mass.: Harvard University Press, 1937).

Aristotle, *The Poetics*, any good edition.

Birkhoff, George David, *Aesthetic Measure* (Cambridge, Mass.: Harvard University Press, 1933).

Dewey, John, *Art as Experience* (New York: Minton, Balch [c1934]).

Edman, Irwin, *Arts and the Man* ... (New York: Norton [c1939]).

The World, the Arts, and the Artist (New York: Norton [c1928]).

Greene, Theodore Meyer, *The Arts and the Art of Criticism* (Princeton: Princeton University Press, 1940).

Hammond, William Alexander, *A Bibliography of Aesthetics and of the Philosophy of the Fine Arts from 1900 to 1932* ... (New York: Longmans, Green [1933]).

Listowell, Earl of (William Francis Hare), *A Critical History of Modern Aesthetics* (London: Allen & Unwin [1933]).

Parker, De Witt Henry, *The Analysis of Art* (New Haven: Yale University Press, 1926).

Plato, *Symposium, Crito, Phaedrus*, any good edition.

Raymond, George Lansing, *The Essentials of Aesthetics in Music, Poetry, Painting, Sculpture and Architecture*, 3rd ed. rev. (New York: Putnam's [c1921]).

Proportion and Harmony of Line and Color in Painting, Sculpture, and Architecture ... 2nd ed. (New York: Putnam's, 1909).

Schopenhauer, Arthur, *The World as Will and Idea*, Book III and appendix to Book III, any good edition.

主要涉及建筑美学的书籍

Blondel, François, *Cours d'architecture enseigné dans l'Académie royale d'Architecture*, 3 vols. (Paris: Vol. I,

Lambert Roulland; Vols. II and III, Chez l'auteur et Nicolas Langlois, 1675-1683).

Boffrand, Germain, *Livre d'architecture* ... (Paris: Cavelier père, 1745).

Borissavliévitch, Miloutine, *Les Théories de l'architecture; essai critique* ... (Paris: Payot, 1926).

Cram, Ralph Adams, *Convictions and Controversies* (Boston: Marshall Jones [c1935]).

Fry, Maxwell, *Fine Building* (London: Faber and Faber [1944]). An essay in the criticism of architecture from a contemporary viewpoint.

Hamlin, Talbot [Faulkner], *Architecture, an Art for All Men* (New York: Columbia University Press, 1947).

"Theories of Architecture, 19th and 20th Centuries", 1935, mimeographed manuscript in Avery Library, Columbia University.

Hitchcock, Henry Russell, and Philip C. Johnson, *The International Style* (New York: Museum of Modern Art, 1931).

Le Corbusier (Charles Édouard Jeanneret), *New World of Space* (New York: Reynal & Hitchcock, 1948).

Vers une Architecture (Paris: Crès, 1923); English ed., *Towards a New Architecture*, translated by Frederick Etchells (New York: Payson & Clarke [1927]).

Lundberg, Erik, *Arkitekturens Formsprak* (Stockholm: Nordisk Rotogravyr [1945]).

Pugin, Augustus W. N., *An Apology for the Revival of Christian Architecture in England* (London: Weale, 1843).

The True Principles of Pointed or Christian Architecture ... (London: Weale, 1841).

Ruskin, John, The Seven Lamps of Architecture, 1st American ed. (New York: Wiley, 1849).

The Stones of Venice (New York [Lovell], 1851).

Scott, Geoffrey, *The Architecture of Humanism* ... (Boston: Houghton Mifflin, 1914).

Taut, Bruno, *Modern Architecture* (London: Studio [1929]). One of the best introductions to the ideals of contemporary building; imaginative, restrained, and soundly critical.

Viollet-le-Duc, Eugène Emmanuel, *Entretiens sur l'architecture*, 2 vols. (Paris: Morel, 1863-1872); translated as *Discourses on Architecture* ... with an introductory essay by Henry Van Brunt, 2 vols. (Boston: Osgood, 1875-1881).

Wright, Frank Lloyd, *Frank Lloyd Wright on Architecture; Selected Writings 1894-1940*, edited with an introduction by Frederick Gutheim (New York: Duell, Sloan & Pearce, 1941).

Modern Architecture; being the Kahn Lectures for 1930, Princeton Monographs in Art and Archeology (Princeton: Princeton University Press, 1931).

第二章　统一

任何艺术给人的感受都必须具有统一性，这早已经成为一个公认的艺术评论原则。亚里士多德曾把他那部《诗学》的大部分立足于这一观念之上：任何文学作品，都非常迫切地要求统一，所有的艺术作品也概莫能外。假若一件艺术作品，整体上杂乱无章，各部分支离破碎、互相冲突，那它就根本算不上什么艺术作品。一件艺术作品的重大价值，不仅在很大程度上依靠不同要素的数量，而且还有赖于艺术家赋予它们统一性，或者换句话说，最伟大的艺术，是把最繁杂的多样变成最高度的统一，这也已经成为人们普遍承认的事实了。

在建筑中，大可不必为搞不成多样化而担心，即用不着担心组合成一个整体的各种不同要素的数量，建筑物的实际需要，会自发催生多样化的局面。当要把建筑物设计得满足复杂的使用目的时，建筑本身的复杂性势必会发展出形式的多样化，甚至当设计使用要求很简单的建筑物时，也可能需要一大堆各不相同的结构要素。因此，一名建筑师的首要任务之一就是，把引人入胜的统一引入那些势在难免的多样化组成。

以上所强调的事实表明，对统一问题的研究，确实愈来愈紧迫了。建筑设计并不单纯是设计建筑外观，还必须把一个结构物所有可能的外观和内景结合在一起，形成一个统一的艺术创造。用建筑学的术语来表述，就是一切优秀建筑，必须体现平面、立面和剖面的统一这个原则。换言之，对于一个建筑物要布置平面，要研究内部空间的形状和容积，要设想和详细描绘它的外部构图，所有这一切，还得形成一个和谐的整体。宜考虑用什么方法，以达成统一。

在建筑学中，最主要的、最简单的一类统一，叫作简单几何形状的统一。任何简单的、容易识别的几何形状，都有必然的统一感，这可以立即被察觉到。三棱体、正方体、球体、圆锥体和圆柱体，都可以说是统一的整体，而属于这些形状的建筑物，只要其中一种几何形状控制建筑外观，自然就会具有统一感（图 23、24）。埃及金字塔陵墓之所以有感人的力量，主要是因为这个引人注目的几何形状。同样，古罗马万神庙室内之所以处理得成功，基本上是因为在它里面正好能够雕刻出一个圆球这一事实（图 25）。古罗马大角斗场、剧场和圆剧场的弯曲墙面，之所以同样有效果，是因为它的基本几何形状是圆柱形，而所有的部位好像都在设法强调这一特征（图 26 ～ 29）。希腊神庙基本上也是简单的几何形状（图 30），看一看希腊人在他们的神庙中怎样用稍稍向里倾斜的柱子和柱间的微妙变化来强调统一感，也是一件很有意思的事情。许多带山墙的小住宅和谷仓，同样是以占控制地位的几何形状强调统一（图 31）。

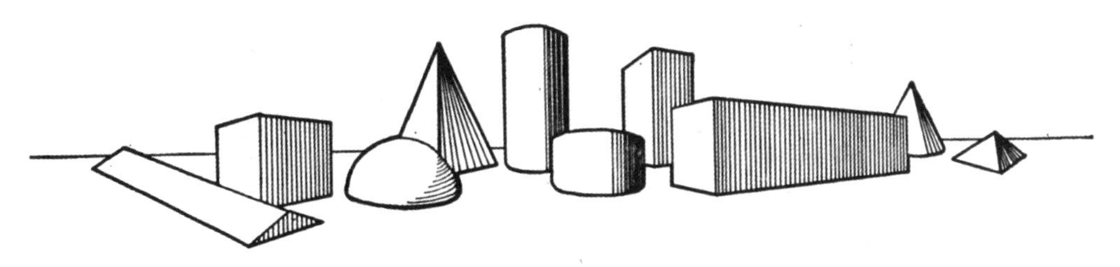

【图 23】基本的建筑形状
三棱柱、正方体、半球体、三棱体、圆柱体、矮圆柱体、竖立的长方体、平放的长方体、圆锥体、矮三棱体。

【图 24】哥伦布，俄亥俄州议会大厦
建筑师：亨利·韦尔特斯等
复杂的要求被融进一个充满力量感和尺度巨大的简单长方体之中。承 J.M. 豪厄尔斯和大都会艺术博物馆提供

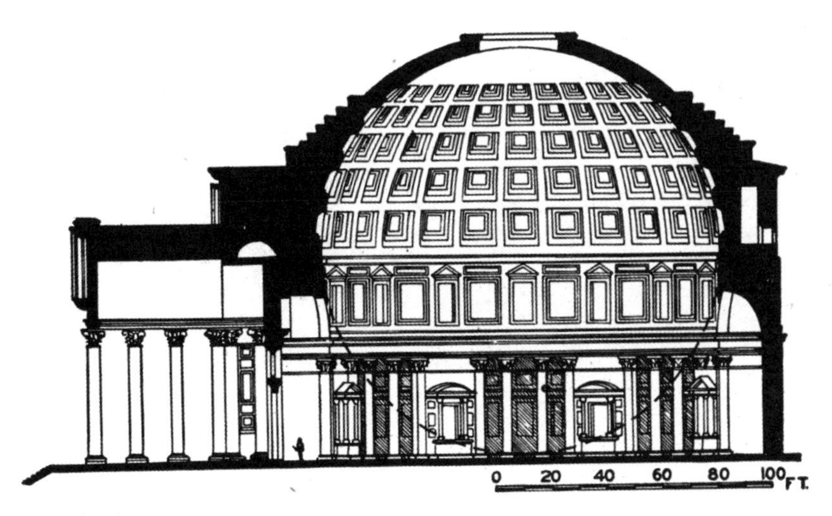

【图 25】罗马，万神庙，剖面
由封闭的形象和以穹隆直径为直径的内接球体所形成的统一。

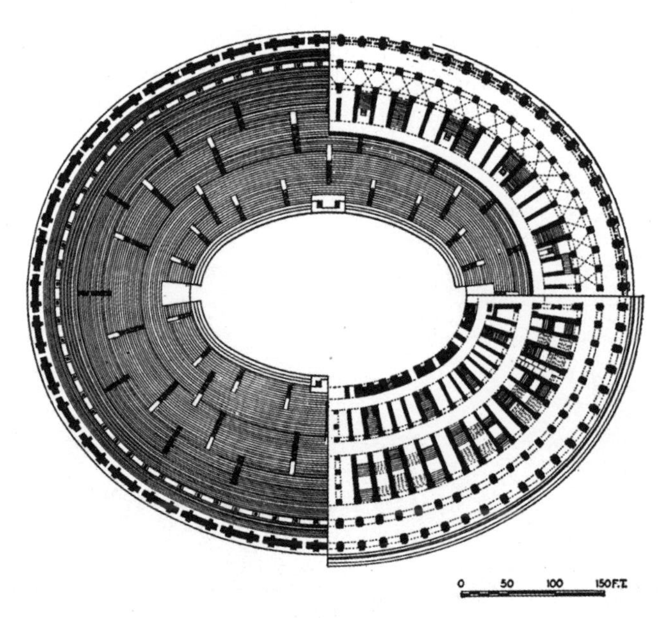

【图 26】罗马，大角斗场，不同标高上的平面
让所有的形状从属于平面的基本形状——椭圆形，因而形成统一。座席、走道、角斗场地和外部，都跟随着这个线条，其他结构外部的线条，都辐射于它或正交于它。

【图 27】罗马，大角斗场，全景
外部的每一根线条，都在强调它的基本形状。承韦尔图书馆提供

【图 28】小亚细亚阿斯潘多斯(Aspendos)，古罗马剧场
一定的几何形状有很强烈的统一特性，这可以在这幅古罗马的图面上得到充分的说明。座席的同心圆线条，将整体有力地连接在一起。

【图 29】意大利庞贝，小剧场，内景
座席的同心圆线条，产生一种轮廓鲜明的集中统一。承韦尔图书馆提供

【图 30】意大利帕埃斯图姆（Peastum），海神庙
简单几何形状的统一。

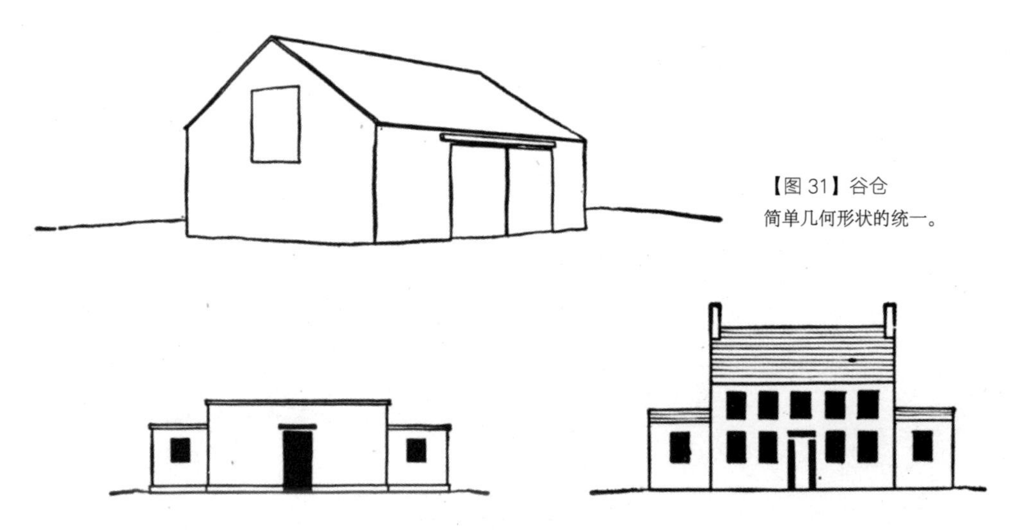

【图 31】谷仓
简单几何形状的统一。

【图 32】用较小的翼部从属于较大的中部所形成的统一

可是，建筑物难得都是这么简简单单组织起来的，甚至在很多结构中，简单的几何形状并不好派上用场，也还是需要统一。要做到这一点，有两种主要手法：第一，通过次要部位对主要部位的从属关系；第二，让构成一座建筑物的所有部位的形状和细部取得协调。以从属关系求统一，本身又有几种类型，在某些建筑物中，例如前面所提到过的古罗马大角斗场，那里的一切都能从属于整体的大致形状。归根结底，其共同点是，所有较小的部位，从属于某些较重要的和占支配地位的部位，如从属于一个穹顶或一个亭台。因此，图 32 中两个较小的侧翼，明显地从属于中央较宽、较高的体量。这是令人满意的建筑构图中共同的形式，还有一些著名的实例，如弗吉尼亚州芒特艾里（Mount Airy）的美国早期殖民地式住宅和巴黎议院临河一侧的正面及其他对称的结构物。由鲁斯曼（Luthman）设计的荷兰科特维克无线电台，则是另一个比较近些的实例（图 33）。这里值得注意的是，建筑师如何试图运用打破外轮廓的转角窗，去消除边翼的沉重感。建筑师用尽心思，借助于栏杆和梯台式墙，形成一种从外部朝向中央的方向感，这显然是在强调中央巨大塔楼的重要性，至于其他，都是从属的东西。

这个科特维克无线电台的塔楼，不仅作为体量最大的部位，而且也作为最高的部位而身居要位。事实上，低处对高处的从属关系，也是达到建筑统一的可靠方法之一。如果把两个尺寸一样的长方体放在一起，一个直立放置着，另一个平放着，其中较高的一个即直立放置的那个，立刻会处于主导地位（图 34）。由此可见，在这类的所有构图里，让较低的部位去从属于较高的部位，要比反过来容易得多。

可以引用许多例子来说明这个原理。斯德哥尔摩市政厅是一座对建筑外部各部位和不同细部做了精心安排的庞大建筑物，巨大的角部塔楼使得建筑非常统一。这样的位置安排，使得它在港湾水面上

【图 33】荷兰，科特维克无线电台
建筑师：朱尔斯•鲁斯曼
侧翼从属于中央塔楼所形成的统一，以精心设计的建筑要素加以强调。承哥伦比亚大学建筑学院提供

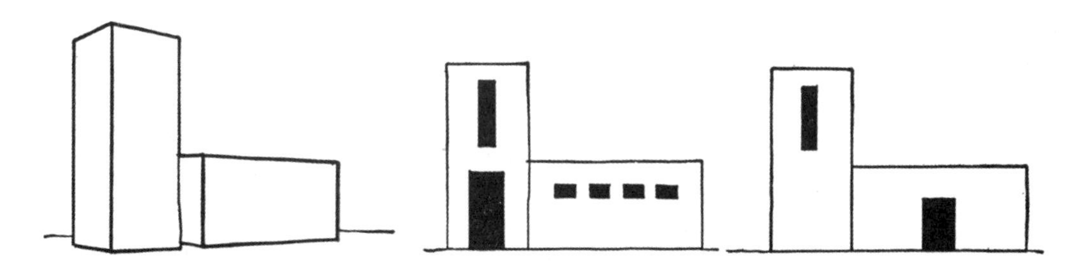

【图 34】宽度对高度的从属关系
两个尺寸一样的长方体，让平放的从属于直立放置的，显然比反过来要容易得多，这是许多小教堂构图令人满意的秘诀。

的倒影能格外强调它的高耸特征，也有助于形成建筑强有力的统一。即便乍一看去，虽然前景中有一些较低的部位，但塔楼的支配地位所形成的统一，依然可以被感受到。这个塔楼是一个设计精妙的壮观处所，通过它有压倒性优势的高度，表现出它所处那片市区的基本统一感。这种以高度求统一的方法，我们也可以在控制整个城市的亚眠教堂中看到。事实上，许多现代城镇和都市之所以布置得杂乱无章，是因为缺乏这类控制性要素。当超高的高度与巨大的体量相结合的时候，就会产生一种更为强有力的印象，而一些较小部位的从属关系就好处理多了。一座带有中央穿插塔楼的教堂，也能表现出

【图 35】斯德哥尔摩市政厅，隔着港湾望去
建筑师：拉赫纳尔·奥斯特伯格
转角处塔楼的垂直体量，控制着复杂的结构物，并使之得到统一。

【图 36】法国，亚眠大教堂，自城市上空望去
由于大教堂的高度和体量占绝对统治地位，它常使一些欧洲城市富有统一感。承韦尔图书馆提供

极好的统一感，原因也在这里，波士顿的三一教堂就是一个绝好的例子。领会一下里查森获得优胜的设计竞赛图纸会很有意思。起先，教堂并没有这种占控制地位的母题，当建筑师研究这一问题的时候，他才意识到，这种母题必不可少。一旦他决定加上一个中央塔楼，他就不遗余力去强调它的支配地位（图 35 ～ 37）。

在美国内战前的十年里，当托马斯·尤斯蒂克·沃尔特为美国国会增加两个巨大的侧翼——众议院和参议院时，他很快意识到，原来的圆屋顶不能够控制这座新的宏伟建筑物了，因此加了现在这个带有高大鼓形柱廊的巨大铸铁圆形屋顶。这个冠于国会大厦的圆顶，不仅统一了庞大的结构物，而且通过它的尺寸和制高地位，以及从它向外辐射的宏伟街道，把华盛顿城市的一大片市区统一起来。

突出任何建筑要素的支配地位的一种方法，就是令侧翼的其他要素的大致形状相似而尺寸较小。像巴黎卡鲁塞尔凯旋门（亦称小凯旋门）这样的凯旋门（图 38），中央门道的尺寸，很显然被两边较小的两个步行门道强调出来。同样，坎特伯雷大教堂和其他教堂中央塔楼的控制地位，也是借助于尺寸不一而形状相似的较小塔楼烘托出来的（图 39、40）。另一个协助任意母题占有控制地位的方法是，运用一些强调垂直的较小元素来烘托，这些元素好像阻止视线留在两旁，并且把视线引向它们之间的空间。例如维也纳的（圣）卡尔教堂，它那壮观的统一效果，多半要归结于那一对柱子，它们被十分大胆地置于入口厅堂两侧，如果没有这对柱子，正面的复杂建筑构图会失去均衡。门柱和垂直的树，也能在某种

【图 37】马萨诸塞州波士顿，三一教堂，自其背面望去

建筑师：H.H. 里查森

由中央塔楼的支配地位所形成的统一。引自舒勒 • 范伦瑟丽尔（Schuyler Van Rensselaer）夫人所著的《里查森及其作品》

【图 38】巴黎，卡鲁塞尔凯旋门

建筑师：佩西耶和方丹

两边的拱形小门道，烘托着中央的门道，并且强化了其明显巨大的尺寸。承埃弗里图书馆提供

【图 39】英格兰，坎特伯雷大教堂

巨大的中央塔楼，赋予整个结构以统一感，但其效果由于正面两座轮廓相似但尺寸较小塔楼的烘托而加强。承埃弗里图书馆提供

【图 40】（左）英格兰，林肯大教堂交叉处外观
一个插在中央的高塔，统一了教堂的中殿和十字耳殿。承韦尔图书馆提供
【图 41】（右）西班牙萨拉曼卡，通往莱瑟学校的大门
门及镶边控制了整个墙面。承韦尔图书馆提供

程度上强调出它们之间和它们之后的门或其他要素。

还有一种能使建筑要素取得控制地位的重要方法，那就是表现要素形式中的内在意趣。我们在前面讲过，高的要素比矮的更容易吸引视线，弯的要素比直的更引人瞩目，暗示运动的要素，像过道、大门、台阶和楼梯等，比处于静止状态的要素更富于趣味。建筑师们常常把楼梯的尺寸做得远比实际需要大得多，道理就在这里。他们意识到，这样的楼梯将有提供意趣的特点。大批的伊斯兰世界建筑和西班牙文艺复兴建筑赋予门道或大门极其重要的地位，来加强其统一感和权威感（图 41）。

穹顶的形式，大概是通过弯曲形状的内在意趣来取得控制地位的最佳实例。如果把边长和直径相同的一个立方体和一个球体并排放置，人们一般会立刻去看球体，尽管它的体量看上去明显比立方体要小（图 42）。这就说明，穹顶形式在建筑中具有形成统一效果的作用。拜占庭教堂、土耳其清真寺、许多文艺复兴和巴洛克式教堂，以及许多较近代的建筑物，像哥伦比亚大学的洛氏图书馆、芝加哥天

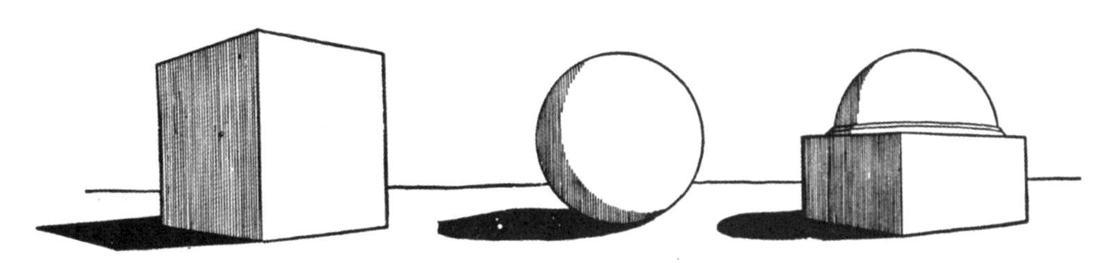

【图 42】平直表面上面的弯曲表面起到控制作用
尽管球体的体量远远小于立方体，但它更加令人瞩目。由于穹顶状半球体的控制作用，两者组合起来，形成一种动人的统一感。

【图 43】德国德累斯顿，圣母大教堂
建筑师：格奥尔格·巴尔（Georg Bähr）
表明了穹顶的控制作用，以及它与其他所有要素的从属关系。承韦尔图书馆提供

【图 44】维也纳，（圣）卡尔教堂
建筑师：埃拉赫（Johann B. Fischer von Erlach）
注意两侧的立柱是怎样强调穹顶的。承大都会艺术博物馆提供

【图 45】纽约，哥伦比亚大学洛氏图书馆
建筑师：麦金、米德与怀特事务所
这是表明穹顶形式富有力量的一个优秀实例。

【图 46】罗马，法尼斯府邸，正视图
由要素重复出现所形成的统一。

文台，都证实了这个道理，因为它们的大部分效果，都依仗着所冠穹顶的内在趣味（图 43 ～ 46）。

第二种使建筑物得到统一的手法，是运用形状的协调。假若一个建筑物所有的窗户都相同，或者说给人的几何感受相似，即窗户的高、宽比例相同，那么它们之间将有一种完美的协调关系，这有助于使建筑物产生统一感。此外，如果门洞之间的间隔相同，统一感还可以更强烈。许多简洁的意大利文艺复兴式府邸，其建筑艺术十分令人神往，这就是原因之一（图 46），这种以协调求统一的形式运用得很广泛。许多城市有令人欣喜的统一感，也是因为构成城市建筑物的基本形状相互协调。第二次世界大战之前的纽伦堡、希尔德斯海姆（Hildesheim），像许多诺曼底的城镇及早年间的新英格兰村镇一样，也把这一特性表现得淋漓尽致。同样，伊斯坦布尔上空的任何景观具有壮观的基本统一，这是通过市场、浴场和清真寺庭院拱廊的穹顶重复显现而获得的（图 47）。

形状和尺寸的协调，可以延伸到建筑物最小的细部，这是使建筑物内外成为整体同一构图中不可或缺的部分的最可靠方法之一。这样，人们从建筑外面和里面看到的尺度上的延续，就会创造出一种外景和内景浑然天成的协调感。这在哥特式大教堂，以及法国佩雷（Perret）兄弟所设计的许多钢筋混凝土建筑中，都能容易地看到。在弗兰克·劳埃德·赖特设计的布法罗拉金肥皂公司行政大楼里，这一特征更为明显（图 48、49）。罗马圣彼得大教堂的内部，几乎综合运用了所有的方法——运用形状相似的拱、小拱对大拱的从属关系、内部各空间对宏大的中央穹顶空间的从属关系，使得统一的效

【图 47】土耳其伊斯坦布尔，苏莱曼清真寺

穹顶、半穹顶和与之有关的形式，不仅给清真寺本身以统一感，而且也使整个城市的大片区域得到统一。承韦尔图书馆提供

【图 48】（左）纽约州布法罗，拉金肥皂公司行政大楼，外景

建筑师：弗兰克·劳埃德·赖特

由比例的协调形成的统一，直接从结构体系创造性地发展而来。承现代艺术博物馆提供

【图 49】（右）纽约州布法罗，拉金肥皂公司行政大楼，内景

建筑师：弗兰克·劳埃德·赖特

对结构体系富有想象力的表现，创造出一种内景和外景的自然统一。承现代艺术博物馆提供

【图 50】罗马，圣彼得大教堂，自中殿和耳殿相交处望去
建筑师：布拉曼特和米开朗琪罗
重复使用的拱券，集合在一个古典式框架里，从而获得统一。承韦尔图书馆提供

果达到令人惊叹的地步（图 50）。

与用形状的协调来获得统一这一方法紧密相关的是，用色彩的协调来获得统一。在这方面，建筑倒是得天独厚，因为正确地选择建筑材料，可以获得主导色彩，而且这常常是得到统一和协调的可靠方法之一。例如，在一家古老学院的校园或者一座著名的老城镇中，建一座新式现代结构的建筑物，尽管新老结构的风格不同，但是若使用相似的材料，就会产生一种强烈的统一感。在荷兰老城中的 20 世纪建筑也经常运用类似的方法，尽管老建筑是巴洛克式，而新建筑是现代设计，但采用相似的黏土烧结制品及玻璃制品，就会引起一种令人惬意的统一和协调。

建筑材料色彩的对比，也能产生一种戏剧性的统一效果，但对比只是对重点的点缀，不能导致对比色或材料之间在趣味上产生矛盾。所以，若干时期的许多建筑，曾把砖和石材，大理石和马赛克，或者是抹灰和木材结合运用。在成功的实例中，总可以发现一种色彩或一种材料牢牢地占据主导地位，对比的色彩或材料，仅仅用来作重点的点缀之物，很少有平等对待的情况。

另外一种协调是表情的协调，这对建筑物的统一来说，也是必不可少的。这里指的是，建筑的所有部分，必须“说”出它们之间的相关或相似之处。有一种表情的协调是由结构来表达的，如果整个建筑运用同一类型的结构体系，协调就会产生。这当然几乎是所有哥特式教堂和许多当代建筑的情况。另外，这也是许多折中主义建筑不能成功的原因。在弗兰克•劳埃德•赖特、佩雷兄弟、柯布西耶、路德维希•密斯•范德罗和埃里克•门德尔松等人的作品中，他们在结构表现方面的用心，都值得研究。

另一种表情的协调，是表现功能或使用目的。每个建筑物或建筑群，显然都是为满足人类的某些基本需要而设计的。通常建筑为人们不同类型的活动提供场所。比如，学校建筑群要容纳某些教学过程，工厂围护着生产机器，办公楼则供商业和专门活动之用等。人们的每一种活动，都需要与之相适应的空间，各类空间截然不同，不但尺寸不同，而且阳光和空气的需要量、公共交通的方便程度、货物运送的安排等也不一样。这些不同，继而发展出不同的外部形象和内部效果。

功能表现方面的统一，是指建筑的外观与所涉及的一些特定功能需要统一。如果任何既定的建筑纲领，在建筑师的设计中能够被谨慎而机敏地执行，就会产生功能表现的统一。然而，如果试图采用原本为其他类型的活动而设计的外观，来包裹不同的功能要素，或者设计伊始就照搬某种历史风格，功能表现的统一势必会蒙受损害。在这样的建筑物里，会有许多地方因这一问题特定的需求而突显，并与建筑的其他部位产生冲突，因为在这些部位，功能可能失去了对形状和尺寸的控制。像密歇根州迪尔伯恩的福特博物馆，它的立面参照了费城的独立纪念馆，可是建筑的后部是一个钢框架、大玻璃的简单工业建筑形象（图 204）。当然最后的效果是，室内外格格不入，统一感全然瓦解，建筑的美荡然无存。

但是，功能表达方面的统一，可不仅是自动或机械地跟随功能的需求。事实上，对每一个建筑问题来说还存在着起支配作用的精神因素，这是一件让人煞费心机和难以捉摸的事情。所谓建筑物的性格，常常是由建筑所承担的功能决定的。例如，建筑师显然不能把一个娱乐公园设计得具有教堂表现出的那种特性，也不能让反映宁静生活的住宅带有剧院或工业建筑的气势。因此，功能表现的统一，要求建筑师除了具有与任何类型问题都相关的情感内涵的某种知识，还应具有在建筑设计中表现情感品质的能力（图 49、173、278）。

在建成的建筑物中，一个通病就是缺乏统一。对此有两个主要的原因：一是次要部位对主要部位缺少适当的从属关系，二是建筑物的个别部位缺乏形状上的协调（图 54）。前者或许是更普遍的通病。有多种建筑问题，首先的问题似乎总是缺乏起码的统一。例如，假若一个设计项目要求建两座大小几乎相等、重要性差不多的一组建筑物，一眼就可以看出它们之间意趣上的矛盾无可避免。可以用多种办法摆脱这种窘境。其一就是借助于共同的门厅、门廊或带圆顶的入口，把两个建筑物合并成一个单体结构。另一种是在它们之间某一精选的位置，设置第三体量，哪怕纯系装饰性的，也可以作为主要

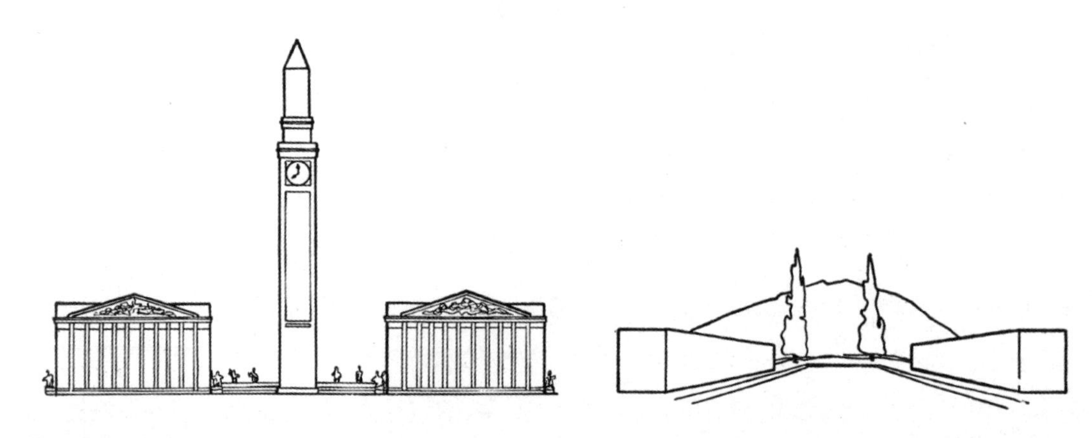

【图 51】统一性和二元性
在具有二元性的建筑中，插入一个占控制地位的要素而使建筑得到统一。左边一例是佩尔和科比特所设计的马萨诸塞州斯普林菲尔德市政建筑群，在两个一样的建筑物之间，以纪念性塔楼使其统一。右面的例子，用形成画框的树强调出的山景，起到了统一要素的作用。

因素看待，而使建筑物从属于它。在罕见的情况下，还可以把建筑物之间的景色处理成高潮，只是建筑物要设计得宁静，不招摇夸张，这样景色本身就变成主要的和统一的因素。

第二种手法的实例可以去看马萨诸塞州的斯普林菲尔德的市政建筑群，设计竞赛纲领要求设计两个尺寸几乎完全一样的建筑物（图 51）。在获选的设计中，建筑师佩尔和科比特意识到，把建筑物当作一个构图来处理是不可能的，干脆在它们之间加上一个第三母题——一座高大的钟塔，进行施工设计时，钟塔的尺寸比竞赛图上所标的尺寸又加大了许多。这组已建成的建筑说明，巨大钟塔在赋予建筑群强烈的静穆感和统一感方面，是很有价值的。

假若一个构图包含两个分量几乎相等的体量，两个体量的形状又根本不相协调，那么就会出现更混乱的局面。要把一个有山花的门廊和一个带圆屋顶的建筑物组合起来极为困难。在波萨尼奥的卡诺瓦陵墓就显示出这种尝试所固有的根本矛盾（图 52）。巨大的希腊多立克门廊和圆弧墙及陵墓的圆屋顶，注定形成一个几乎从任何视点看去都丑陋的整体。圆屋顶对门廊来说太沉重了，门廊对圆屋顶来说也太大、太堂皇了。没有美观的细部，没有丰富的材料，没有高明的手法能挽回这种构图的败局。更现代的例子，是华盛顿的杰斐逊纪念堂，从中可以看到同样的困惑。这里，力图用围绕着圆顶体量的门廊列柱，来促使两种母题统一，即便算得上大胆，那也无济于事。况且圆形柱廊完全破坏了如此尺寸圆顶所应有的权威感，结果，外观上必然不得要领且不反映结构。

罗马万神庙的情况就有些不一样了，罗马建筑师技术娴熟，立刻意识到他们问题的难度，并从两个方面处理问题：第一，在圆墙和门廊之间插入一个矩形的体量；第二，索性把圆屋顶设计得从紧靠建筑物的任何位置都完全看不到它。在正面，借矩形体量把圆屋顶隐蔽起来，于是门廊成为主体，而从其他任何视点来看，圆墙和圆屋顶却是主导因素。另一个把带山花的门廊和圆屋顶成功结合起来的尝试，在那不勒斯的保罗圣方济教堂（图 53）可以看到。在此建筑师保持门廊比圆顶相对较小，而且

【图 52】意大利波萨尼奥，卡诺瓦陵墓和纪念礼拜堂
建筑师：G.A. 赛尔瓦
两个力量相当又彼此冲突的母题放在一起，结果完全缺乏统一感。引自 G. 保利所著的《古典主义和浪漫主义的艺术》

【图 53】意大利那不勒斯，保罗圣方济教堂
建筑师：P. 比安基
借助于门廊对圆顶的从属关系，以及次级要素的审慎设计而达到统一。承韦尔图书馆提供

以每一边的小圆顶和侧面柱廊的基本弯曲面，突出中部圆顶的形体，巧妙地处理了屋顶，使其从每一个视点看去都处于主导地位。

统一是一个特别紧迫的问题，现时都强调顺应功能布置平面，结果平面大为复杂化，许多尺寸大体相同的要素互不相干。开窗尺寸主要根据每个内部空间所需采光量而定的这一倾向使得窗户面积大小差异很大，而且窗间运用自由韵律，有时就会产生明显的紊乱（图 54）。可是设想建筑师倒转时钟

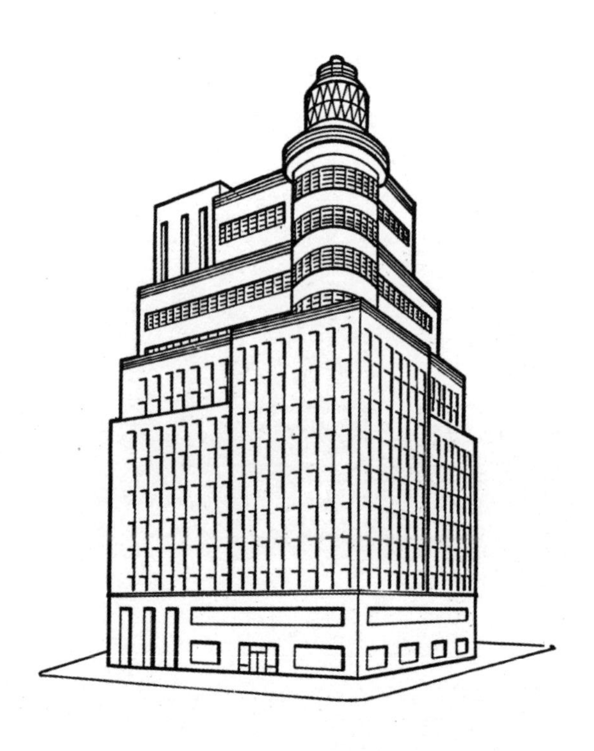

【图 54】位于岸边地段的拟建办公大楼透视图
完全缺乏统一感：没有主从，没有协调，线条冲突，结果是支离破碎。

走回头路，勉强拼凑图案的日子，那就不可思议了。因此他必须加倍努力，去排列组合他的建筑物，精心处理各种要素的主从关系，深入地研究几何空间，谨慎而和谐地安排门窗孔洞，直到各个难题得以解决，建筑学上的真正统一才会产生。

为第二章推荐的补充读物

Aristotle, *The Poetics*, any good edition.

Butler, Arthur Stanley George, *The Substance of Architecture*, with a foreword by Sir Edwin Lutyens (New York: MacVeagh, 1927), pp. 309 f.

Greeley, William Roger, *The Essence of Architecture* (New York: Van Nostrand [c1927]), Chap. 9.

Greene, Theodore Meyer, *The Arts and the Art of Criticism* (Princeton: Princeton University Press, 1940), pp. 402 ff.

Hamlin, Talbot [Faulkner], *Architecture, an Art for All Men* (New York: Columbia University Press, 1947), pp. 61-71.

Raymond, George Lansing, *The Essentials of Aesthetics in Music, Poetry, Painting, Sculpture, and Architecture*, 3rd ed. rev. (New York: Putnam's [c1921]).

第三章　均衡

在视觉艺术中，均衡是任何观赏对象中都存在的特性，在对象均衡中心或者视觉焦点的两侧，视觉趣味的分量是相当的。由均衡所带来的审美愉悦，似乎和眼睛“浏览”整个物体（就像浏览一行诗句那样）时的动作特点有关。假若从一边向另一边看去，觉得左右两半的吸引力是一样的，注意力就会像钟摆一样来回游荡，最后停在两极的中间点上。如果把这个均衡中心有力地加以标定，以至于使眼睛满意地在这个地方停下来，这就在观者的心目中产生了一种健康而平静的瞬间感受。

由此可见，具有良好均衡性的艺术作品，必然在均衡中心上予以某种强调。或者说，只有容易察觉的均衡，才能令人满足。假若用彼此距离相等的垂直线，布置一个任意长的系列，因为这些线条有秩序地排列，所以会出现某种均衡感（图 55 中 1）。可是，这样一个系列看起来游移不定，它的效果会单调乏味、浮动不安，因为没有一个点可以让眼睛在上面得到停息。如果我们在这样一组线条的中央加上一个标记，或者加上一个有意义的强调，那么，这个意义中心或均衡中心上的强调因素，就会立刻引起一种满足和安定的愉快情绪（图 55 中 2）。这表明，即使在最简单的构图中，强调均衡中心也十分重要。

我们可以用不同的方式，来取得某种相同的效果。如果我们在这些垂直线条的两端，有力地标上某种结束的母题，均衡的感觉会被再次强调。游荡着的眼睛，在构图上掠过时，就会做明确的停留，即使中间的均衡中心不加标定，均衡也可以被感觉到（图 55 中 3）。

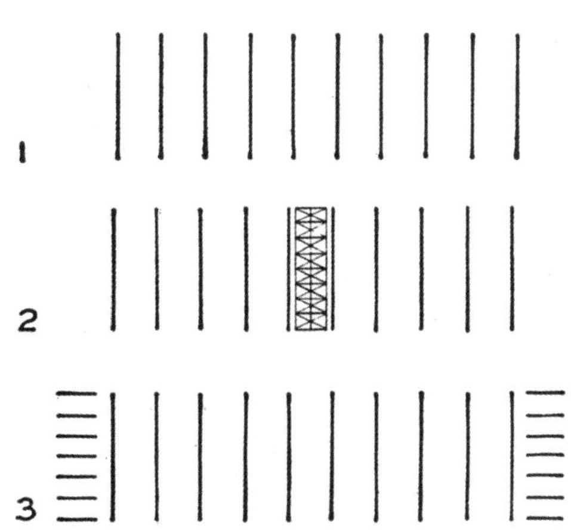

【图 55】均衡和对均衡中心的强调

1 这是一种数字上的均衡，因为中央空间的两侧对称。但这种均衡不明确，结果仅仅是个系列而已。

2 由于强调了中心，所以就可以察觉这个系列的均衡性了。

3 由于在系列的两端做了有力的停顿，均衡表现得清楚，从而也表明了其间的均衡中心。

在建筑物中，均衡性是最重要的特性。在第一章里提到过，建筑有三维空间的视觉问题，这便使得均衡问题颇为复杂。但较为幸运的是，至少在简单建筑中，一般人的眼睛会对透视所引起的视觉变形做出矫正，所以我们尚可通过对大量纯粹正视图的研究，很方便地考虑这些均衡原则。

【图 56】雅典，帕提农神庙，复原模型
均衡中心由山花墙尖顶、柱间距和雕塑的安排强调出来。承大都会艺术博物馆提供

最简单的一类均衡，就是常说的对称。在这类均衡中，建筑物对称轴两侧完全一样，只要把均衡中心以某种微妙的手法加以强调，立刻就会给人一种安定的均衡感。可以用多种方法进行这种强调，建筑物越是复杂，越需要明确地强调这个中心，为的是避免视线的紊乱和游移。甚至在简单的建筑物中，建筑名家也是煞费苦心地强调这个均衡中心，例如在帕提农这样一座希腊神庙（图 56）里，正面的美感就是由许多方面促成的。三角形山花尖顶有力地强调出中心线。如在阴影处的门廊所见，点出了暗处入口的大门就在中心线上。端部的柱间距比中部窄些，从而使柱列形成一种向中间靠拢的微妙感觉。出于同样的目的，外侧的柱子稍微向里倾斜，于是视线几乎不知不觉地被引向立面的中央，立面的水平线稍有一点弯曲。所有这一切，不但使立面充满了巨大的活力，而且还巧妙地协助强调了构图的均衡中心。另一种比较简单的情况是，任何一个谷仓或住宅的山形屋顶，只要其他要素不加干扰，都会形成一个均衡的侧立面（图 57）。

就比较复杂的对称建筑而言，对均衡中心的强调往往决定了大部分外观设计。几种典型方案值得注意。一种方案是由突出的中央要素和旁边较小、较低的后退侧翼组成的（图 58）。这类方案在许多佐治亚式住宅、图书馆和其他类似结构物中可以看到（图 59）。

另一种方案是有两个突出的端部馆舍或体量，它们之间有一个联结要素（图 60）。这第二类均

【图 57】马萨诸塞州丹弗斯，沃兹沃思住宅
一种典型的美国早期殖民式住宅，在正面和端部取得均衡，强调带山花的大门、弧形顶的天窗、上部的山墙和端部的烟囱完成的均衡线。

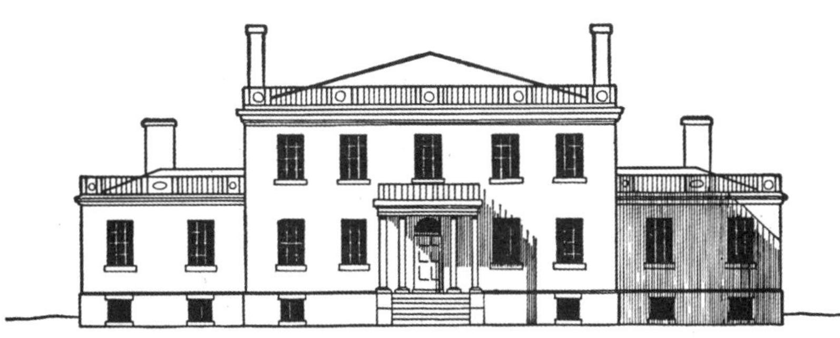

【图 58】纽约州蒂沃利克拉芒特，利文斯顿庄园住宅
一个有中央体量和侧翼的构图，门廊强调出均衡中心。

【图 59】缅因州基特里，佩珀雷尔女士住宅
对称均衡：中部馆舍和边翼。引自 J. M. 豪厄尔斯所著的《皮斯卡塔韦的建筑遗产》

【图 60】博尔德，科罗拉多大学文理大楼
建筑师：查尔斯•克劳德
由结实的侧翼和强化的门所强调的一个不落俗套的均衡构图。

衡方案，可以在纽约邮局这类建筑物中看到，它的联结部分是一个长柱廊；威尼斯的文哲米尼府邸，在端部馆舍上的强调非常轻微，而像巴黎圣母院这样的大教堂的主立面，则有一对高耸的塔楼（图61～63）。这类方案可能有个内在的危险，那就是翼部有可能变得过于突出，以致使构图失去均衡，应该想方设法避免这一危险。在带有双塔的教堂中，对双塔间的均衡中心做有力的强调是必要的，像巴黎、亚眠和兰斯的一些大教堂入口和玫瑰花窗所表现的那样。

第三种方案由前两种均衡形式结合而成（图64）。在建筑中，有突起的中央馆舍、被强调的端部馆舍和它们之间的次要联结部分。许多大型法国文艺复兴式建筑、美国国会大厦、纽约宾夕法尼亚火车站和华盛顿联合车站，都令人赞叹地显示了这种构图的气派（图65、66），这大概是人们的眼睛能同时领会的最复杂构图。

建筑师们总想完成比较复杂的构图，但总是事倍功半，伦敦国家美术馆就是一例（图67）。端部馆舍重复，每边有三个，在它们之间，伸展开呆板的墙面，还有位于中央但并不重要的门廊等，这一切加起来造成了混乱和沮丧之感。很明显，如果涉及超过五段的构图，人们的想象力就穷于应付了。

【图61】意大利威尼斯，文哲米尼府邸
建筑师：彼得罗·隆巴尔多（Pietro Lombardo）
对称的均衡：端部的馆舍和中部的联结部分。承韦尔图书馆提供

【图 62】（左）巴黎，圣母院，正视图
角上的塔楼，中央的玫瑰花窗、三座门中最大的一座门及位于十字交叉处的尖塔，促成有力的均衡。
【图 63】（右）巴黎，圣母院，立面
简单的对称均衡。承埃弗里图书馆提供

【图 64】马里兰州安妮阿伦德尔县，郁金香山山庄（Tulip Hill）
最丰富的一类均衡构图：有中部体量、端部馆舍和起联结作用的翼部；通过山花和门廊强调了均衡中心。

【图 65】华盛顿，美国国会大厦，从东部看去
建筑师：桑顿、拉特罗布、布尔芬奇和沃尔特
由每一个单元本身的均衡构成复杂的对称均衡。承埃弗里图书馆提供

【图 66】华盛顿，联合车站
建筑师：D. H. 伯纳姆
复杂的对称均衡：中部馆舍、端部馆舍和联结部分。引自《格雷厄姆、安德森、普罗布斯特和怀特的建筑作品》

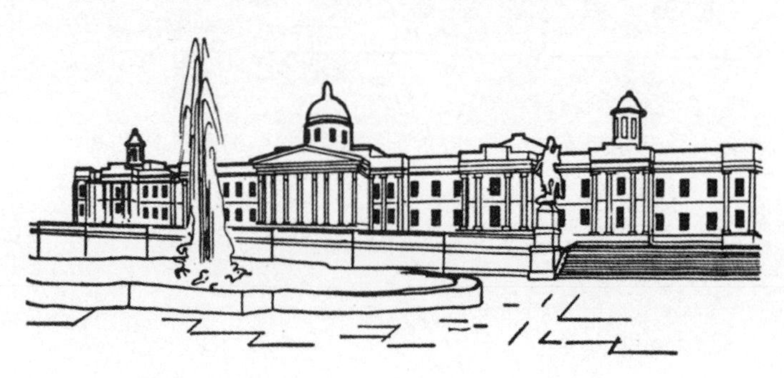

【图 67】伦敦，国家美术馆
各部分具有多样性，在均衡线上应予强调的圆屋顶尺寸不够，造成支离破碎的局面。立面划分了不同的 15 段。

【图 68】英格兰诺福克，霍尔汉姆宫，入口正面
建筑师：威廉•肯特
在许多 18 世纪英格兰住宅中，构图华丽的独特实例。引自劳埃德所著的《……英国住宅史》

国家美术馆之所以处理得混乱，不是建筑物长度的问题，纯粹是各单元的多样化造成的。在尺寸庞大的建筑物中，形式常常应按较简单的方案处理，毕竟大型建筑中的每个单元，本身就是相当复杂的构图。这是人们觉得许多大型英国宅邸有很强纪念性的奥秘所在。肯特设计的霍尔汉姆宫（图 68），其端翼比许多单体住宅还大，可是在设计中的每项处理，都使得它被当成整个构图的端部单元。

霍尔汉姆宫还表明，在大尺度建筑构图中，必然经常碰到的另一个特性：走近眼睛所能控制的宅邸时，构图单元的大小逐渐变化。当人们非常接近入口时，边翼几乎从视野里消失，眼睛停留在建筑主体上，那时所见，甚至是个没有侧翼的建筑，所见到的是本身非常优美的构图。18 世纪英国的建筑师们，在这类抽象设计方面特别出色，肯特设计的另一栋建筑——伦敦骑兵近卫队大厦，是另一个优秀的范例（图 69）。

在第二章里已经讲过，运用处在中央两侧的两个垂直元素强调均衡中心的手法。这些运用框景构图所形成的重点，使得注意力无法抗拒地集中在中央要素上。所以，门两边两棵高耸的雪松或白杨，也可以是一个有力的强调（图 70、71）。同样，门柱也会产生类似的效果，如在重修的威廉斯堡州长官邸（图 72）所见。

最后一例还道出了强调均衡的另一种方法，即强调位置。把均衡中心放在突出的建筑体量上，要比放在平墙上更令人感兴趣，所做的突出不要太大，以免破坏了突出部位和后退部位之间的连续感。不过，与此相反，如果把兴趣中心放置在后退的要素上，将会产生更为有力的强调效果，像威廉斯堡实例的情况。这就能解释有前院的建筑物可以促成强烈的均衡效果，也包括前面所引用的 18 世纪的大型宅第，其主要因素是两侧向前突出的两个较小的翼部。

第一章已经指出，在三维空间的构图中，眼睛可以对透视效果做出矫正，这不仅是感觉和想象的问题；在许多情况下，这需要部分观者的实际活动。当然，建筑物必须从所有视点看上去都好，许多

【图 69】伦敦，骑兵近卫队大厦
建筑师：威廉 • 肯特和 J. 韦尔迪
上：自花园看去；下：自白厅看去。这是英国精巧处理复杂对称构图的另一实例。自远处和靠近看时它都令人印象深刻。承韦尔图书馆提供

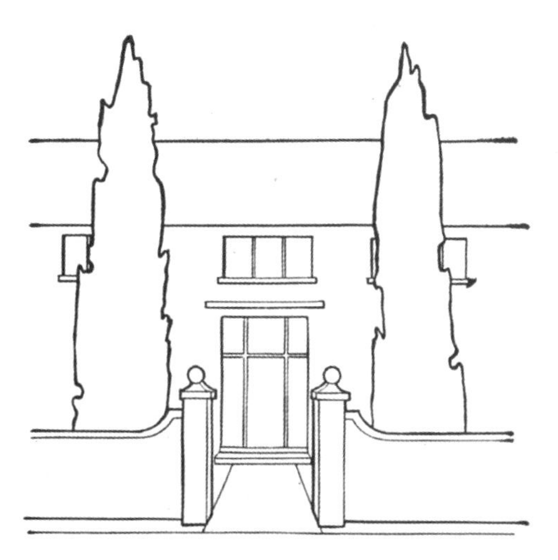

【图 70】（上）中央两侧的垂直元素
由垂直元素（树和门柱）所强调的均衡。

【图 71】（右）罗德岛威克福德，浸礼会教堂
由场地的住宅、门道、两侧的高树所强调的均衡。托伯特 • 哈姆林摄影

【图 72】弗吉尼亚州威廉斯堡，州长官邸，正面
由坐落的位置、墙和门柱、侧面的建筑和它的小圆塔顶所强调的均衡。里查德 • 加里逊摄影

成功的建筑设计，还能提示观者一个自然的过程，引导他们自然而然地绕向设置主要入口的主立面，那里明确地把均衡感点了出来。

设计者可以用许多方法来协助这一过程。让我们以杜多克设计的荷兰希尔维瑟姆公共浴室为例。建筑物分为两个雷同的部分，一边是男部，一边是女部，自然要求对称构图（图 73 ～ 75）。主入口设在场地较宽的一端，主街道在建筑物的两个长边侧经过。建筑物的正面对称，其均衡中心，由烟囱、设计得有向里转折感的主体墙面，以及在两边突出的自行车棚有力地强调出来。所有处理直截了当，加上精心设计的细部，产生了所需要的重点。设计之微妙，在侧面展现得更为有力，这里有一种鲜明的均衡构图，在整个体系上对称，而不是在体量、尺寸和细部上对称。后面杂务院的长墙，在某种程度上均衡了前面自行车棚的更结实、更短的墙。一个朝向主体建筑后部的又高又窄的亭楼，对于朝前建筑前部的较低、较宽的翼部，是个良好的衬托，这样整个侧立面就形成一种均衡，大体令人满意的均衡，也可以说，是一种运动中的均衡。每个体量、线条和细部，都有把观者从后引向前的倾向；眼睛一直被引向入口端更有趣味的细部，人就自然地绕过转角朝它走去。在那里，可以看到一个壮观的立面，它对整体体验来说是适当而充分的高潮。任何纯对称的侧立面构图，若缺乏这种提示动态运动的特性，就会造成建筑物平淡无奇。

这类情况在某些大教堂的构图中也存在（图 76 ～ 78），特别是巴黎圣母院，它的双塔形式，必然会提示从侧面靠近的人们绕过塔楼走向主立面。但是，像这样一座巨大的建筑物，假若在其他视角

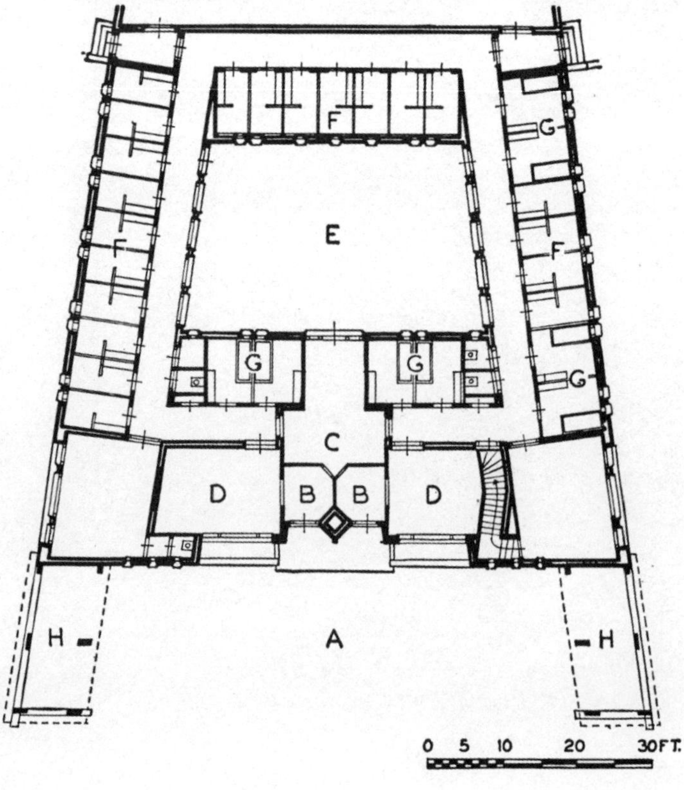

【图 73】荷兰希尔维瑟姆，公共浴室，平面

建筑师：W. M. 杜多克

A—前院；B—男女入口门厅；C—门厅；D—管理室；E—院子；F—淋浴；G—盆浴；H—自行车棚。

三维空间中的均衡。平面，近乎对称，因为男部、女部两边的要求近乎一样，这是一种精心的安排，使得体量和细部像自然生长出来的。随后两幅图，显示它的均衡性。

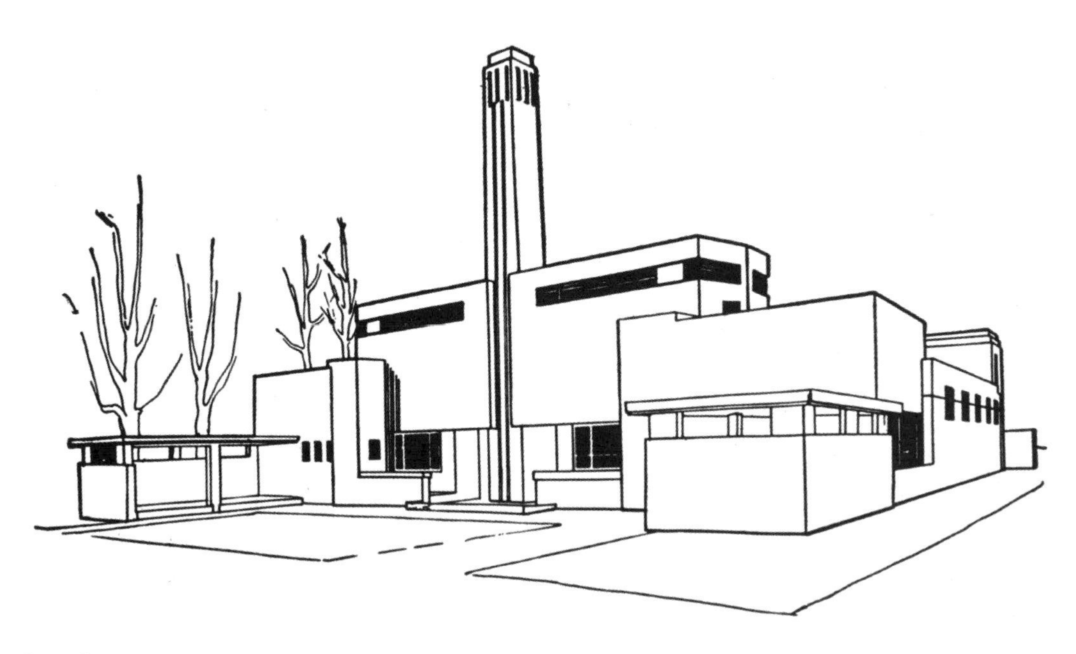

【图 74】荷兰希尔维瑟姆，公共浴室，自前面望去

建筑师：W. M. 杜多克

三维空间中的均衡。在对称构图中，每个要素都有一种朝向中心的方向感。自行车棚、砖墙体量的处理、带有百叶通风口的上面两翼楼弱化的端部、标高的变化以及入口的设计，所有这些结合起来，创造出一种具有巨大力量的均衡。

【图 75】荷兰希尔维瑟姆，公共浴室，自后方一角望去

建筑师：W. M. 杜多克

三维空间中的均衡。侧面的动态均衡。朝向正面的每个要素，通过朝向后方的不同要素加以平衡，整个设计几乎让人不知不觉地绕向建筑的正面。

【图 76】巴黎，圣母院大教堂的体量，在交叉处设尖塔和不设尖塔的效果
这说明小尖塔在大教堂建筑对角线方向的视图中，在创造次级均衡感上所起的重要作用。

没能提示与正面可比的某种均衡，就会引起不安定感。如果没有某种施加影响的修饰要素，精心制作的扶壁、山墙、小尖塔和那让人印象深刻的十字耳殿尽端、多边形的后殿等所固有的不安定因素，只能发展成一种混乱局面。为了避免这一点，哥特式的建筑师们，在教堂的中殿和耳殿的交叉点上，设置一座高耸而华丽的尖塔。立刻一种均衡感产生了，使得从任何视点看去，整个建筑都具有非凡的效果。而巨大的双塔，依然会吸引观者转向正面。图 76 所示的带尖塔和不带尖塔的简单建筑体量，说明了这一要素的重要性。

到此为止，我们主要论述了对称的或者叫作规则式的均衡。但是，不对称的或不规则式的均衡问题，不仅更加复杂，而且在今天还更为重要。按照功能布置平面，经常导致平面的不对称。更有甚者，我们喊得最响的建筑评论家们，更喜欢将“不规则式均衡”作为设计的普遍准则，而非规则式均衡。这对 19 世纪末期的折中主义思潮来说，几乎是一种彻底的革命。文艺复兴时期，建筑师们自然地倾向于把建筑设计成对称的，只有平面布局绝对必要时，才被迫放弃对称。现如今恰恰相反。20 世纪中期的建筑师们，自发地倾向于不对称的结构，除非课题要求、地段位置及其他等因素逼迫他做纪念性的对称。由于均衡在不对称结构中要像在对称结构中一样明确，因而很有必要仔细探讨这一问题。

当均衡中心的两侧在美学意趣上等同时，我们就可以说，不规则的均衡出现了，即便在形式上并不等同。比起对称的构图，不对称均衡更加需要强调均衡中心，如若不然，让无可凭借的眼睛去发现均衡，谈何容易。况且，复杂性常常伴随着均衡的不规则性，如果不把构图中心有力地标定出来，常常会招致散漫和紊乱。所以，在均衡中心加上一个有力的“强音”，就更加有必要了，这就是不规则均衡的首要原则。

不规则均衡的第二个原则，叫作杠杆平衡原理。意思是说，一个远离均衡中心、意义较为次要的小物体，可以由靠近均衡中心、意义较为重要的较大要素加以平衡。很多人已经无意间察觉这个杠杆

【图 77】法国，亚眠大教堂，东端
哥特式小尖塔是对均衡中心的一个重点强调。

【图 78】英格兰，林肯大教堂
这张图表明了中心塔在促进整个教堂体量均衡上所起的重要作用。

平衡原理，这既是不规则的建筑物又是许多不规则式装修的房间获得美观的窍门，让我们以 L 形或 T 形平面的简单建筑物为例。从长边望去，朝向观者突出的一臂很自然地形成的地带比长而连续的一臂形成的地带更有趣味。这既是由光影的差异造成的，也是由突出之处平面的变化引起的。根据杠杆平衡原理，这样一座建筑物的均衡中心在靠近阴角之处，因为突出的翼部和伸长的主体在这里会合，所以要选这个点来加以强调，将入口设在这里是最好不过的了（图 79 左）。在许多住宅和小型公共建筑中，

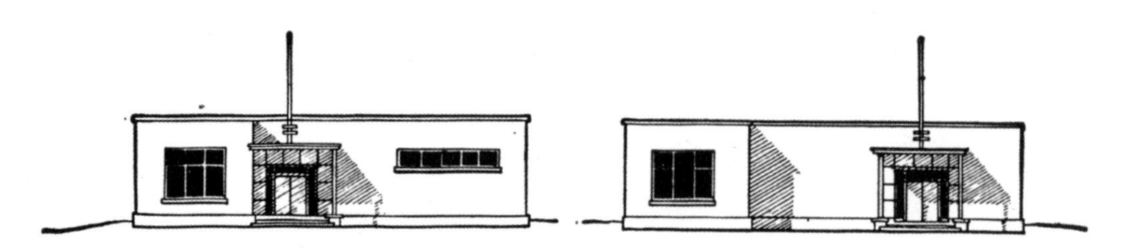

【图 79】不对称的均衡：杠杆平衡原理
左：均衡中心靠近突出的翼部和主体的交角处；
右：当门的轴线和自然形成的均衡中心不一致时，会出现松散和令人不快的效果。

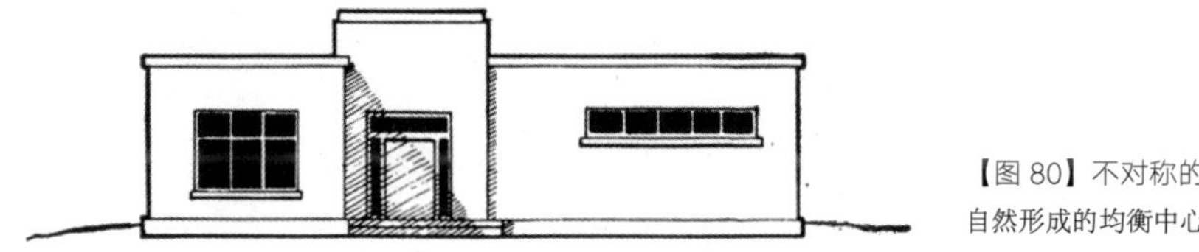

【图 80】不对称的均衡
自然形成的均衡中心，被加高的入口要素进一步强调。

这是一种有代表性的构图安排。

假若把所强调的入口换个位置，移到远离这个角的建筑物长边上，建筑物立即就会失去均衡（图 79 右），除非建筑师在真正的均衡中心上发展一个更为有影响力的趣味中心，否则将无法挽回这种败局。按照第 22 ～ 24 页上所列的物体及相应的趣味，会有助于对均衡中心做出适当的强调。所以，若把一个塔楼或某种垂直要素布置在均衡中心上，这个构图就会更加有力，均衡也更加明显（图 80、81）。

正像我们一再重申的那样，建筑学是一门三维艺术，单独研究立面图，不会给建筑一幅真实的画面。这一事实在不规则结构物中，甚至比在规则的结构物中更为重要，因为眼睛来不及对透视变形做出必要的矫正。例如对一座乡村住宅，人们可以从许多不同的视点来观察，甚至是沿弯曲的小径或马路走近它，这样它几乎可能以任何角度呈现。建筑从不同角度呈现的景观会表现出一种暗示的（如果不是确切表述的）均衡，只通过透视草图就能够预先对这些景观进行详尽的研究。然而，一定视点的透视图，可能对某个点进行不自然的强调，而对其他也许是同等重要的点有所贬低。这样，小尺度的模型就常常用来研究这种复杂的三维设计。如能正确观察和正确应用，这将对设计者有很大助益，特别是在研究主要体量的关系方面。但是模型像透视图一样，也容易为某种危险打开大门。模型充满了小比例图形那种迷人的魔力，而且人们很多时候是从高于它的视平面上去观察它的，反之，对于现实的建筑物，人们很多时候是从比地平面略高的视平面上观察的，或者如果建筑物坐落在山上，人们甚至是从远远低于它的视平面上去观察的。从低视点上看上去和从高视点上看下来，效果迥然不同。但模型所显示的是基本体系，或者是体系和构图的规律性。假若把它放得高度适当，眼睛适度降低，对设计校核还是大有裨益的。

话又说回来，假若建筑物的真切表达，既不能靠正视图，又不能靠透视图，模型也靠不住，那么建筑师还能靠什么呢？答案是，靠他对建筑的三维想象力的自我修养。有经验的设计师看到图纸就会

【图 81】荷兰希尔维瑟姆，市政厅
建筑师：W. M. 杜多克
以塔楼作支点，垂直和水平的线与面的巧妙的均衡。承荷兰信息局提供

在心中将它想象成具体的结构实物，并围绕着建筑走来走去，观察这件要实施的作品中的混乱和构图两个方面。这样，他内心拥有了将图纸可视化的能力，就能事先确信自己的设计是否构图正确。他还会用正视图、透视图，有时再加上模型来校核他的想象，但是，这些手段只是直接用来校核他自己的创造判断力。

很多设计得不规则的建筑物，会自然地陷入人们所称道的“画境”（picturesque），而且拥有这个字眼所暗含的特殊的魅力。然而，它的背后是一个极危险的观念。这个名字本身就是个警告。这就是说，画境在图画中看上去挺好，但是一座建筑不是一幅图画（或者只是偶然的情况下是一幅图画）。建筑之美和画境之美，根本是两码事儿。大量设计不良的工厂昏暗而沉闷，巨大烟囱吐出的黑烟横过冬日的夕阳，色彩和形状也可能十分动人，算是十分有“画境”了。但是，这个图画中的每件事物，都可能导致产生最糟糕的一类建筑。设计良好的工厂，绝少烟尘，通风良好，而且充满阳光；而那个美如“画境”的工厂，却会祸害所有邻居。同样，贫民窟和凋敝地带也可能充满着如画境般的局部；众所周知，画家爱画凋敝的住宅或倾倒的谷仓，而建筑师的奋斗方向，则是消除贫民窟、凋敝地带和荒废的农舍。

事实上可能有人说，建筑师总是在避免“画境”，除非他的建筑物要求他或地段位置迫使他。建筑物在任何情况下都是相当复杂的，建筑师的职责始终是，在工作中尽最大可能地创造简洁和宁静，应该让如画境般的这一特性仅仅作为这次研究的结果出现。“制造的画境”常常只会得到矫揉造作和纷乱。有些市郊住宅的营造者，为了避免他想象中的单调，人为地把外观搞得错综复杂，结果产生的只能是枯燥的混乱。

在建筑中，均衡的需要不只限于外观设计，室内设计同样需要均衡。艺术均衡的一般定义在立面设计中正确，在室内设计中也依然如此。在室内设计中，建筑的均衡理所当然要在很大程度上依赖于平面，因为平面中所看到的建筑各部位的安排，不仅决定了观者进入建筑后穿越其中的所见，而且决定了观者视觉体验的顺序。因此，所谓室内均衡常常被说成是平面的均衡。可是，这一定义又为产生误解开了绿灯，因为平面是一个纯抽象的图解，而构成建筑室内均衡的视觉空间的处理和布置，则是具体的现实设计的结果。把建筑内部做得均衡，事实上常常会使平面成为一种均衡的图形，但是，把平面图形人为地拼成图案，就可能造成建筑事实上紊乱和视觉上别扭的后果。然而，研究平面仍然不失为建筑师研究室内空间特点的首要途径，可是他必须总是富于想象力地看待平面，而且永远不要忘记，这是达到目的的手段，而不是目的本身。

当一个人进入一座建筑物时，他的正常活动路线是一条径直向前的直线，除非某种东西提示或迫使他改变方向。这个自然的流线就是建筑学里所惯称的**轴线**。也就是说，建筑设计必须注重运动的自然模式。因而，均衡的必要条件指的是，在这个自然行进的过程中，任何视点上的任何景观都必须具有视觉上的均衡性，而且均衡中心必须在那个自然行进流线上（图 82、83）。建筑室内的均衡也和外部的均衡一样，可以是规则或不规则的，对称或不对称的。评价室外不同种类形式的相关意趣的一般规则在室内也适用。所以一个设计良好的室内楼梯，可以在室内产生一种显著的吸引力。同样一个高的物体或者高的内部空间，也能唤起人们对它的注意。

可是室内设计还有另外一个因素需要考虑，那就是设计规划中极为重要的因素——光照的相对强度问题。例如，一面大窗户，俯瞰着广阔的美景，几乎将会使任何建筑因素的意趣失衡，因为从窗户射入的光线与迎光各墙面上的阴影之间，显示出强烈对比。这就是中世纪的建筑师们总是很乐意用色彩缤纷的玻璃和错综复杂的花格窗来调节外来光线的原因之一。

均衡中心的吸引作用在前面已经提过了，一般人往往会不自觉地朝着这个中心走去。这是世界上许多优秀设计的诀窍，住宅和纪念性公共建筑概莫能外。表现均衡中心是建筑师把人的脚步引向应去方向的一种方法，设计得好的建筑物，只需要很少的导向标志。让我们以巴勒贝克的山门和大神庙的平面为例（图 84）。在这个具有纪念性的对称构图中，建筑师成功地做了一组在视觉上格外丰富的建筑元素，精心地安排了引导观者从入口直达神庙的流线。与中央轴线相交的明间，比旁边的柱间稍宽，横过门厅的巨大前廊前后不对称，门打断了本来连续的后墙，在入口处形成一个吸引人的高潮。前院为六边形，因而穿过它时横向视图是完全对称和均衡的，它们的均衡中心，就在一个小凹角处。与此形成对比，庭院的巨大入口，是一个尺度惊人的构图，有一个特征鲜明的中央通道。而且六边形的边朝着内院的大门，以其斜角迫使人们将注意力向里转向走廊，以至于通过前院进入巨大的内部庭

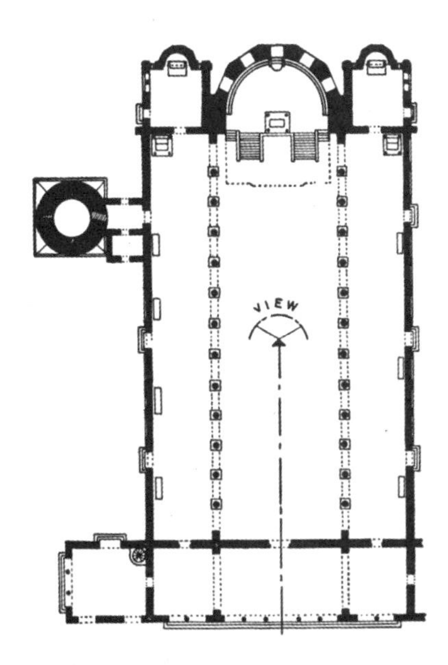

【图 82】意大利拉韦纳，克拉司的圣阿波林纳教堂，平面

平面中的室内均衡。在行进的一般流线上，如虚线所示，所有的视野都均衡，并指向祭坛，从而达到高潮。

【图 83】意大利拉韦纳，克拉司的圣阿波林纳教堂，室内

对称的室内均衡。承埃弗里图书馆提供

院这一行进过程变得不可避免且令人难以忘怀。其他许多罗马式平面，同样以追求视觉均衡和运动之间的紧密关系的同等特性为目标，这些将在第七章和第八章以较大的篇幅加以讨论。另外一些对称式、规则式室内均衡的突出实例，在像位于拉韦纳的圣阿波林纳教堂（San Apollinare in Classe）（图 82、83）这样的早期基督教巴西利卡式教堂，包含巴黎歌剧院在内的纪念性剧院，有较完善的现代规则式平面的内布拉斯加州议会大厦，以及小型而简单的华盛顿林肯纪念堂中都可以看到。在那里，巨大而感人的效果，由林肯巨像的布置和横向均衡关系的微妙处理而获得（图 85、86）。

均衡中心有吸引作用这一特性，在许多依靠弧形或曲折轴线的不规则平面中尤其得到了很好的说明。从图 87 ～ 90 可以看到，怎样在轴线一侧建立有趣的特色景观，使得那个轴线向着这些景观弯曲，并引导观者走向该去的地方。

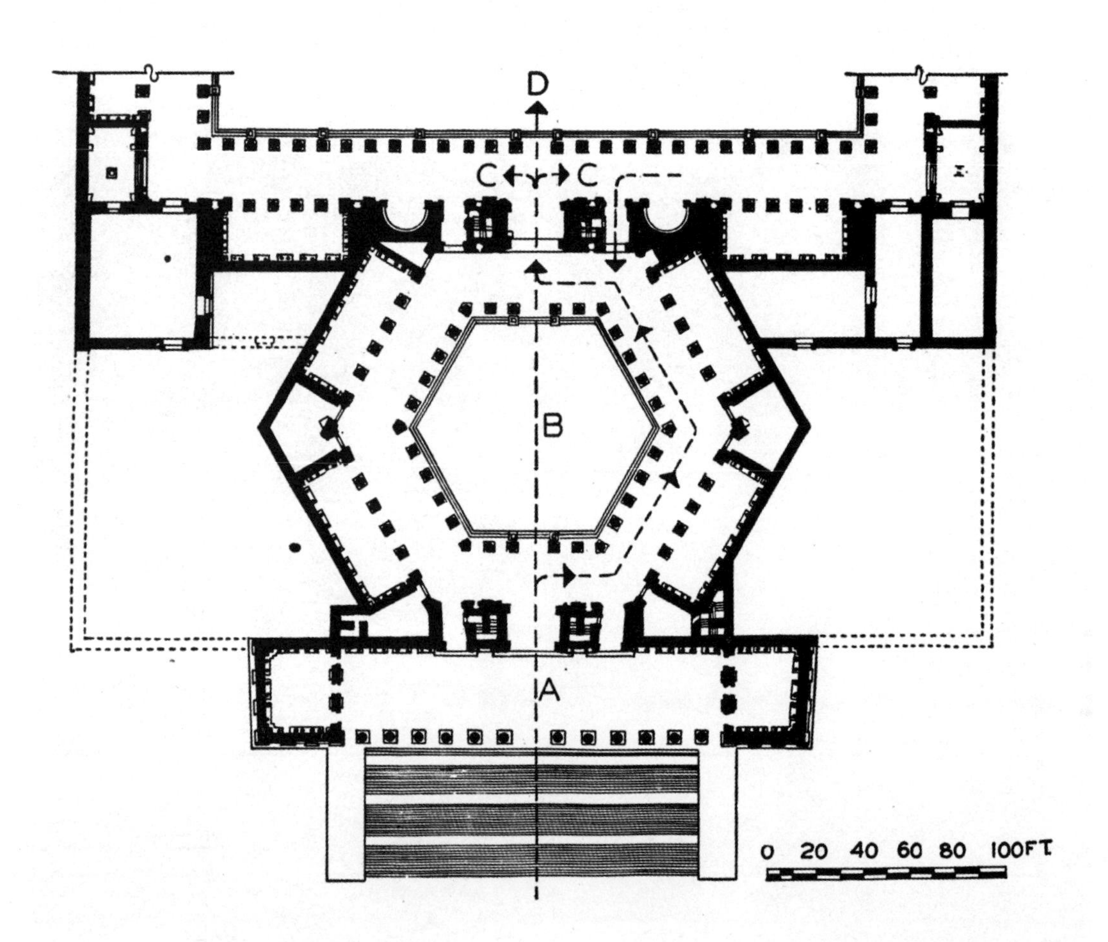

【图 84】小亚细亚，巴勒贝克大神庙，入口组合平面

A—门廊；B—六边形庭院；C—大庭院的柱廊；D—大庭院。

连续视野的均衡中心之所以这样设计，是为了通过这一构图来提示正确的行进路线。门廊的柱廊像庭院的柱廊一样，中央的明间都比较宽，中央的拱形大门比两边的门宽。从六边形庭院 B 的柱廊看去，视野是均衡的，而从旁边斜着来看，则是一种弱的均衡，以阴角为中心；主轴上的均衡强烈。这一组合表明，在 B 处要稍加停留，但是最后还是沿主轴运动。

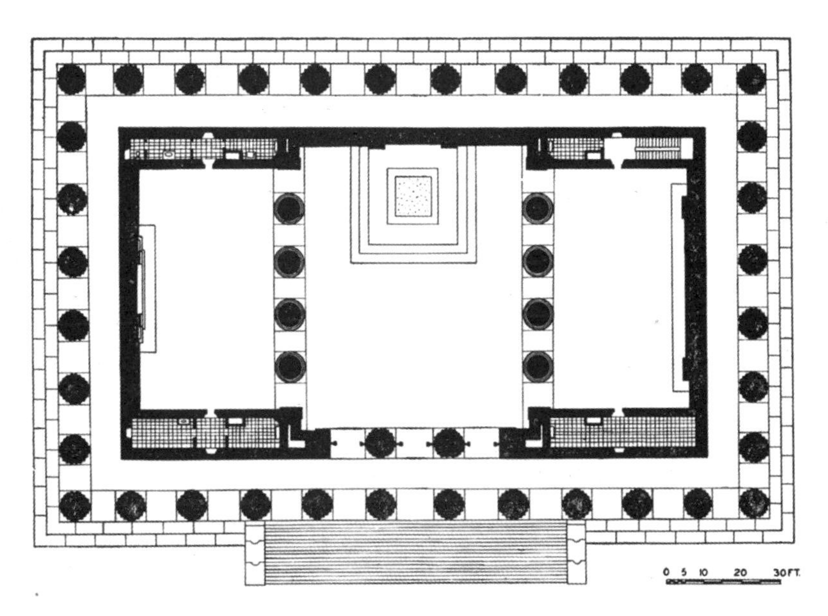

【图 85】华盛顿，林肯纪念堂，平面

建筑师：亨利 • 培根

两个侧厅之间的强烈规则式均衡。每个侧厅都是一个对称的均衡单元，以刻有英文演讲词的墙面作为高潮和中心。可是这些比起柱廊和正面的高潮点——林肯雕像之间的中央均衡来，就比较弱了。

【图 86】华盛顿，林肯纪念堂，内景

建筑师：亨利 • 培根

从两个方向巧妙处理的内部均衡：横向，通过两个偏厅；纵向，从入口到雕像。伊文 • 盖洛韦摄影

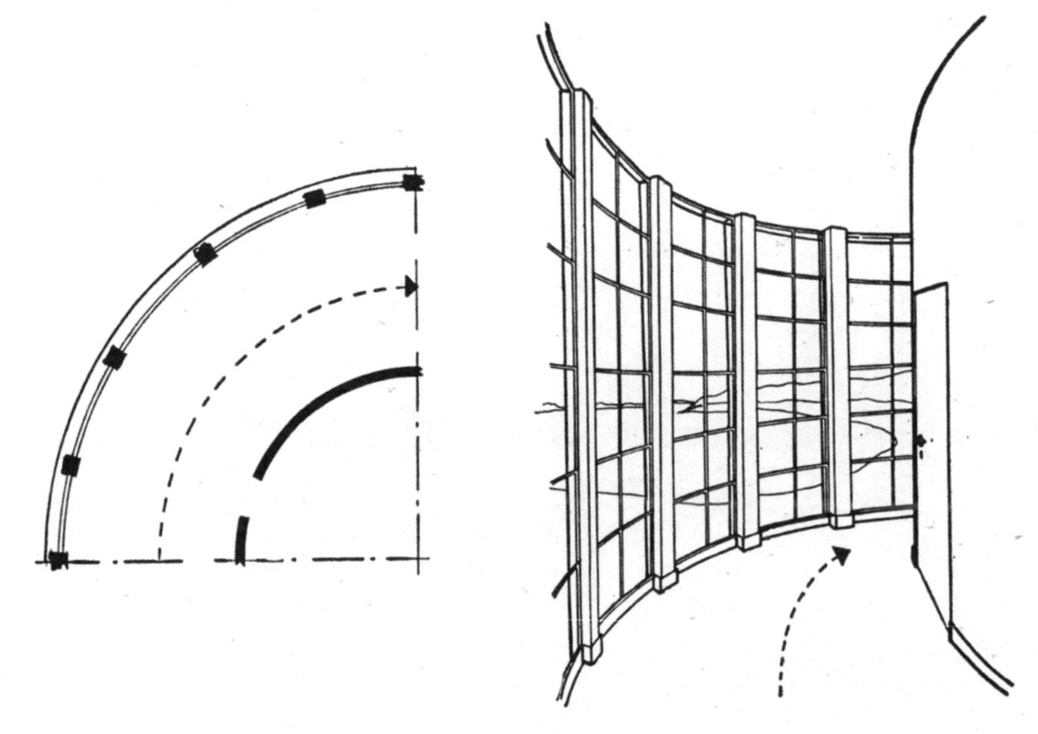

【图 87】通过不对称均衡或动态均衡改变方向
沿着弧形走廊行进，目光所及之处有一种强烈的运动感，因为两边给予的视觉感受不同。

【图 88】法国，夏尔特尔大教堂，在回廊中走动时看到的景观
动态的不对称均衡，通过回廊和环绕唱诗台的空间来暗示运动。承韦尔图书馆提供

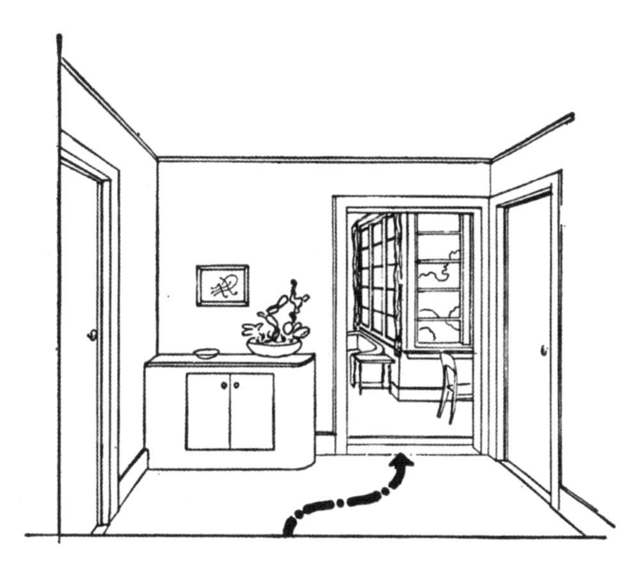

【图 89】（左）巴黎，圣日尔曼德佩教堂（St. Germain-des-Prés），在回廊中走动时看到的景观
以动态的不对称均衡暗示运动的又一实例。
【图 90】（右）一所住宅的入口门厅
动态均衡，暗示向起居室的行进。

由此我们可以看出，规则式或不规则式均衡，可以算得上是建筑设计艺术的基石。均衡赋予外观以魅力和统一。它促成安定，防止不安和混乱，并且是世界上伟大建筑遗迹完美布局的基础。因为有超越人类自然活动的奇妙力量，它既有功能基础，也有纯粹的美学基础。

为第三章推荐的补充读物

Edwards, A. Trystan, *Style and Composition in Architecture* ... (London: Tiranti, 1944), Chap. 4.

Greeley, William Roger, *The Essence of Architecture* (New York: Van Nostrand [c1927]), Chap. 10.

Gromort, Georges, *Essai sur la théorie de l'architecture* ... (Paris: Vincent, Fréal, 1942).

Guadet, Julien, *Éléments et théorie de l'architecture*, 4 vols. (Paris: Aulanier, n.d.), Vol. IV, Liv. III, Chaps. 12 and 13.

Hamlin, Talbot [Faulkner], *Architecture, an Art for All Men* (New York: Columbia University Press, 1947).

Robinson, John Beverley, *Architectural Composition* ... (New York: Van Nostrand, 1908).

Van Pelt, John Vredenburgh, *A Discussion of Composition, Especially as Applied to Architecture* (New York and London: Macmillan, 1902).

第四章　比例

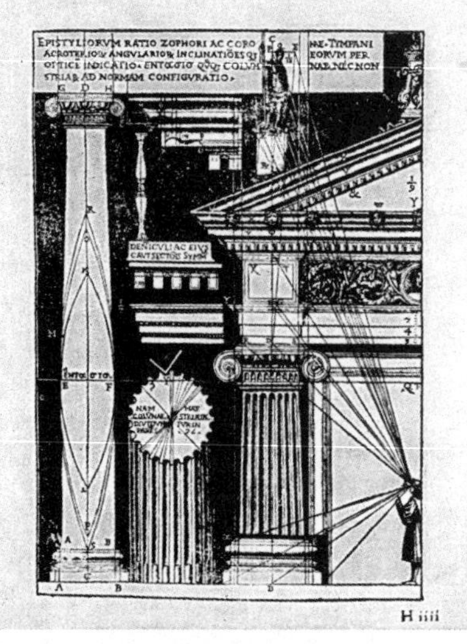
LIBER　TERTIVS　LX.

Ma le altre cõ equale modo diſpoſite: acio che ciaſcuna a ciaſcune medie tegule ſe reſpondano. Ma queſte che ſarano cõtra le colũne ſiano perforate al canale: quale excipe da le tegule laqua celeſte. Ma li capi mediani ſiano ſolidi acio che la forza del aqua: quale cade per le tegule in lo canale non ſe expanda difora p li intercolumnii: ne anche perfunda le perſone che paſſano: Ma quelle che ſono cõtra le colũne ſi uedano emittere da la bocha le uomentie de il ructo de le aque: De le Ionice quanto apiſſimamẽte ho potuto le loro diſpoſitione in queſto uolumine ho deſcripto: Ma de le Dorice & Corynthie: qual ſiano le ſue proportione in lo ſequente libro explicato.

【图 91】赛萨利亚诺编辑的维特鲁威著作版本中的一页（Como：Da Ponte，1521）

正文在中间，周边是注释说明。插图详细说明比例的竖向透视效果。承埃弗里图书馆提供

几乎所有的建筑评论家都一致认可比例在建筑艺术中的重要性。可是，当他们试图把如何构成优美的比例讲得更明白时，这种明显的一致性就消散了。虽然维特鲁威在著作中说得含糊的一系列段落，引起了没完没了的争论，但至少在希腊建筑上，他成功地搞清楚了最小构件尺寸和整体尺寸之间有某种明确关系；通常认为他指出有个模度系统控制着希腊的神庙设计（图 91）。在 17 世纪，法国皇家建筑学院首席建筑学教授弗朗索瓦•布隆代尔断言，建筑整体的美观，来自绝对的、简单的、可以认识的数值比例。到 19 世纪末期，朱利安•加代发现了某些物体比例优美的秘密，他非常含糊地称之为真理或表现。他说，优美的比例是理性的，不是直觉的产物，每一个项目都有本身潜在的比例。要想从这些千头万绪的见解和态度里获得某些规则，必须首先确定下来我们所说的比例指的是什么，因为加代所说的那类尺寸关系，显然与布隆代尔所感兴趣的是两码事。

当两个比率相等时，比例一词的算术定义便成立了。在 $a : b = c : d$ 中，$a : b$ 和 $c : d$ 就是比率。我们假定这大致上就是建筑学中的比例，那么问题就来了，a、b、c 和 d 在建筑中会代表什么呢？在建筑形式中，明显的维度是建筑各构件和各体量的高度、宽度和深度。根据严格的数学概念，我们可以说，在一座建筑物和它的各个部分里，当发现所有主要尺寸中有相同比率时，好的比例就出现了[1]。

---

1 参见伯克霍夫（George David Birkhoff）撰写的《美学度量》（*Aesthetic Measure*）一书，由哈佛大学出版社（马萨诸塞州坎布里奇）于 1933 年出版。

【图 92】巴黎，圣丹尼门
建筑师：弗朗索瓦·布隆代尔
设计的比例是在简单算术的基础上确定的。对照图 93。承埃弗里图书馆提供

【图 93】巴黎，圣丹尼门，正视图
建筑师：弗朗索瓦·布隆代尔
算术的或数字的比例，控制着该设计的所有主线条。边上和底下的比例尺表明，这些分割是怎样做出来的。这里主门的高度是宽度的两倍，其宽度是总宽的三分之一，主要檐口是高度的六分之一，拱墩的标高是高度的一半，基座是高度的四分之一，等等，一直到最小的细部，都与大门的尺度有关系。

可是，在建筑中比例的含义问题，却不能仅仅局限于这些“相等”。通常它纯粹是比率自身的问题，例如门、窗或者整个立面表面的高宽比，或者一个房间的长宽比。几乎任何此类的外观都会有某种比率，它比其他比率给予人们更多的愉悦。这就会促使我们说“这个门比例优美，而那个比例不当”。那么，在高和宽之间有没有某种绝对的或理想的比例关系，以确保设计的优美，或者在任何通常被认为美观的物体中都会发现这种比例关系的真实存在吗？正是这个问题导致了建筑学中最大规模的论战。由此，由布隆代尔明确阐述的简单的合乎模度的比例，将被定为统一的比率（图 92、93）。照他的意见，只有这类较简单的比率，像 1 ∶ 1、1 ∶ 2、2 ∶ 3、3 ∶ 4 ∶ 5 等，才能为观者所欣赏，因而才会有

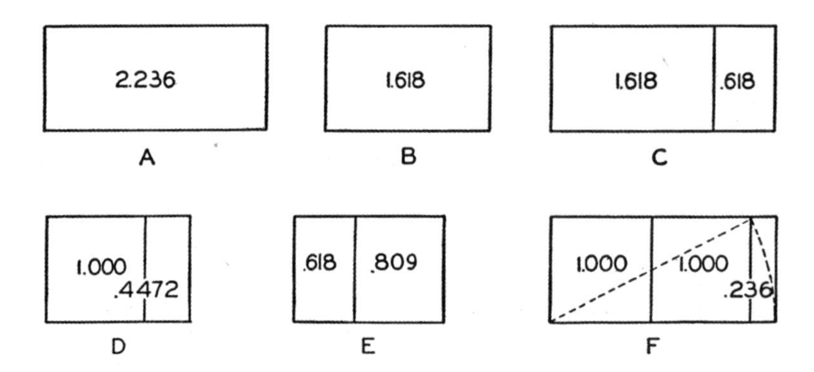

【图 94】根据杰伊·汉比奇所发展的动态对称原理所控制的矩形

A—$\sqrt{5}$矩形，如果以高度为单位元素，它的长边是$\sqrt{5}$；B—黄金分割矩形；C—$\sqrt{5}$矩形包含一个黄金分割矩形和它的倒边矩形；D—$\sqrt{2}$矩形；E—同是$\sqrt{2}$矩形，分割不同；F—$\sqrt{5}$矩形的细分。

上述各种情况下的矩形，用纯图解方法很容易确定，例如在 D 图中，长边是正方形的对角线。

引自汉比奇的《帕提农……》一书

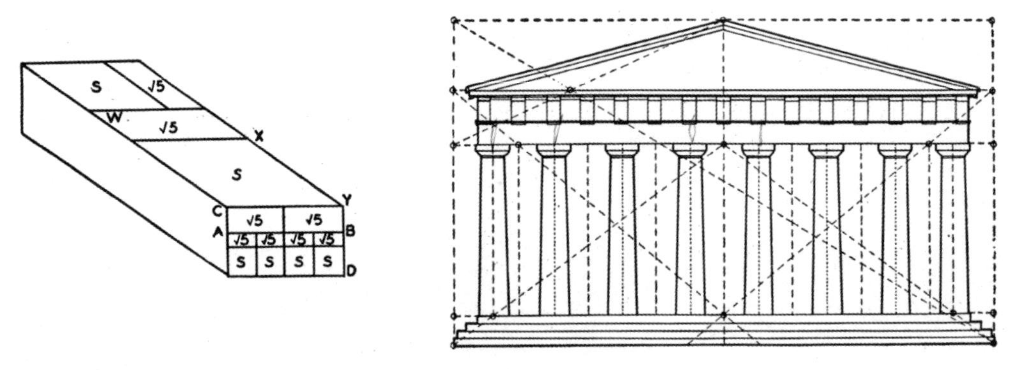

【图 95】（左）雅典，帕提农神庙，体量

根据杰伊·汉比奇的原理，这表示出帕提农神庙的构图单元。引自汉比奇的《帕提农……》一书

【图 96】（右）雅典，帕提农神庙，立面

比例以杰伊·汉比奇的原理为依据，主要的点由动态对称所决定，对照图 95。引自汉比奇的《帕提农……》一书

效果；而那些更复杂的比例，则没有效果，而且缺乏任何类型的统一比例，会导致丑陋。另一方面，动态对称理论的支持者们宣称，产生美感的唯一真正有效的比率是无公约数的，只有用图解法才能获得。这个体系以两种关系为基础：第一，正方形的边与对角线的关系；第二，从一个单独正方形发展而来的相关矩形系列，方法是，每个矩形的长边是前一个矩形的对角线。在各式各样的矩形中，选了$\sqrt{5}$矩形作为最重要的矩形（图 94 ～ 96）。

伦德在他那饶有趣味的著作《方内三角形》（*Ad Quadratum*）一书中主张，所有希腊神庙和中世纪教堂的设计基础，就是这样一个能嵌在正方形里的三角形——换句话说，一个与$\sqrt{5}$矩形紧密相关的形状——也是与五边形和五角星形，或者五角星及黄金分割紧密相关的形状（图 97 ～ 99）。R.W. 加德纳，是在比例这片被大力耕耘的土地上最勤奋的劳动者之一，他宣称所有优秀经典建筑的设计基础

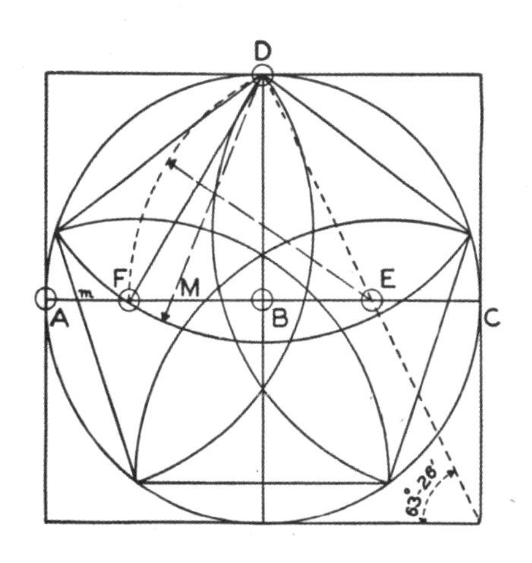

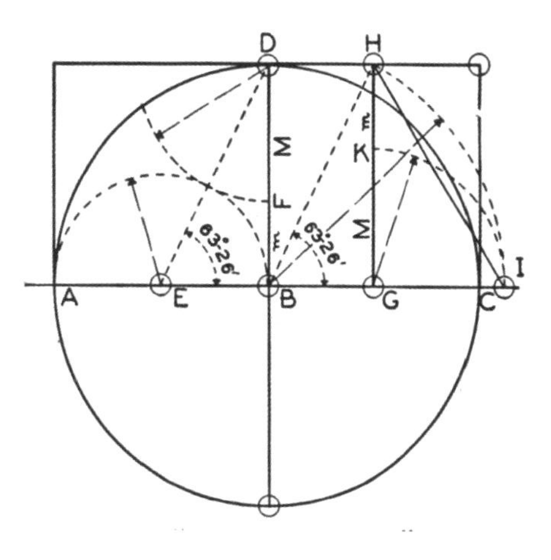

【图 97】伦德的五边形、五角星形和“方内三角形”设计

左：这显示了如何通过方内三角形（三角形嵌在一个正方形内）产生带有五角星形的内接五边形。这个结构也形成圆半径的黄金分割，*AF* 和 *BF* 是比例的外项和中项（$\frac{AF}{FB}=\frac{FB}{AB}$）。

右：比例的外项和中项的另一种组合，每种情况下$\frac{m}{M}=\frac{M}{m+M}$。这也显示出方内三角形底角（63° 26′）在这一过程中的用处。引自伦德所著的《方内三角形》

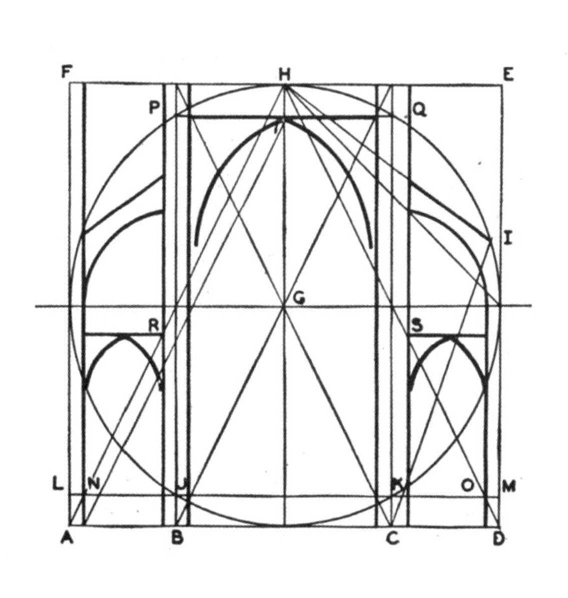

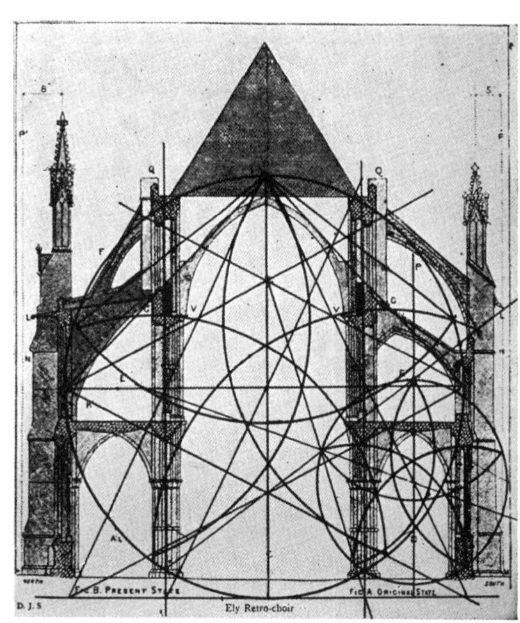

【图 98】（左）根据伦德的方内三角形原理所设计的一个典型哥特式教堂剖面

所有主要的点，都是由方内三角形相交形成的，以分割重要的和容易确定的要素。一个五边形决定了飞扶壁的高度和斜度，由正方形 *ADEF* 开始，把底边分成四等份，定出中殿和侧殿的宽度。待画出真正方内三角形的斜边，墙和墩拱及侧廊高（*R* 和 *S*）、中殿拱顶高（*P-Q*），就都可以定下来了。引自伦德所著的《方内三角形》

【图 99】（右）英格兰，伊利大教堂，剖面

这个剖面表明，伦德对伊利大教堂以五边形、五角星和方内三角形为基础所做的分析。引自伦德的《方内三角形》

是一个正方形系列，在这个系列里，每个正方形与前一个正方形的面积关系，或为前者之半，或为二倍（图 100 ～ 102）。维奥莱 - 勒 - 杜克则假定，等边三角形和 45 度三角形，是大多数中世纪建筑的设计基础（图 103、104）。

在过去的许多建筑里，运用某些以几何或模度为基础得出的形式，建立起某些控制性因素，是不成问题的。例如，我们有 1401 年召开的一次著名建筑大会的记录，这次会议的目的，就是为了确定米兰大教堂到底是用**正三角形**（以等边三角形为基础）还是用**方内三角形**（以嵌入一个正方形内的三角形为基础）来完成的。在 1521 年维特鲁威著作的意大利版本中，一个平面和若干剖面显示了用不同的三角形所产生的结果（图 105）。后来，还有一份大家所熟知的手稿，15 世纪德国建筑师罗利茨（Roritzcr）或罗利策（Roriczer），叙述了他布置一个小尖塔的方法，这是一个以模度系统和正方形按对角方向内接于另一个正方形系统为基本原理的简易图解法（图 106）。这不过是我们掌握的一位

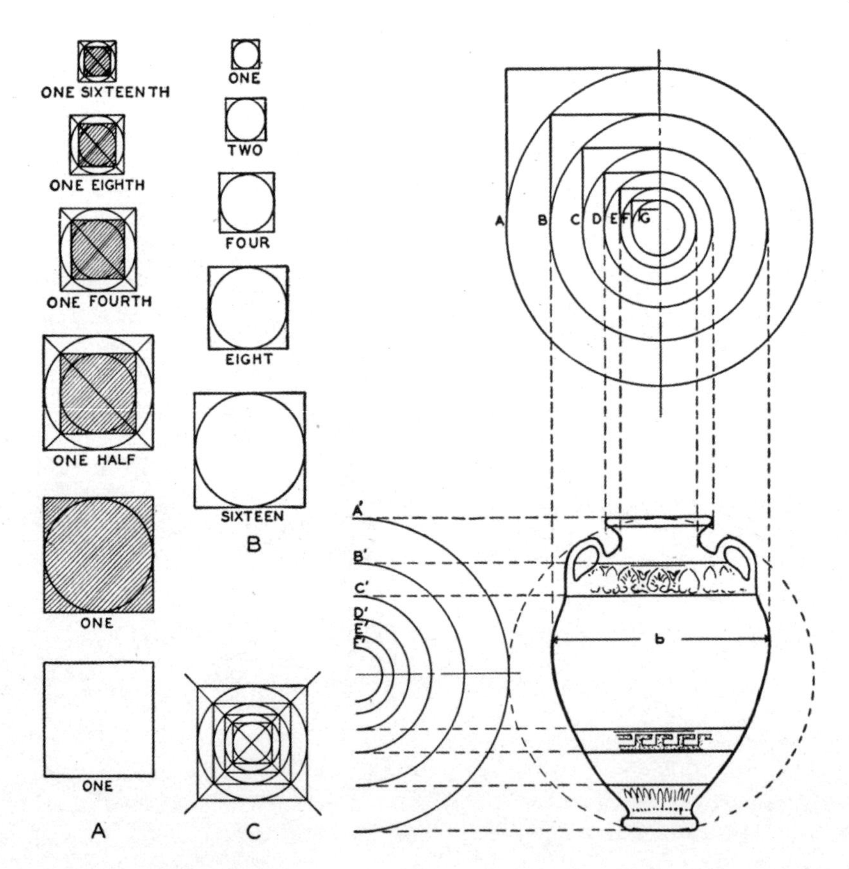

【图 100】（左）R. W. 加德纳的控制性正方形

A：每个正方形的面积是前一个正方形面积的一半；

B：每个正方形的面积是前一个正方形面积的二倍；

C：与这个体系有关的一组正方形，显示了图解法。引自加德纳的《比例入门》

【图 101】（右）R. W. 加德纳对希腊装饰瓶设计的分析

加德纳美学体系的基本依据是一系列的正方形，每个正方形的面积是前一个正方形的一半。用在前一个正方形里按对角方向内接各个正方形的方法，这很容易构成。从这些正方形发展出来的尺寸，成为设计中的关键点。引自加德纳的《比例入门》

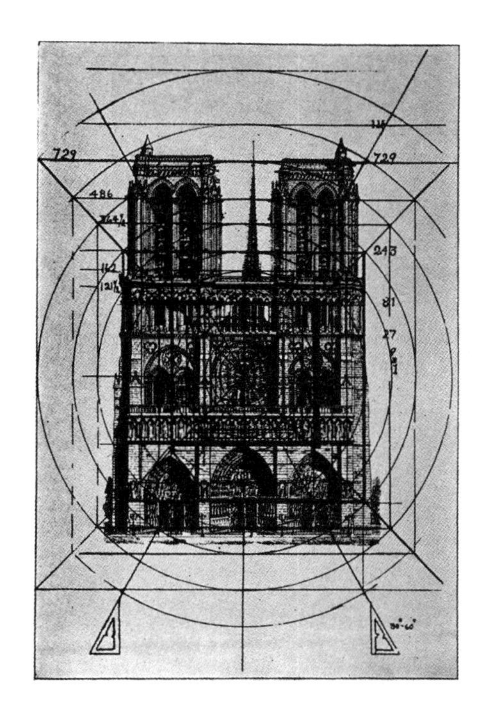

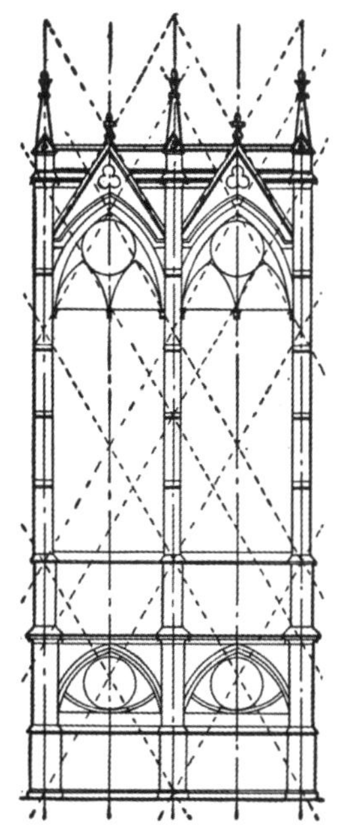

【图 102】（左）法国，巴黎圣母院大教堂，立面

这是依照两个并存的系统所作的分析：一个以等边三角形为基础，另一是以一系列正方形为基础，每个正方形的面积是下一个小正方形的二倍。引自加德纳的《比例入门》

【图 103】（右）巴黎，圣礼拜堂（Ste Chapelle）的两开间，依据维奥莱 - 勒 - 杜克的分析

这个分析以等边三角形为设计依据，所有重要的控制点，都由这些线决定。引自维奥莱 - 勒 - 杜克的《……理论词典》

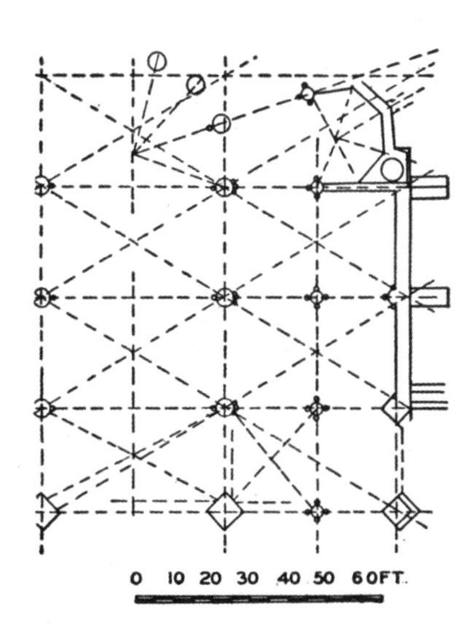

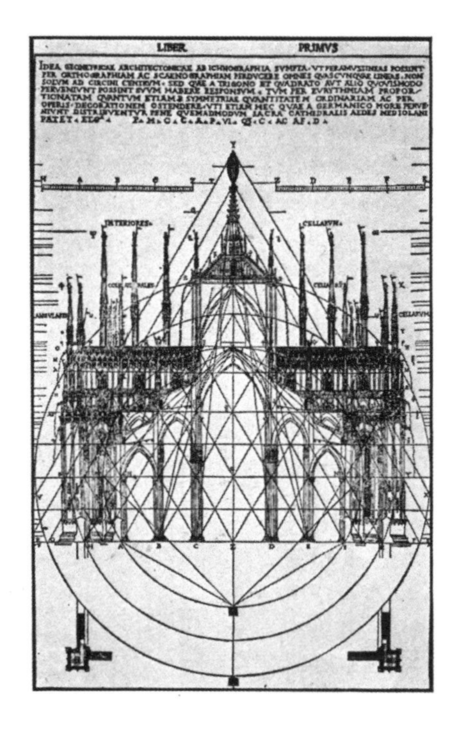

【图 104】（左）法国博韦，大教堂的唱诗台，局部平面

整个平面是由成 60°线的线网，即规则的等边三角形演变而来的。这样，侧廊的宽度就比拱柱间距小。由于靠外的三角形的顶点布置在墙线以外，所以外面侧廊要比里面的稍窄。在交叉处（平面的底部），拱柱被加大以支撑交叉处的拱顶，所以在这个点的拱柱间距稍窄。引自维奥莱 - 勒 - 杜克的《……理论词典》

【图 105】（右）意大利，米兰大教堂，剖面

这个图解用来说明维特鲁威的比例或和谐概念。以紧接 15 世纪初前后几年举行的讨论为基础，剖面表明，可以运用方内三角形建立适宜的高度。

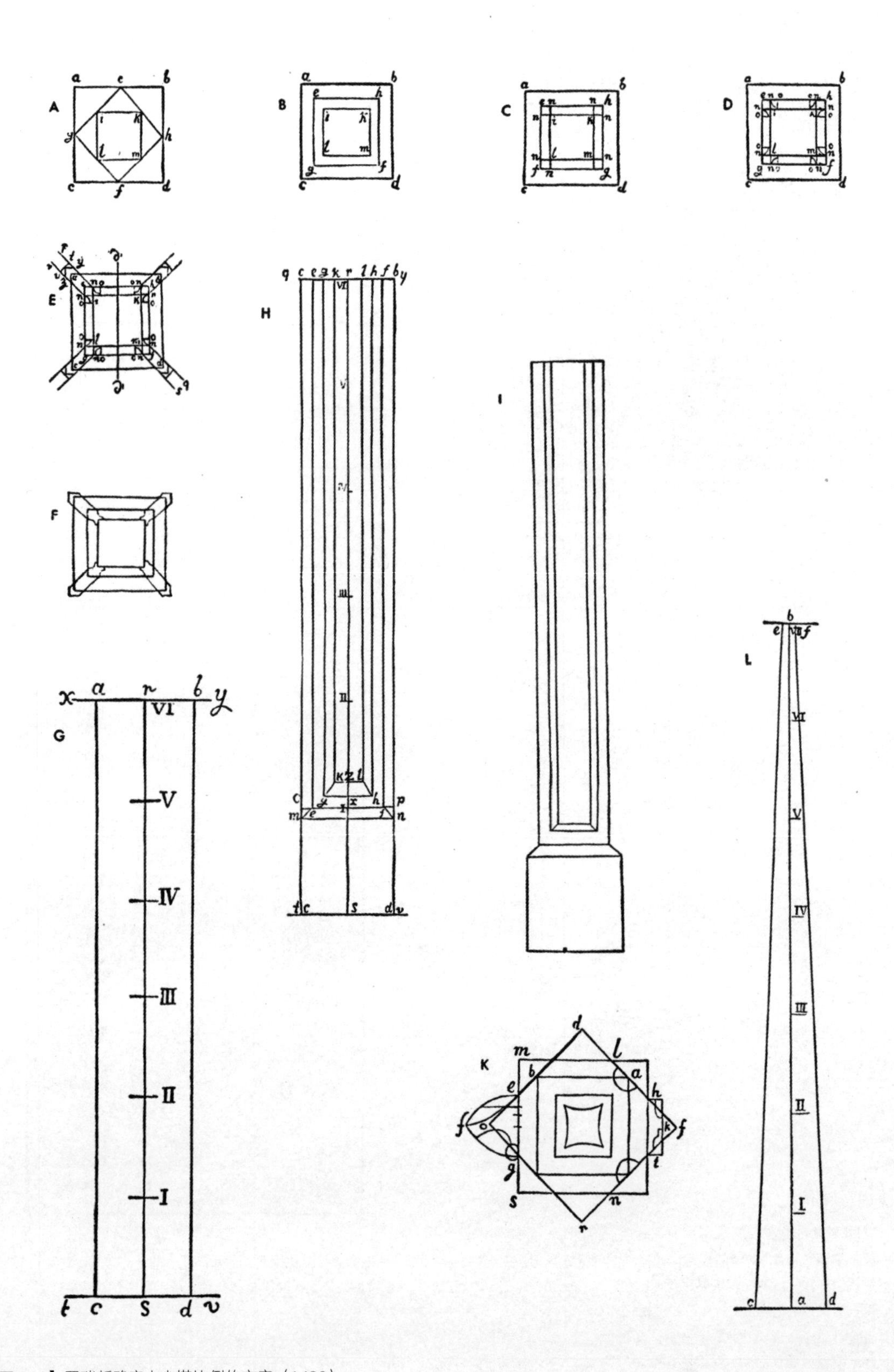

【图 106】罗瑞哲确定小尖塔比例的方案（1486）

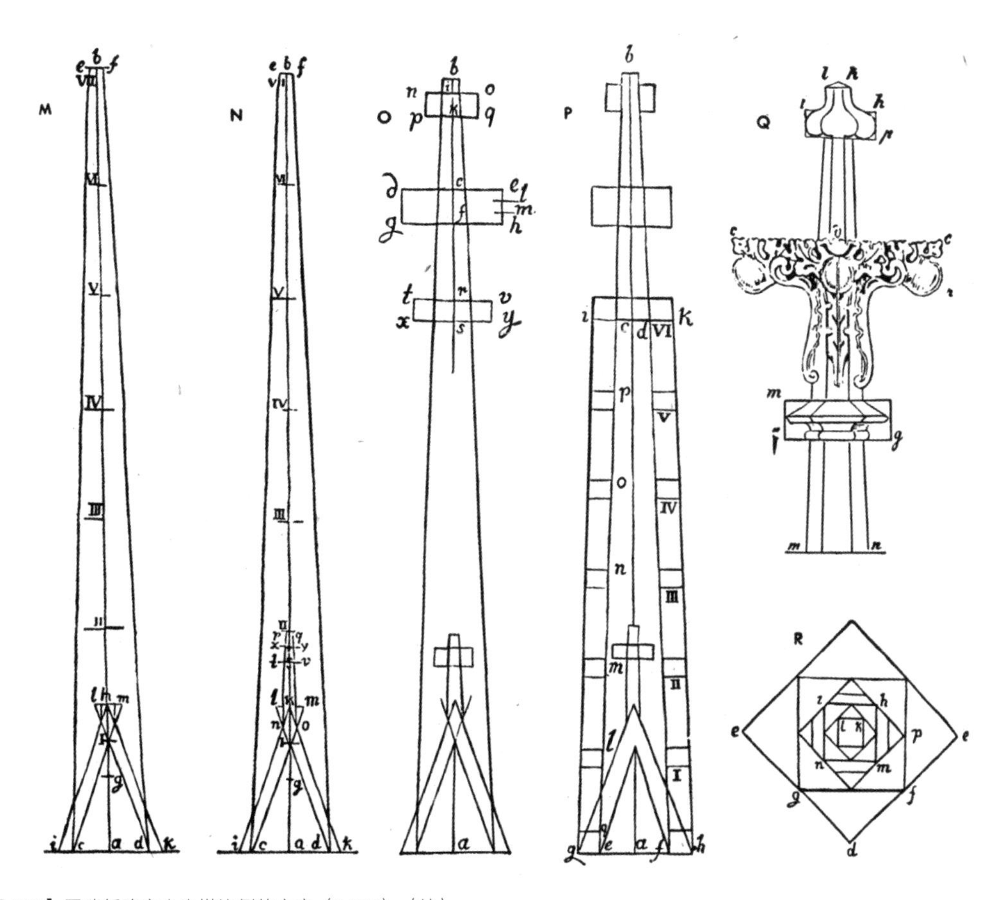

【图 106】罗瑞哲确定小尖塔比例的方案（1486）（续）

后期哥特式建筑师马赛厄斯 • 罗瑞哲（Matthias Roritzer），留下了一张用图说明的手稿，描绘了小尖塔尺寸是如何发展来的。基准是 A 图中的基础正方形 *abcd* 平面，这个正方形被连续的对角斜嵌正方形所分割。在 B 图中，把这些正方形加以旋转，成为尖塔柱身所有平面的厚度尺寸，见 C 和 D 图。这个平面和它的一些交叉，决定塔尖线脚的突起，见 E 和 F 图。塔身的高度是宽度的 6 倍，见 G 和 H 图，I 图中表示的是最终柱身。塔尖的主要构件，有山形墙、卷叶饰和尖顶饰，都是用与此类似的方法决定的，见 K 至 R 图。引自冯 • 黑德洛夫所著的《德国古代建筑》。

中世纪建筑师运用这一体系的直接例证。与在设计中仔细求得一定细部的快速方法——一种古典建筑师所运用的类似方法，与画出建筑柱式的各种规则有关——相比，这大概还算不上精准或神奇的规则。

一般说来，这些支持不同的且往往相互对立的体系的人，对已完工的作品所做的种种分析，与其说是自然的，倒不如说是牵强附会的。在分析中，他们所采用的指示点或控制点，常常不是务实的建筑师确定作为基准的点。所有这些体系看上去是行之有效的，前提条件是有人选择了正确的点和必要的基线或者基准尺寸。有时基线在地平，有时在柱基顶部，有时则远在地平以下。这些林立的体系，比起建筑设计的逼真描绘，似乎更像它们的创建者有耐心的例证（图 96、99、102）。

如果说任何数学定律对于建筑单一构件的比例都有效，那会极成问题，这就有必要扩大我们对问题的考察范围，并考虑构件与构件的相互关系。这里我们应该明确回到对比例的数学定义上。例如，我们可以相信高宽比相同的矩形彼此将是协调的这一事实，而实际尺寸如何无关紧要，这种协调将提

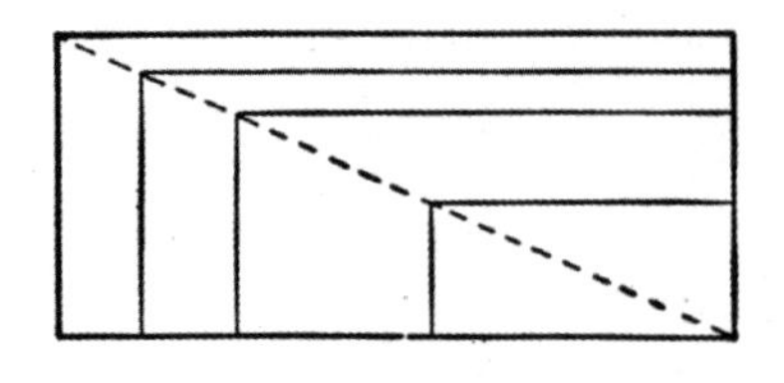
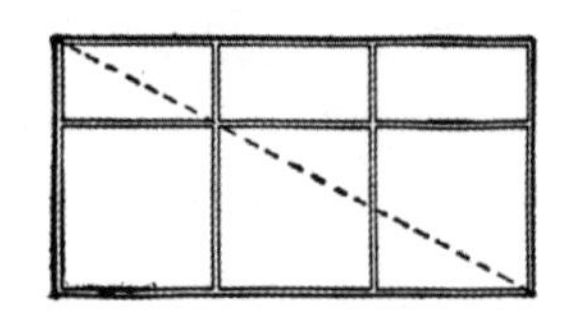

【图 107】（左）相似矩形图解
长宽比相似的所有矩形，有一条共同的对角线。
【图 108】（右）对角线常常用来确定一个窗子的横档和竖棂

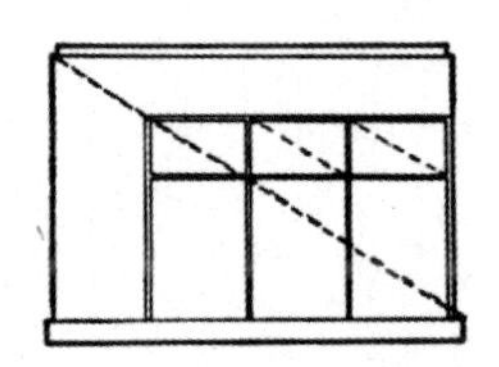
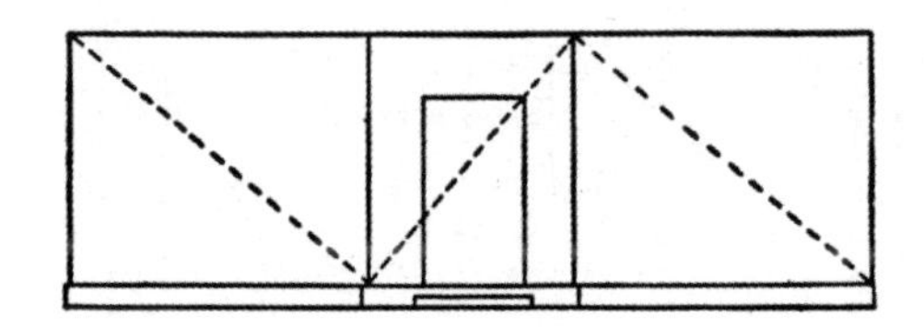

【图 109】在建筑设计中，平行和垂直对角线的简单应用
左图为建筑物翼部一端；右图为一个立面的划分。

供令人愉悦的比例感。因此，假定一座建筑物上的一些开洞的高宽比相同，开洞和墙面之间就会有某种自然的一致性（图 107、108）[1]。这些拥有同一比例的矩形，如果以一个角作为基准彼此叠加，它们就会有一条共同的对角线。拥有共同对角线的一些矩形，如果这些对角线垂直于原来一组矩形的第一条对角线，那它们也将有相同的比例，虽然第二组的较长边将垂直于第一组的较长边，但是它们的比例是一样的（图 109）。由这些事实可以推演出能使门板、门窗和诸如此类构件比例协调的一种简单方法。这种有利于设计的图解法，经常得以应用，从一个基准角出发，作出对角线和对角线的垂线，有时可以发展出整个系列的“指示线”来，这个体系已被柯布西耶广泛地运用（图 110）。

最近，柯布西耶倡导一个体系，运用一些由人的三个基本尺寸，借助于黄金分割而得来的要素。这三个基本尺寸是，自地面到脐部的高度、到头顶的高度和到举臂指端的高度。人的平均高度取 6 英尺（约 1.83 米）。你会发现，脐部把举臂时的人体平分开来，而地面和脐部之间的距离与脐部和头顶之间的距离又成黄金比例，从头顶到举臂指端的距离与从脐部到头顶的距离，同样也成极端和平均比例（黄金比例）。

由于这些尺寸是用连续的黄金分割级数得出的长度相互关联的两个系列，于是就将这两个系列结合在一起。这样，在这些长度的基础上发展出的网络形成不同长、宽的一系列矩形，所有这些矩形的长、宽全部成黄金分割的关系。由单一的体系所产生的这些矩形，以各种各样的方式联系起来。然后

1 也有例外的情况，例如在塔楼的设计中，较高处的矩形应当比低处的矩形在比例上相对地要高些才好，这也许是一个透视错觉问题，威特鲁威和许多文艺复兴时的评论家，对这一问题极感兴趣（见图 91，111 ~ 113）。

【图 110】巴黎，奥藏方工作室

建筑师：柯布西耶和皮埃尔·让纳雷

柯布西耶对“指示线”的应用——以平行和垂直的对角线等来确定立面的设计。引自柯布西耶所著的《走向新建筑》

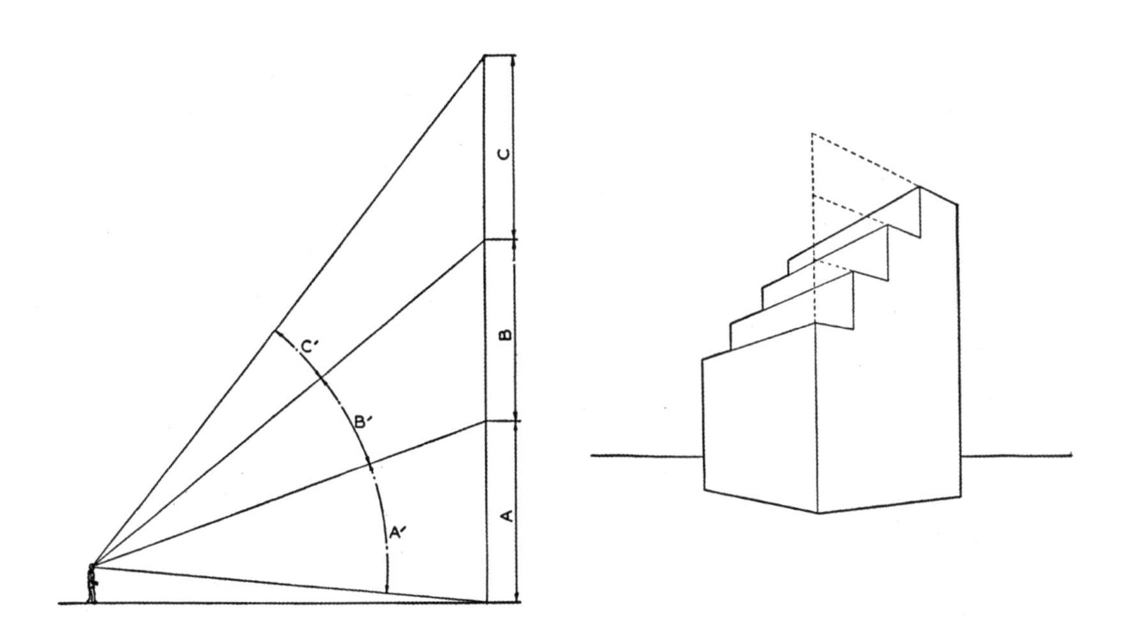

【图 111】（左）比例受高度的影响

A、*B* 和 *C* 相等，但对观者来说，所对的弧线并不相等，所以看起来 *A'* 比 *B'* 大，*B'* 比 *C'* 大。

【图 112】（右）透视中的台阶式体量

虽都是等高的，但看起来上面台阶的高度似乎在递次减小。

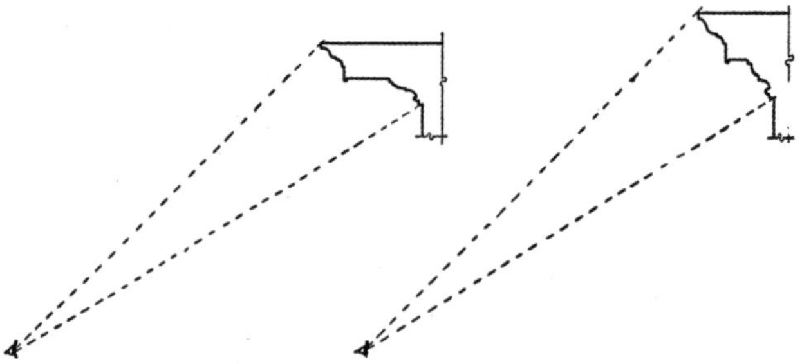

【图 113】挑出檐口线脚受高度的影响
左面较薄而挑出多的檐口和右面较厚而挑出少的檐口，有相同的视觉效果。早期美国的设计师们，大量运用了这一原理。

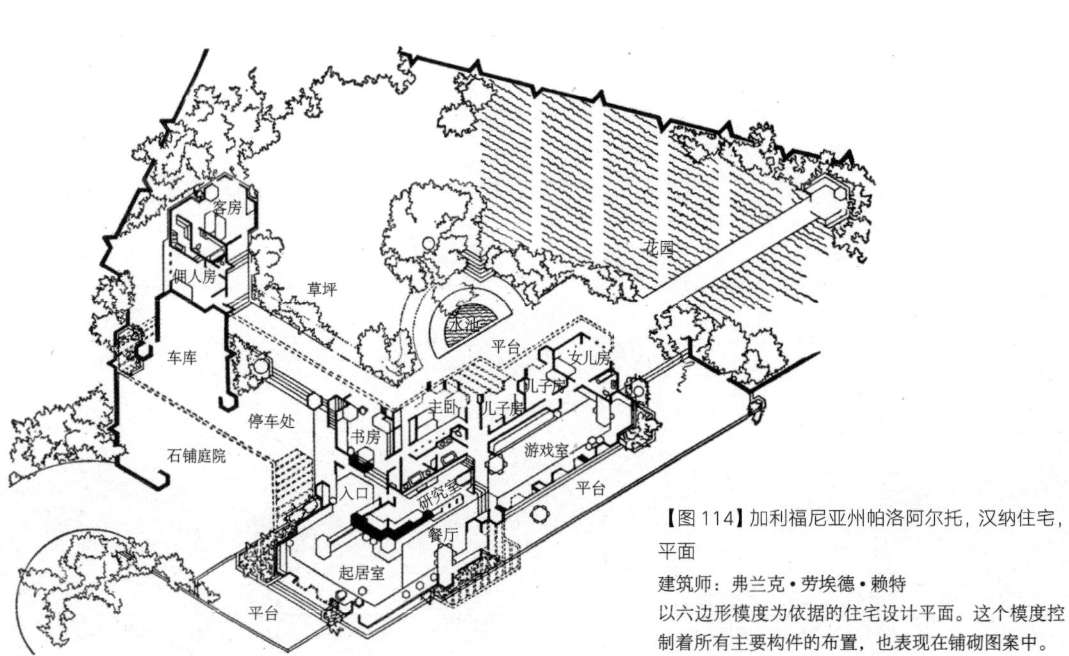

【图 114】加利福尼亚州帕洛阿尔托，汉纳住宅，平面
建筑师：弗兰克·劳埃德·赖特
以六边形模度为依据的住宅设计平面。这个模度控制着所有主要构件的布置，也表现在铺砌图案中。

把所得到的这些尺寸置于一种比例或规则上，用来快速得出图中的线条。这个比例，柯布西耶称之为模度尺（modulor）[1]。

当代建筑如此多姿善变，形状全盘为建筑师所左右，比例成了至关重要的问题。诸如这类指示线的体系，常常是获取协调比例和令人愉悦的空间间距的得力助手。

模度系统同样如此。尽管单个构件高宽之间在统一比例方面也许没有什么内在的魔力，但是因为模度系统的运用，会形成许多相同尺寸或简单倍数的重复，所以它经常会有助于建立协调的比例关系，恰如“指示线”的作用一样（图 114、115）。弗兰克·劳埃德·赖特在他所谓的蜂巢式住宅中，用等边三角形作模度，是一个很有特色的实例（图 114）。哈里·托马斯·林德伯格的模度住宅，也同样

1 参见吉卡（Matila Ghyka）的“柯布西耶的模度尺及黄金分割概念”（Le Corbusier’s Modulor and the Concept of the Golden Mean），发表在 1948 年 2 月《建筑评论》（*Architectural View*）上。也见柯布西耶的《空间的新世界》（*New World of Space*），由 Reynal & Hitchcock（纽约）于 1948 年出版。

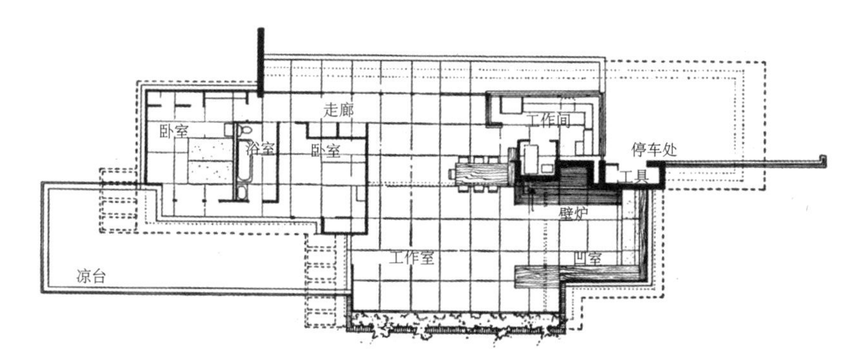

【图 115】密歇根州奥克莫斯，温克勒－戈奇住宅，平面
建筑师：弗兰克•劳埃德•赖特
以正方形为模度来布置平面的住宅，模度表现在地面铺砌图案中。

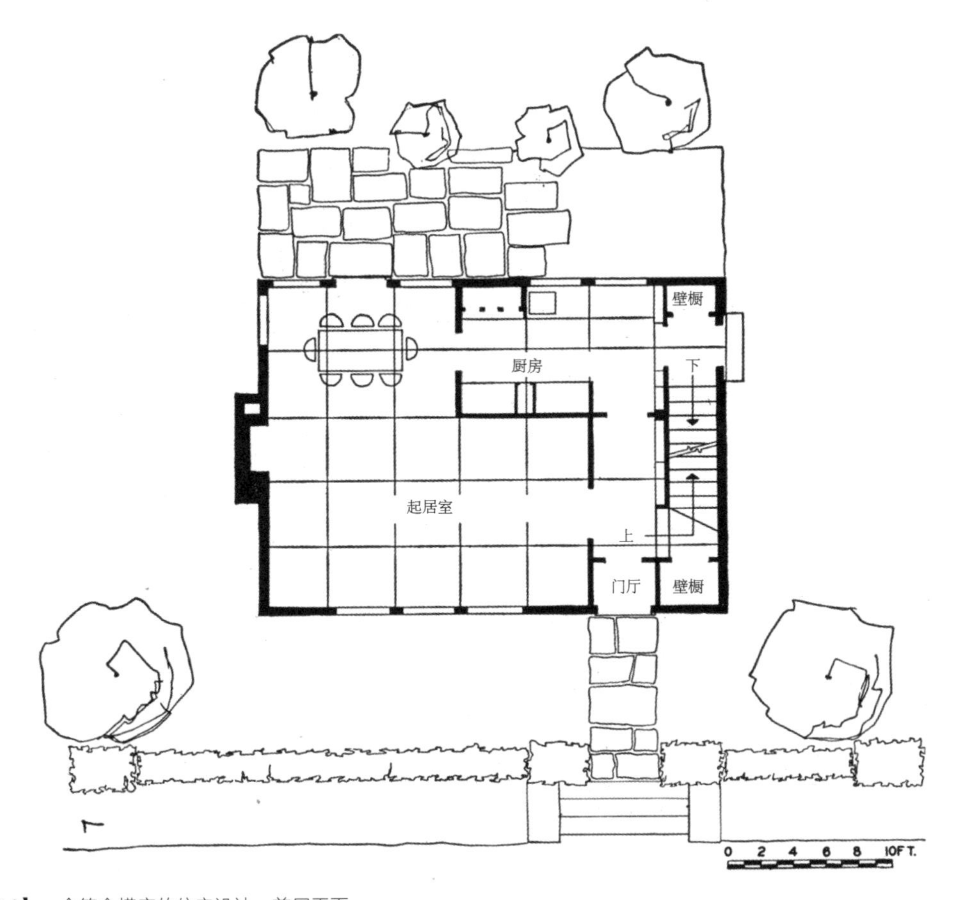

【图 116】一个符合模度的住宅设计，首层平面
建筑师：哈里•托马斯•林德伯格
模度是 4 英尺（约 1.22 米）见方的正方形。引自林德伯格的《居住建筑》

显示出这一体系常有的取悦于人的效果（图 116 ～ 118）。经过真正有创造力的艺术家的精心驾驭，更多地使用工厂预加工建筑构件，会因为一些重复尺寸的运用，产生比例和谐的房屋成为现实。

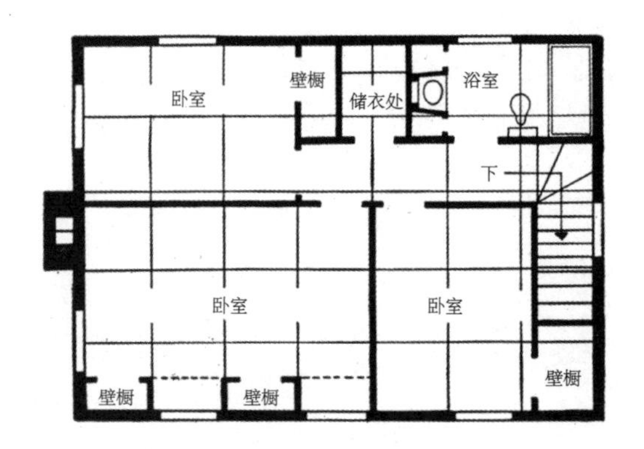

【图 117】一个符合模度的住宅设计，二层平面
建筑师：哈里·托马斯·林德伯格。引自林德伯格的《居住建筑》

【图 118】一个符合模度的住宅设计，正视图
建筑师：哈里·托马斯·林德伯格。引自林德伯格的《居住建筑》

这些简单几何比率和比例问题，当然只不过是建筑比例这一更大问题的一部分。结构构件必然形成一定的关系，建筑师的任务就是，把它们优美地结合起来。例如，在砖石和木结构时期，柱间的宽度自然按照梁的有效长度布置，梁的强度要足以承载所有的载荷，柱间宽度与支柱的高度并不相干。古典风格的建筑师们就认识到了这一点，他们不顾所有对古典建筑常用比例的坚决要求，不管柱子的高度如何，总是趋向于把柱子的间距大体保持一致。因此，高柱廊的柱子布置紧凑，矮柱廊或门廊的柱子则相对显得松散。自然，隔一定距离去看这样一个门廊或柱廊时，人们能很快地对它的实际尺寸做出判断（图 119 ～ 121）。甚至在 20 世纪许多简单的建筑也同样如此。

假若使用钢或钢筋混凝土梁，就有可能获得比老式结构所容许的宽得多的跨度，随即形成一个全新的比例系统。在老式砌筑类型的建筑中，比例趋向于高而窄（图 122、123），这是结构的需要，像典型的古典式门廊那样。而更现代的钢框架结构，则趋向于低而宽（图 124、125），像沙利文设计的芝加哥卡森 - 皮里 - 斯科特百货商店（图 126）。

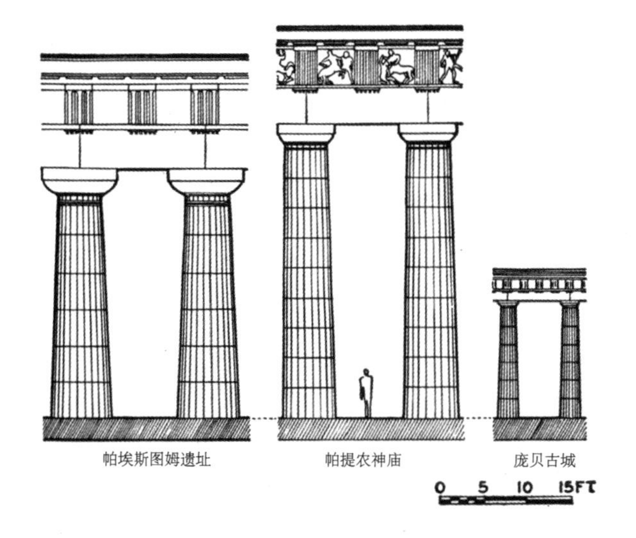

【图 119】不同尺寸的三个多立克柱式
比例受尺寸影响。过梁长度限制柱间距；柱式的尺寸越大，对其高度而言柱子更紧凑。引自加代所著的《……要素与原理》

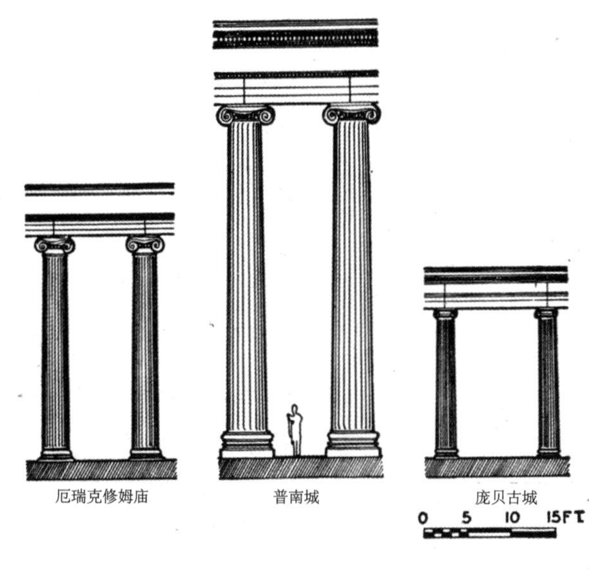

【图 120】不同尺寸的三个爱奥尼克柱式
比例受尺寸影响。过梁长度受限制，就柱子的高度来说，较小的柱式，其柱间距相对较大。引自加代所著的《……要素与原理》

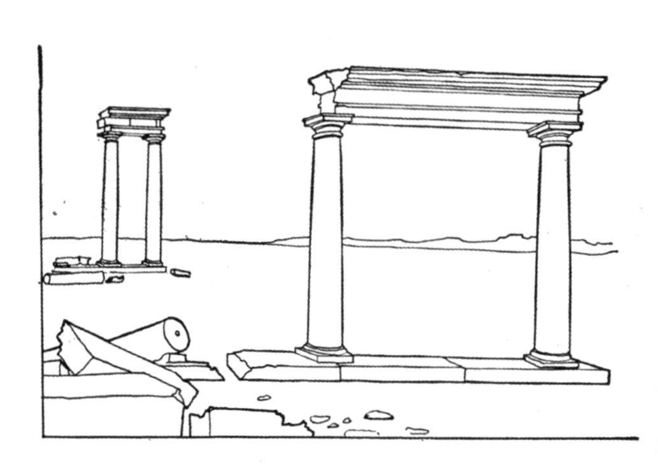

【图 121】比例及暗含的尺寸
人们会本能地认识到，前景中柱子的尺寸，实际上要比背景中的柱子小很多，因为前景中柱子间距相对要大些。

【图 122】法国尼姆，卡利神殿
砌筑结构使比例高而窄。承韦尔图书馆提供

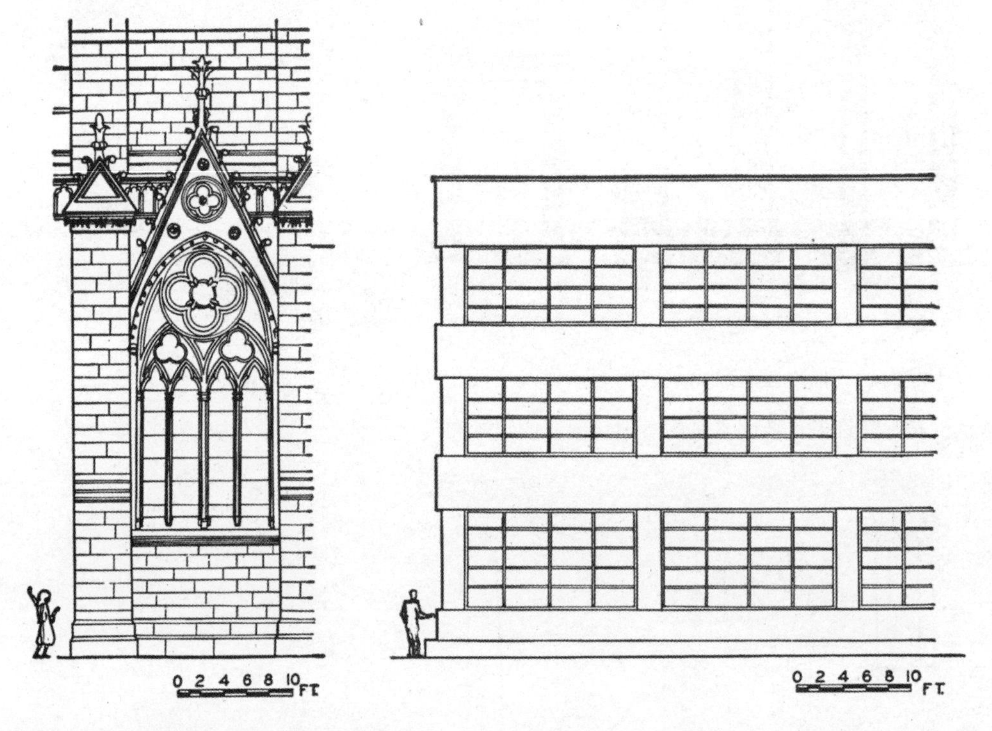

【图 123】（左）巴黎圣母院，侧立面的一个跨间
比例以材料（石头）和结构体系（哥特式拱顶）为基础，跨间自然就高而相对狭窄。
【图 124】（右）20 世纪统间式建筑一角
比例以钢和混凝土及现代框架结构为基础，跨间自然就低而相对宽阔。

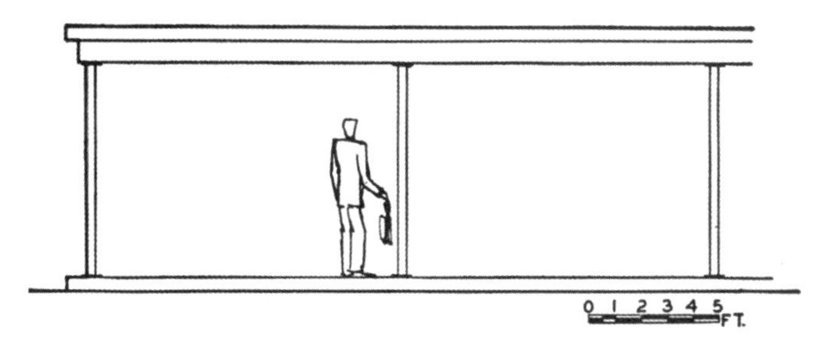

【图 125】一个有顶廊道
得自小尺寸和材料与结构［拉莱柱（中间浇注混凝土的钢圆柱）支承着混凝土屋顶］的相对低而宽的比例。

【图 126】伊利诺伊州芝加哥，卡森 - 皮里 - 斯科特百货商店，侧墙
建筑师：路易斯 • 亨利 • 沙利文
低而宽的比例，由结构体系决定，并经过微妙、敏感而富于想象力的处理。希格弗莱德 • 吉迪恩摄影

由于不同结构体系和不同结构材料的运用，基本比例有极大差别。这样一些结构要求，必然容不得任何强加于它的算术比例系统。然而，建筑师想获取所谓好比例的强烈责任感依然如故。至少，和谐的比例是可以追求和获得的。

许多长、宽、高的关系，既不可以随意选取，也不依附于结构要求，而纯粹取决于建筑或其局部的功能需求。房间尺寸会因用途而变化，某些用途要求房间窄而长，有些要求它近于方，有些要求空间高，不一而足。根据建筑物将来的用途，以及气候和朝向，建筑窗洞的比例会有巨大变化。需要再次强调的是，有许多重要因素制约着建筑要素的尺寸和形状，要求必须取代先验的美学体系。还有内部空间的比例问题，在建筑上和视觉上也很重要。对一件建筑作品而言，只是达到由结构或功能决定的东西是不够的，它还需要在整体或局部上具有一种设计特性，我们管它叫作美观。这种美学特性，大多因比例而起，而且在任何情况下都达成美学特性，是建筑师的职责。比例协调问题再次成为基本问题。优秀建筑物中，所有的房间和空间，不但功能安排得当，结构合理，而且还有令人愉悦的比例和彼此间的和谐。

取得良好的比例，是一桩费尽心力的事，却也是起码的要求。如我们所说，比例的源泉是形状、结构、用途与和谐。从这一复杂的基本要求出发，要完成良好的比例，需要的不仅是鉴别各种问题之间主次关系的能力——这不只是关乎创作品味——还有无穷尽的研究及实验性的解决方案，直到借助于这里或那里持续不断的调整，优美而和谐的比例最终浮现（图 127 ～ 135）。

至此，我们主要讨论了个体单元的尺寸和形状的比例。在建筑中，还有另一大类十分重要的比例关系。这包括建筑的局部与整体构图的尺寸关系。前面已经说过，功能需求很大程度上支配着单个房间的尺寸和高度。在建筑布局中最重要的程序之一，就是在这方面做正确的抉择，而且建筑的效率和经济性，往往主要取决于建筑物各组成部分的尺寸关系的正确调整。

可是依照功能需求调整尺寸，远非事情的全部，此外还有个相当重要的问题。巨大建筑强调最重要的组成元素，以至于它们贯穿室内外。这些元素支配着建筑物，它们的重要作用常常是象征或表现意义方面的事情，不只是功能上要求的尺寸问题。几乎所有圆顶大厅、门厅和许多重要的交通要素都是这样。教堂、会堂及与多数与私用建筑相对的公共建筑，也是如此。好的平面常常会发展成一个精心构成的尺寸等级体系，从那些在尺寸、位置和设计上强调的最重要的公共组成元素的尺寸，到那些最次要和最常规的辅助设施的尺寸。任何优秀的设计总会显示出各组成单元在总体中的相对重要地位，并且在很大程度上是通过单元尺寸的不同比例及它们之间的集成关系来实现的。当加代谈到建筑师的首要任务之一就是去发现比例时，他所想的是在任何建筑项目中本来就固有的那类比例[1]。他接着说：“总有一些占控制地位的要素，它的尺寸必须压倒其他一切要素的尺寸。可是拿什么来做大致的衡量呢？何况还有一种看上去是中等尺寸的要素，以及另一种比其他所有要素尺寸更小的要素，这些类型之间还有细微差别。假若你牢牢抓住比例这把尺子，虽然不能说你肯定能创造一个好的构图——为此你还得做大量的其他事情——但是至少可以说，你会得到一个有发展前景的构图。”在庞大而复杂的建筑中，最后的成功，肯定取决于对这个比例类型的潜心研究。

想取得优美的比例，没有阳关大道可走，只有细致入微地去研究，才能取得成果。此事，物美价廉的草图纸是最肯帮忙不过的了；必须三番五次地事事反复推敲，必须放宽、收窄、拉长或缩短平面范围；必须试验不同高度的不同效果，直到如加代所说的，主要关系的尺度最终达到十分清楚的程度。

对于开洞的形状和尺寸，也应该极为审慎地研究。我们应记住，从美学上来说，建筑物本来就是视觉对象，其效果依靠光影、形状和色彩，至于表现什么理论教条，只是捎带的。如果外墙上有一片玻璃，由于玻璃反射和透明的性能，它与周围不透明材料在视觉效果上很不相同，以至于被当成强有力的视觉要素，即使开窗的墙面是一个简单的、无重量感的隔墙，而不是承重墙。当然，这样一片隔墙，材料可以透明也可以不透明，设计中的巨大自由度，将由此而生。但是在白天观看建筑时，天空被反射到玻璃上，或通过玻璃看到室内的暗处，那么在玻璃及其周围材料之间显然不同的视觉效果，就变成主导性的特性了，并且将不可避免地要在比例的设计中产生问题。

从塞利奥（Serlio）时期一直到 19 世纪初期，许多建筑立面显示所有的开洞全是暗的，几乎很少或者根本不打算表现窗玻璃的分格或窗格排列的细部。也就是说，建筑师在确保开洞的基本比例是正

---

1 出自朱利安·加代（Julien Guadet）的《建筑学的要素与原理》（巴黎的奥兰尼出版）第一卷第二册第四章。

【图 127】（上）罗马，彼得罗 • 马西米府邸，外观
建筑师：巴尔达萨雷•佩鲁齐
总体形式与细部上都实现了比例的完美和谐。承韦尔图书馆提供

【图 128】（右）罗马，彼得罗 • 马西米府邸，庭院
建筑师：巴尔达萨雷•佩鲁齐
庭院柱廊被赋予与立面同样优美的比例。承韦尔图书馆提供

【图 129】意大利佛罗伦萨，潘多尔菲尼府邸
建筑师：拉斐尔
窗间墙和窗户的精确关系，建立起比例上的和谐。承韦尔图书馆提供

【图 130】中国北京，先农坛的庆成宫[1]
中国古典建筑的比例，是以相等的和不等的尺寸间的精妙关系为依据的。引自东京帝国博物馆的《北京宫殿建筑图片集》

1 庆成宫在北京先农坛旁之神衹坛，作者误称为先农坛。——译注

【图 131】马萨诸塞州，波士顿公共图书馆

建筑师：麦金、米德与怀特事务所

这是美国被公认的比例优美的建筑之一。承埃弗里图书馆提供

【图 132】意大利那不勒斯，邮政局

建筑师：瓦卡罗和弗兰齐

这是一座比例和谐而富于表现力的20世纪公共建筑。利奥伯德•阿诺德摄影

【图 133】密歇根州奥克莫斯，温克勒－戈奇住宅，外观

建筑师：弗兰克•劳埃德•赖特

合乎模度的比例建立起视觉的协调。莱文沃思的照片

【图 134】密歇根州奥克莫斯，温克勒－戈奇住宅，内景
建筑师：弗兰克・劳埃德・赖特
合乎模度的设计，促成内部、外部和平面间的协调。莱文沃思的照片

【图 135】1929 年巴塞罗那博览会，德国馆，细部
建筑师：路德维希・密斯・范德罗
简单而美妙的比例，使该展馆名扬于世。承现代艺术博物馆提供

确的。没有比窗洞黑暗法更能清楚地表明基本构图的价值了；为比例的价值研究正立面设计，大概是毋庸置疑的方法了，像过去的400年一样，至今依然有用。

另一个研究开洞高度的简易而有效的方法，是在一片草图纸上画出开洞窗肩和上部，然后上下移动，直到得出最满意的位置为止，开洞的宽度也可以用同样的方法来研究。对于壁炉腔和壁炉开洞的尺寸、金属架的位置及室内嵌入式家具与开洞的关系，必须在综合设计之前，做同样精心而深入的研究才能成功。不可以单凭细节末梢去建立比例关系，必须首先考虑主要组成要素，随后普遍照应次要的要素。

在所有这些问题的研究中，我们要牢牢记住建筑中高雅品位的定义，博夫朗（Boffrand）早在200年前就明确宣称“高雅品位建立在方便、适用、结构坚固、满足健康需要及合乎常识的基础之上”。我们也应当深思维奥莱 - 勒 - 杜克的那些话，他在《法国建筑学理论词典》一书中如此定义比例：“比例，指的是整体与局部之间所存在的关系——这个关系是合乎逻辑的、必要的；有一种特性，即同时满足理性和眼睛的要求”。

为第四章推荐的补充读物

Blondel, François, *Cours d'architecture enseigné dans l'Académie royale d'Architecture*, 3 vols. (Paris: Vol. I, Lambert Roulland; Vols. II and III, Chez l'auteur et Nicolas Langlois, 1675-83).

Boffrand, Germain, *Livre d'architecture* ... (Paris: Cavelier père, 1745).

Briseux, Charles Étienne, *Traité du beau essentiel dans les arts* ... (Paris: Chez l'auteur et Chereau, 1752).

Butler, Arthur Stanley George, *The Substance of Architecture*, with a foreword by Sir Edwin Lutyens (New York: MacVeagh, 1927).

Cook, Sir Theodore Andrea, *The Curves of Life* ... (New York: Henry Holt, 1914).

Frankl, Paul, "Secret of the Mediaeval Masons," *Art Bulletin*, Vol. XXVII (March, 1945), pp. 46-60.

Gardner, Robert Waterman, *The Parthenon, Its Science of Forms* (New York: New York University Press, 1925).

A Primer of Proportion ... (New York: Helburn, 1945).

Ghyka, Matila, *The Geometry of Art and Life* (New York: Sheed & Ward, 1946).

Guadet, Julien, *Éléments et théorie de l'architecture*, 4 vols. (Paris: Aulanier, n.d.).

Hambidge, Jay, *Dynamic Symmetry: the Greek Vase* (New Haven: Yale University Press, 1920).

The Elements of Dynamic Symmetry (New York: Brentano's [c1926]).

The Parthenon and Other Greek Temples; Their Dynamic Symmetry (New Haven: Yale University Press,

1924).

Le Corbusier (Charles Édouard Jeanneret), *New World of Space* (New York: Reynal & Hitchcock, 1948).

Vers une Architecture (Paris: Crès, 1923); English ed., *Towards a New Architecture*, translated by Frederick Etchells (New York: Payson & Clarke [1927]).

Lund, Fredrik Macody, *Ad Quadratum; a Study of the Geometrical Bases of Classic & Medieval Religious Architecture* ... (London: Batsford, 1921).

Perrault, Claude, *A Treatise of the Five Orders of Columns in Architecture* ... made English by John James (London: printed by B. Motte, sold by J. Sturt, 1708); first published as *Ordonnance des cinq espèces de colonnes* (Paris: Chez Jean Baptiste Coignard, 1683).

Texier, Marcel André, *Géometrie de l'architecte* ... (Paris: Vincent, Fréal, 1934).

Thiersch, August, "Proportionen in der Architektur," *Handbuch der Architektur*, Part IV, Vol. I (Leipzig: Gebhardt's, 1926).

Viollet-le-Duc, Eugène Emmanuel, *Dictionnaire raisonné de l'architecture française du XIê au XVIê siècle* ... 10 vols. (Paris: Bance and Morel, 1854-68), article "Proportion."

Vitruvius Pollio, Marcus, *De Architectura*, the ten books on architecture translated by Morris Hicky Morgan... (Cambridge, Mass.: Harvard University Press, 1914).

第五章　尺度

和比例密切相关的另一个建筑特性是尺度。在建筑学中，尺度这种特性能使建筑物呈现出恰当的或所有预期的尺寸，这是一个独特的似乎是建筑天生所要求的特性。我们都乐于领受大型或重点建筑的巨大尺寸和壮丽场面，也都喜欢小住宅亲切宜人的特点。寓于物体尺寸中的趣味，是一般人都能广泛领受的特性，在人类发展的初期，人们就对此已经有所觉察了。所以，当人们看到一座建筑物的尺寸和实际应有的尺寸完全是两回事的时候，就会本能地感到沮丧或困惑。如果小型住宅中细长占两层的门柱，跨在 4 英尺（约 1.22 米）宽的门廊上，蓄意模仿南方大型宅邸的壮观场面，这就是一种冲击，会伤害具有敏锐情趣的人们。同样，大型建筑中，若采用的形式仅仅适用于小型结构，会把建筑自身贬小，使其产生如玩具般的矮小感，甚至虚假感。在建筑中，错误的尺度是对良好风度的冲击，也是某种反常表现欲的标记。这与一个人努力做出比他自己更富有、更伟大、更显赫的假象，或者像一个“大人物”用做作和装腔作势的谦虚来满足自己的虚荣心一样令人不悦，并且出于同样的原因，这令人厌恶。

如此说来，一个好的建筑物要有好的尺度。好的尺度不会自发生成，而是特意追求的结果，并且在设计的整个过程中，尺度的考虑必须几乎不间断地占据着建筑师的头脑。那么，尺度是怎样产生的呢？仅把建筑结构的几何形式作为一个整体产生不了尺度，几何形状本身没有尺度。一个四棱锥，可以小到镇纸大到齐阿普斯大金字塔之间的任何物体（图 136）；一个球体，可以是显微镜下的一个单细胞动物，可以是一个白色网球，也可以是 1939 年纽约世界博览会的球形建筑物，甚至是太阳。方尖碑因一般用途不同，可以是埃及人所喜爱的超过 100 英尺（约 30.5 米）的巨大石碑，或 550 英尺（约 167.64 米）的华盛顿纪念碑，也可以是小的方尖碑，仅 3 ～ 4 英尺（0.91 ～ 1.22 米）高，用于装饰美国早期殖民地式教堂塔楼的栏杆，或巴洛克式花园的台阶。长方体是建筑物或建筑物的较大构件常用的主要围合形状，但它说明不了自身尺寸的大小。圆柱体、半球体也是一样。

然而，必须使建筑物有尺度。获得这一重要特性的首要原则，是把某个单位引入设计，使之产生尺度。这个单位起着视觉度量尺杆的作用，它的尺寸人们可以容易、自然和本能地感知出来。相对于建筑整体，如果这个单位看起来比较小，建筑就会显得大。若它是与建筑的其余部位相比较大，整体就会显得小。此外，如果在一个建筑中有很多这种单位，这种易判断单位的多样性，会造就一种巨大的尺寸感；反之如果这种单位很少，人们自然就趋向于认为建筑物比较小。所以，由这些情况我们可以推断出一个必然结果：一般地说，母题多、细部划分多的建筑物，更倾向于显得大。尽管这个推断结果像我们可能见到的那样，有许多例外；在任何情况下，其有效性取决于这样一个事实：在多样或

【图 136】埃及吉萨，大金字塔
建筑形式本身并不存在尺度，只是在与其他要素发生关系时才能具有尺寸感。承韦尔图书馆提供

复杂的单位中，存在着“人类容易、自然和本能地欣赏”的元素。

这样一种易于理解的单位有让人容易地自然地感知的尺寸，引领我们得出尺度的第二个重大原则：在建筑中，那个与人的活动和躯体功能最紧密、最直接接触的要素，乃是赋予建筑尺度的最有力的要素，台阶便是其一。假若台阶大大超过了应有的宽度和高度，或者大大小于人们所习惯的尺寸，那么人们就不好上楼了。同样，栏杆要设计得不使人跌下去，就必须有正确的高度，否则看上去就会别扭。孩子要伸手够月亮，但在这之前的许多年，他得知道他的手臂可以够着什么。再如搁板之类的自然高度，也与我们人所具有的潜力有关。座椅、长凳或者有此类形式的任何物体，也是一样。长期的生活体验告诉我们，比 14 英寸（约 0.36 米）矮、比 18 或 19 英寸（约 0.46 ～ 0.48 米）高的某个物体，就不适合充当座位，甚至实际上也不可能。所以，当我们看到一个类似长凳的物体时，我们就本能地认定它与我们的身体有恰当的尺寸关系。

这么一来，我们自身就变成建筑物的真正度量尺度了，而且建筑的尺寸感，终于能够被分析成人的动作或人体尺寸的某种表现。假若建筑有台阶，我们立刻就能领悟到它的尺寸与我们有关。如果有栏杆或女儿墙，我们会本能地认定它们的高度足以防止人跌落下去，而且不至于妨碍凭栏眺望。若有凳子，我们会断定它就是我们习以为常的那个坐凳尺寸。这样，通过对这些单位尺寸和整体结构的自动比较，与人相关的所有尺寸就会立即变得明确起来。优秀的建筑师总能设法提供容易进行这种比较

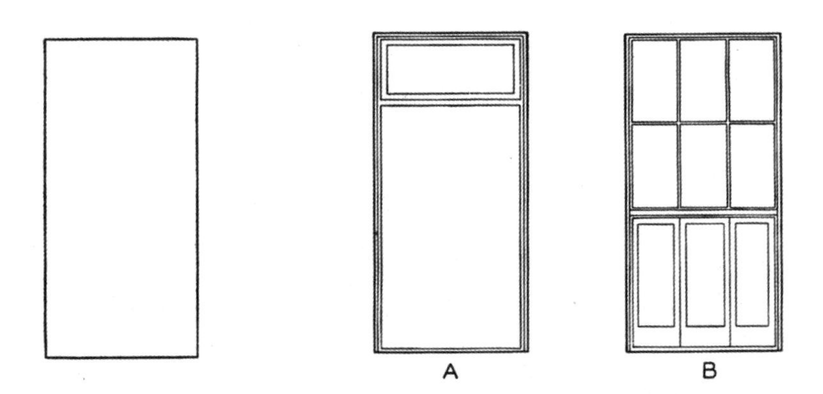

【图 137】（左）几何形状本身并没有尺度
这个矩形充当大门道或小门洞都可以。
【图 138】（右）增加功能因素之后的尺度
把图 137 的矩形加上门的楣窗，在 A 中楣窗窄而简单，整个洞口显得小；在 B 中，门的楣窗高，并进一步做了细分，因此洞口看起来就是个大门。

的方法。他将由此逐步运作，从小到大展开工作，通过这种方法，使人几乎在对建筑的最初一瞥中，就能把尺寸看得明明白白。让我们举一个简单的问题作为例子。设想将一个长方形的开洞，用作相对于这个开洞而言特别高的建筑的门道（图 137）。在图中，根本没有什么东西提示开洞的尺寸，只给人一种非常含糊的感觉，那个开洞必然大得可以容人们通过。表面上看，该图形不论当作法院的大型纪念性入口，还是当作村舍的屋后小门，同样都可胜任。它只是简单的几何形状，没有尺度的依据。如果我们加上一个门上的楣窗，在图 138 中，A 表示楣窗在开洞中的高处，B 表示它的位置更低些，我们立刻就会有一种入口的实际尺寸感。我们明白，B 中的门要比 A 中的大得多，因为我们知道，人们必定能从楣窗下自由通过。图 139 能更进一步说明这一原理，显然给人造成了一种小门洞的感觉。图 140 显示，门若这样设计，尺寸显著有所增加。我们加上台阶，加上一个门廊或平台栏杆，在门旁加上一个或几个台座，再加上基座。在比较大的建筑中，我们还可以加上雕塑，在这二者当中，我们都可以加上铭刻。这样一番处理，使得这两类实例截然不同的外观尺寸立刻变得一清二楚了。一个门洞演变成一个有纪念性的要素，适于法院或市政厅；另一个则演变成给人亲切感的入口，适于私人宅第或事务所，而这两个门洞都是从比例完全相同的矩形出发的。

这些与人相关的尺度因素，不是建筑师赋予建筑尺度的全部内容，还有很多结构单元的尺寸，因为它们已被广泛应用，所以我们已习以为常。几乎每个人都能本能地领悟到，一块砖的尺寸或一层砖的大体尺寸，甚至简单的砖砌建筑，也会由此而具有一个真实的尺度，而表面平整的整体抹灰建筑则缺乏这些。又如木瓦、护墙板和披迭板也是有尺度感的单位。在许多情况下，我们已经对某些尺寸限定习以为常，许多迷人的尺度，让我们联系到殖民地式和古典复兴时期的老乡村住宅，就是出自这一源泉。此外，如果观者常去城市，或者常常留意那些琢石的建筑立面，他会专注于石砌层的某种尺寸

【图 139】借助于附加的已知尺度要素所得的尺度感

栏杆、台阶和长椅，都帮助观者了解小门道的尺寸和亲切的特点。

【图 140】借助于附加的已知尺度要素所得的尺度感

这里的台阶、台座、平台墙、雕塑、石砌层和铭刻，都使门洞显得宏大、显要。

感，会感受一个开洞的高度或者一面墙的高度所具有的石层数量，从而立刻获得一种建筑的尺度感。

通过同样的方法，我们可以熟悉大型结构要素的常用尺寸。在现代美国城市中，商店和办公大楼钢柱的常用间距，通常采用 16 ～ 20 英尺（4.88 ～ 6.10 米），这对我们多数人来说，构建了与 100 年前截然不同的尺度感。从这些跨间的重复中，我们会本能地抓住一座办公楼的尺寸，可是具有旧文化素养的人，将会错乱。

哥特式大教堂的一般跨距，也是如此，柱中心到柱中心的尺寸大约为 20 英尺（约 6.10 米）。哥特式建筑尺度的这种感觉，已经在我们心目中深深扎根，以致一旦有跨距与这个常用的跨距有了明显的偏差，立刻就会产生令人困惑的尺度效果。在乡间的许多哥特复兴式教堂，因为它们的跨距有时还

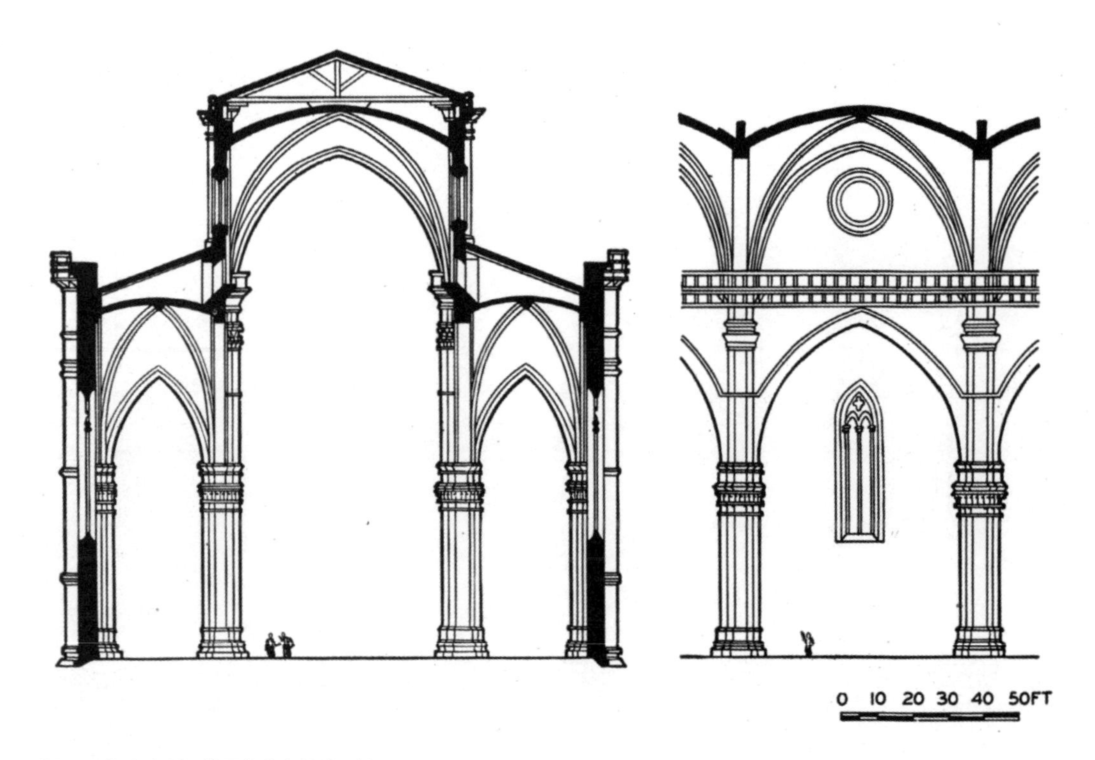

【图 141】意大利，佛罗伦萨大教堂，剖面
中殿跨距异常宽大（62 英尺，约 18.90 米），这使观者在室内几乎不可能把握住那巨大的尺寸。同样，简洁的垂直构图，有压低实际高度的倾向。

不到一般跨距的一半，所以给人一种微小和玩具似的印象。另一方面，在哥特式教堂里，大大地增加从拱柱到拱柱的距离，不但不能造成更宏伟的内景，还会适得其反。例如，要领会佛罗伦萨大教堂的庞大尺寸，几乎是不可能的，即使人在沿着它的长度方向走完之后，还是不能判断出它那巨大的尺寸，依然感觉它是常见尺寸的建筑物，因为其跨距过大了（图 141、142）。

建筑尺度中的另外一个要素值得提出，那就是对比的运用。当两个物体形状或类型相同，一大一小摆在一起时，它们之间的对比会使较大物体的尺寸显得更大。所以，在建筑中，如果在一个形状相似尺寸较小的连续母题中，突然插入一个形状相同且尺寸较大的母题，将增强整体大尺度的效果。例如，在圣彼得大教堂内部（图 143），交叉处的巨大拱顶因与侧殿和壁龛的连续小拱形成对比，尺度感大为增强。许多古典建筑拥有恰当的尺度，秘密就在于，在同一构图中运用了尺寸不同的相同母题。与此类似，哥特式教堂十字耳殿，大大增强了室内的尺寸感，因为中殿中带柱拱较小的连续跨间，与耳殿高得多、宽得多的拱顶形成对比。为了成功运用获得尺度感的这一方法，较小的单元本身要有个可以被迅速抓到的尺度，这一点通过前面所提到的任何方法都可以完成。判断圣彼得大教堂尺度的巨大困难，就在于柱拱和其他较小拱形构件本身如此之大，以致只有在反复察访之后，观者才能体会到建筑的壮丽。

【图 142】 意大利，佛罗伦萨大教堂，内景
拱柱大的跨距，阻碍了对巨大的尺度的感知。承韦尔图书馆提供

如上面已经提过的，另一种有助于表现建筑尺寸的方式，与组成建筑的单元数目有关。一般来说，具有许多单元的建筑，要比单元数目少的建筑显得大。因此，大角斗场那极为壮观的尺寸感，主要来自拱券围绕巨大的环形的无限重复，拱券一层高过一层的层叠。与其同样尺寸的一个简单而连续的筒形墙，则表现不出如此的宏伟感来。可是，单元的数量与建筑尺度的关系，受制于许多限制条件，也有大量例外。向一面连续不断的墙体插入一个尺度巨大的入口，就会产生一种力量，而这种力量是包

【图 143】罗马，圣彼得大教堂，中殿内景
建筑师：布拉曼特和米开朗琪罗
细部尺寸过大，妨碍了对实际尺寸的了解。承韦尔图书馆提供

含许多要素的墙体所没有的。为了达成这种印象，对单个的插入构件做精心的尺度处理，是极其重要的。有多个单元的建筑物可能会陷入混乱，而混乱就不会有尺度。观察这种结构，人们所见的仅是单个的单元，而抓不住它与整体的关系。这样的建筑，不会出现很好的效果。只有当多种单元被它们与设计总体最强的整体关系绑定在一起时，尺寸感才能通过许多单元的运用而产生。正如建筑物作为艺术作品必须给人一种统一的体验，一座建筑也必须是一个具有适当尺度的统一结构物。

鉴于建筑同时涉及内景和外观，内部的尺度如立面的尺度一样重要。建筑物必须在平面中有尺度，如同在其他方面一样。所谓平面中的尺度，指的是支柱、墙、门及其他内部要素——其位置是由平面决定的——必须按这种关系来设计，这样观者才会从它们那里获得每个部位的直观尺寸感、彼此的距离和整体的尺寸。和外观设计一样，这种尺寸感，将多半是由于运用那些与人体及其动作有密切关系的要素——椅子、凳子、门、桌子，诸如此类——而产生的，此外也运用了充当度量尺杆的细部，或靠近眼睛的要素，或人所熟知的要素。

同样的物体，在室内看和在室外看，所表现的尺寸感觉大不相同，因而内外的尺度也就各不相同。物体在室外看总比在室内看显得小些，例如，一个 4 英尺（约 1.22 米）宽、8 英尺（约 2.44 米）高的门道，从室内看，颇有纪念性。但是，把同一个门道当成一个纪念性建筑物的主要入口，则会让人觉得这个门小得可怜。这个道理在每种可以想到的要素中，几乎都是适用的。供人上下的室外台阶踏步，若处理成在室内看起来舒适而雅致的楼梯踏步，那就会显得局促、紧迫而让人不舒服。线脚和突起在室外看精巧而洗练，在室内看就粗糙得多，甚至庞大无比。同样，在古典建筑中，室内的柱子高到 15 英尺（约 4.57 米），就足够庄严雄壮，而将同样高度的柱子用于室外，就会显得细弱。

这个道理对雕塑而言特别正确，如前面已经指出的，这是过去时代建筑获得尺度的主要方法之一。一个等身雕像，在室外看上去比实际矮小，因此室外雕像总是做得大于等身。博物馆陈列雕塑的难题之一，恰在于此，因为以室外尺度设计的雕像，经常摆在博物馆室内展出，很少有人尝试把室外雕像和室内雕像区别开。这是在现代建筑中放置雕塑所碰到的问题之一。它也道破了雕塑家和建筑师之间有必要紧密协作的道理，他们两方必须懂得要求的尺度，而雕塑家必须胸怀这一目标，明智地进行工作。

建筑中的尺度问题，不仅涉及形成某种尺寸的印象，还涉及设计者想要选择产生一种什么样的尺寸印象。用尺子可以度量的实际尺寸的问题，并没有什么重要的，充其量不过是设计者能设法使他设计的建筑物显得大些或小些。那么，他所寻求传达的称心如意的尺寸感是什么呢？其答案就包含在每个单体建筑中，只有对建筑功能做富于想象的思考，才可能接近它。

一般说来，尺度印象可以分为三类：自然的、超人的和亲切的尺度。第一，自然的尺度，试图让建筑物表现它实际的尺寸，使观者去度量他自身的正常存在，以及面对它时的个性。自然的尺度，显然在普通日常生活的建筑里可以找到，如一般的住宅、商业建筑、工厂、商店等。第二，通常所说的超人的尺度，试图尽可能使建筑物显得大，不致因对比而使个人感觉渺小，而且用这样一种方法，让人觉得被放大了、摆脱了束缚，并以某种方式成为比自身更大、更强、更有力的单元的一部分。

超人的尺度并不是弄虚作假的尺度，因为人们仰慕某种超人的放大，是一种共同的和健康的情结（图 145）。超人尺度的巨大建筑物，是人们对于超越自身、超越时代自身局限的憧憬。作为对宗教和冥想观点的基本表现，超人的尺度用在大教堂、纪念堂、纪念建筑和许多官方及政府建筑中颇为适宜。这里的努力，不是为个体或者转瞬即逝的东西而建，而是为一个统一在共同目标下的社会集团，以这种表现人性永恒感的方式而建。当人们建起一座市政厅时，他们不仅仅建了一个人们工作的场所，也在表达他们的统一意志。他们力图让过路的人明白，不仅个人为成就而自豪，而且更应有真正的市民自豪感。这种共同意志的所有正当表达，必须通过设定一种适当的尺度，这就是我们所称的超人的

【图 144】巴黎，星形广场凯旋门，正立面
建筑师：弗朗索瓦•沙尔格兰
超人的尺度，通过简洁的形式和巨大的尺寸形成，特别是通过为适应整体对局部的精心调整而形成。每个细部都要让整体显得大些，每个较小的部位都是较大部位和整体的度量尺杆。围绕基座的座位和紧接在上面的基座线脚，因为容易被看到和被意识捕捉到，因而给人一种自然的尺寸感。这些跟雕塑基座发生关系的顺序是：首先是巨大的雕塑，其次是拱柱，最后是拱等。顶部的装饰做得比较大，以便在较远的距离内可以识别，而当人们接近拱门时，顶部就看不见了，或者被忘记了。

【图 145】巴黎，星形广场凯旋门，外观
建筑师：弗朗索瓦•沙尔格兰
超人的尺度由细部的精心处理获得。
承埃弗里图书馆提供

尺度（图 144 ～ 149）。

超人的尺度常常是以某种大尺寸的单元为基础的，比人们所习惯的尺寸要大一些；但是，大尺寸的单元并不能独自形成超人的尺度。比方说，不能拿一个尺度合适的设计，将每个细部的整套尺寸放

【图 146】巴黎，星形广场凯旋门，吕德制作的雕塑细部

座位、线脚和雕塑的处理，都有助于建立一种宏大的尺寸感。承哥伦比亚大学建筑学院提供

【图 147】埃及阿布辛拜勒，崖墓

通过运用各种大小不同且关系紧密的雕塑，以及人们观赏时最容易靠近的小构件，给人一种巨大的尺寸感。承韦尔图书馆提供

【图 148】布鲁塞尔，司法宫

建筑师：J. 珀莱尔特

由密切相关的各局部的重复，形成巨大的尺度。引自 J. 珀莱尔特所著的《布鲁塞尔司法新宫》

【图 149】布鲁塞尔，司法宫，入口细部

建筑师：J. 珀莱尔特

注意较小的构件如何与大构件对应设置，以增强尺寸感。引自 J. 珀莱尔特所著的《布鲁塞尔司法新宫》

大50%，以期得到一个具有良好超人尺度的建筑物，结果或许适得其反，建筑物看起来会比实际要小，而且，无论如何尺寸只会使观者觉得小（图150）。

例如，巴洛克设计师人为地放大许多母题，常常试图获取超人的尺度。亚历山德罗·加利莱伊1734年设计的罗马圣约翰拉特兰大教堂的正立面就是一例，它把一种在许多方面适合于小建筑的设计，扩大为庞大的尺度（图151）。那效果几乎令人恐怖，不但不能让人获得整体真实的宏伟尺寸感，而且让人有不适感，莫名其妙觉得自己被蔑视，形同侏儒。这类大人国式的建筑细部，有某种噩梦般让人厌恶的性质，就像在大人国里格列佛认为人类皮肤的天然缺陷会显得如此巨大而可怕。圣约翰拉特兰大教堂顶部的栏杆，最大高度不是一般的4英尺（1.22米）或4英尺6英寸（1.37米），而是7英尺（约2.13米）或8英尺（约2.44米），以天空为背景的巨大雕塑剪影，超过了25英尺（约7.62米）

【图150】德国莱比锡，莱比锡大会战纪念碑
建筑师：布鲁诺·施米茨
由于所有构件尺寸虚夸过大，完全缺乏尺度效果，因而整体所显示的，似乎仅是它那巨大尺寸的零头。引自施利普曼的《布鲁诺·施米茨》

【图 151】罗马，圣约翰拉特兰大教堂，正立面
建筑师：亚历山德罗·加利莱伊
虚伪的尺度，多半是有意识追求让人震惊的效果。不可避免的结果是，在构图中几乎每个构件尺寸都异常，尤其错误的是雕塑和上部栏杆。

高。这可能是建筑师有意识设计的，欲使人们最终发现其真实尺寸时，产生某种戏剧式的惊叹。同样，卡洛·马代尔纳设计的圣彼得大教堂正立面，也有同样的毛病，壁龛、嵌板、线脚和所有的雕像，都做得过于宏大。当人们看到一口钟时，觉得它似乎是机车头前摇晃着的钟的尺寸，可听到它的音调时它如伦敦大本钟一样深沉洪亮，于是尺度上的矛盾就变得明显了。在艾克斯，由瓜果和枝叶组成巨大花饰，占据制币厂的整个立面宽度，就产生了类似的结果。

我们知道，巴洛克设计师有时喜欢卖弄噱头，像花园里的喷泉，会对漫不经心在某个铺石人行道上散步的游客“突然袭击”。大概他们巨型超尺度的教堂立面，也是出于令人惊奇这一相同意图，只是表现场合不同而已。可是对我们来说，这类幽默压根就出格了，总体效果压抑而不适（图 152、153）。纽约中央火车站的南立面，几乎犯了同样的毛病（图 154）。它的构图对于一个中等尺寸的建筑来说也许是合适的，它的细部“考究”到几乎琐碎的地步，扩大为巨大的尺寸，看上去就显得荒唐，而整个立面看来只不过是实际尺寸的零头。

缩小建筑要素的尺度，并期望得到原来尺度的宏伟感，同样也是错误的，结果只会产生纷乱和挫败感。蒙特利尔的圣詹姆斯大教堂就是很好的说明，它的内部是罗马圣彼得大教堂的半尺度模型。它的尺寸巨大，甚至具有纪念性，但观者所领受到的效果与预期不同，没有尺寸巨大的感觉。尽管有巨大尺寸，但内部的总体效果还是显得矮小无力，甚至滑稽。

自然的尺度问题比较简单，但是，也还是需要仔细处理细部之间的关系和细部与整体建筑的关系。优秀的自然尺度，常常随着设计中所涉及的功能问题的自然解决而产生。因为，如果观者在自身的持

【图 152】（左）英格兰，芳特希尔教堂，外观
建筑师：詹姆斯•怀亚特
亲切的尺度和超人的尺度戏剧般地结合在一起。引自尼格尔斯的《芳特希尔教堂历史简介》
【图 153】（右）英格兰，芳特希尔教堂，内景
被楼梯和总体高度所强调的巨大尺寸。引自尼格尔斯的《芳特希尔教堂历史简介》

【图 154】纽约中央火车站，从南望去
建筑师：里德和斯泰姆及沃伦和韦特莫尔联合建筑师事务所
少量的母题和尺寸过大的雕塑结合在一起，使得这个大建筑物的尺寸感觉被缩到最小。承菲勒希莫和华格纳建筑师事务所提供

续活动中，处处都置身于以这些活动为目的而又尺寸适当的建筑要素中，尺度适当的愉快感将会立即出现（图 155）。这样，在一所住宅中，门、窗、门廊和台阶，一定要设计得尽可能与它的用途有直接关系，对各个部位过分夸大、卖弄，充其量只不过是一种光怪陆离的杂耍。这种效果，乍一看去可能是一种娱乐，但在较长时间的熟悉之后，就会变得沉闷、压抑和不真实了。

亲切的尺度——希望把建筑物或房间做得比它的实际尺寸明显小——是很少运用且难以成功的。但是有些地方是允许的。例如在大型餐馆里，经营管理人员希望产生一种随意的和私人的亲切感；或

【图 155】康涅狄格州纽黑文，埃尔姆黑文住宅，两景
建筑师：奥尔与福特建筑师事务所。顾问：艾伯特•迈耶
极好的住宅尺度是由精心处理的细部、正常尺寸的常用构件、偶尔的高度上的变化得来的。理查德•加里森摄影

者在剧院里，希望容有大量的座席，这就和让每一个观众与舞台的关系尽可能紧密且个人化的愿望相抵触。要成功地产生亲切的尺度，绝不能简单地把构件的尺寸缩小得比通常的尺寸还小，否则常常会适得其反。偶尔，尺度的亲切感确实可以通过超大尺寸的装饰与十分简洁的方案相结合而获得，像纽约中心剧院（图 156）。另外一种情况是，把大面积和大构件细分成更小的部分，也可以得到预期效果，前提条件是这些单位的尺寸易于估量。在许多大型的餐馆中，这种方案仅通过家具的安排就会获得成功。许多近代图书馆阅览室，像布鲁克林公共图书馆（图 157），书架或家具的这类分割，就有益于创造具有亲切尺度和令人心情愉快的阅读环境。

设计者首要的任务之一，就是给所有特定问题选择正确的尺度。在此，尺寸问题的自然解决方案，常常决定着这种选择。如果把一种尺度的处理方式强加于建筑，而不是遵从建筑的需求，这种有意识

【图 156】纽约，洛克菲勒中心中心剧院
建筑师：赖因哈德和霍夫迈斯特，科比特、哈里森和麦克默里，胡德和富尤等建筑师联合设计
以超大尺寸的装饰、简洁的墙面和着重强调水平线的手法，在一个大剧院里追求亲切的尺度。戈尔肖施-莱斯纳摄影

【图 157】纽约，布鲁克林公共图书馆，阅览室
建筑师：吉森斯和基利
这间大阅览室的尺度人性化，是用家具的排列和类型，以及书架的分区摆放来实现的。戈尔肖施 - 莱斯纳摄影

的、**先验**的努力常常只会得到虚夸的纷乱。建筑也像生活一样，需要良好的风度。建筑的良好风度的根基主要在于，一个建筑物是不是在设法使它比它正常的用途和得体的尺寸看起来更显赫、更高调或者更加令人难忘。我们希望，虚夸私人宅第的时代能够终结。那些庞大宫殿里的日子并不愉快，其存在，只是作为凡勃伦所举的那种挥霍浪费的例子，在我们今天看，实在是粗俗不堪。同样，过分豪华招摇的小银行，会使村镇街道蒙受损害；办公楼假冒议会大厦或神殿的威严——从根本上说这些都是病态的矫揉造作，而它们的坏风度就表现在错误的尺度上。最大的罪过，至少在美国，就是那些俗不可耐的电影院，它们几乎充斥于每个城镇的大街上，有着纪念碑式的巨大构图，超大尺寸的立面和庸俗的装饰，对着观众尖叫。被商业主义桎梏的错误的超人尺度，是美国建筑的主要问题之一。

在建筑尺度中，必须强调另外一个原则——在任何单体建筑中尺度必须协调。一旦建筑基本尺度感已经确定，设计者必须将同样的尺度类型贯彻到整体建筑中去。当然，这种协调可能分成许多等级，庞大复杂的建筑物需要不同用途的空间，这就要求尺寸关系类型的多样化。在小卧室或办公室，我们不希望看到大的尺寸和适用于大型公共房间或者重要且被大量运用的厅堂的夺目形式。每个空间，依照其用途，依照其期望得到的情绪效果，将会有它自己的尺度。设计大师甚至对最复杂的建筑物，也能够成功地协调其尺度，并将其贯穿于每个构件之中。这里比例和尺度之间再次出现了关系极为紧密的类似。正如我们所知，在每一个复杂的建筑设计项目中，都固有一类比例分级系统。说到尺度，也存在类似的价值分级系统。思绪敏捷的设计师的标准之一，就是能在多样性中促成真实的、毫不牵强的协调。

我们说过，尺度实质上是将建筑与人关联起来的一种性质，就此而言，它是最重要的。因为建筑物的存在，是为了让人们去使用，去喜爱，当建筑物与人的身体及内在情感建立起更加紧密而简单的联系时，它将会更加美观，也更加实用。

为第五章推荐的补充读物

Butler, Arthur Stanley George, *The Substance of Architecture*, with a foreword by Sir Edwin Lutyens (New York: MacVeagh, 1927), p. 84.

Edwards, A. Trystan, *Style and Composition in Architecture* ... (London: Tiranti, 1944), Chap. 5.

Greeley, William Roger, *The Essence of Architecture* (New York: Van Nostrand [c1927]), pp. 43-44.

Guadet, Julien, *Éléments et théorie de l'architecture*, 4 vols. (Paris: Aulanier, n.d.). Nobbs, Percy Erskine, *Design: A Treatise on the Discovery of Form* (London, New York, etc.: Oxford University Press, 1937), Chap. 8.

Scammon Lectures for 1915; Six Lectures on Architecture, by Ralph Adams Cram, Thomas Hastings, and Claude Bragdon ... (Chicago: University of Chicago Press [c1917]), the two lectures by Thomas Hastings.

第六章　韵律

在视觉艺术中，韵律是任何物体的元素成系统地反复出现的一种属性，而这些元素之间，具有可以辨识的关系。在建筑中，这种反复出现必定是由建筑设计所引起的视觉元素的反复出现而引起的，如光影、色彩、支柱、开洞及室内容积等。一座建筑物的大部分效果，取决于这些韵律关系的协调、简明及表现力。

韵律是生活中俯拾皆是的事实。心跳、呼吸及许多其他生理功能（包括那些具有最伟大情感力量的功能），都是自然界中强烈的韵律现象。这些韵律现象，在视觉上和听觉上的感官知觉，建立在韵律波的基础上。整个宇宙中遍布着种种韵律，从原子里的电子旋转，到行星在巨大轨道上的运行，乃至整个宇宙中的节奏扩张和收缩。因此，韵律是一个广泛渗透于整个生活中的事实。哈维洛克•艾利斯的《生命之舞》[1]一书，描写了韵律在人类生理学和人类感受中的重要作用。在艺术中，具有强烈韵律的图案，能增加人们感受的强度，因为每个可识别元素的反复出现，会加深人们对它的形式和丰富性的认知。识别性有助于人们理解它，而情感上的理解，又增加了感受的强度。

韵律是使任何一系列大体上并不连贯的感受获得规律的可靠方法之一。比如，一些散乱的点，我们要想记住它，虽说不是不可能，但也相当困难，因为最后仅有的效果，除了混乱或单调，别无其他。如果把同样数量的点分成组，使其整体的效果是可以认识的一种重复，那么这些系列马上就变得有条理性了，我们说它已经图案化了。眼睛常常会本能地把感受归类成一个有韵律的系统，所以在看星星时，人们常常趋向于把那些距离大致相等、光辉大致相当的星星看成一体，从而建立起一种星座图案，一种美学上的满足就会应运而生，虽说人们对于这种分类并无意识。我们对韵律的许多体验，还远没达到有意识将它作为韵律的地步。可是，人们所体验的愉悦感，作为一个整体，显然是以这种在无意识中理解的图案为基础的。

许多古典音乐形式的交响乐和奏鸣曲能久远流传的原因就在于此。在这里，乐句或主题的重复和扩展，使作品的总体效果形成一种庄重感，而不是无缘无故的连续。但是，音乐还存在另一类基于严格重复的韵律。交响诗或练习曲里的自由韵律创造了韵律的反复，形成了抑扬顿挫的整体形式。

---

1 《生命之舞》（*The Dance of Life*），由 Houghton Mifflin Co.（波士顿和纽约）于 1923 年出版。——原注

【图 158】韵律和重复
上：尽管间距不同，但是相同形状的重复形成韵律。
下：尽管形状不同，但是相同间距的重复形成韵律。

这些音乐形式与建筑形式有类似之处。罗马大角斗场拱连拱的重复，希腊神庙优美的柱廊，哥特式教堂尖拱和垂直线条的重复，都具有从古典音乐形式里可以找到的那种规则式的重复（图159）。但是建筑如果完全依赖这类韵律图案的严整，就未免太拘束了。美丽的乡村住宅、不规则式的村镇、城市的广场，常常具有一种十分不同的韵律美，而这种美来自从渐强增至高潮，从高潮降至渐弱再到休止，反复多样的流动。但是，已经谈到的优秀建筑与音乐的类似性，与其说可以在形式比较固定的诗歌或音乐中找到，倒不如说能够在写得漂亮的散文韵律中发现。

【图 159】西班牙塞哥维亚，古罗马输水道
韵律的力量来自于拱的重复和尺寸的渐变。承埃弗里图书馆提供

在建筑物中，有许多韵律形式特别重要。第一是形状的重复，如窗、门、柱、墙面等。第二是尺寸的重复，像柱间或跨距的尺寸。第一种情况是形状的重复，具有其间距可以改变而不破坏韵律的特点（图 158 上）。反过来，间距尺寸相等，单元可以变化大小或形状，而韵律依然存在（图 158 下和图 159、160）。许多设计的字体之所以优美，大多是因为这种间距重复的韵律性质，这一性质在雕刻的铭文中表现得特别明显（图 161）。

更复杂的第三种韵律形式以不同的重复为基础。如果我们有一列彼此平行的线条，第二对之间的距离比第一对之间的大，第三对之间的距离比第二对之间的大，我们就创建了一个不规则的渐变韵

【图 160】希腊所采用的重复韵律（均取自希腊饰瓶）

上：三种希腊式回纹饰和两种藤蔓花边。

下：卷叶饰三例。

所有这些都是间距规则的韵律，但各重复单元的细部渐变丰富。这种结合是希腊装饰形式十分优美的原因之一。

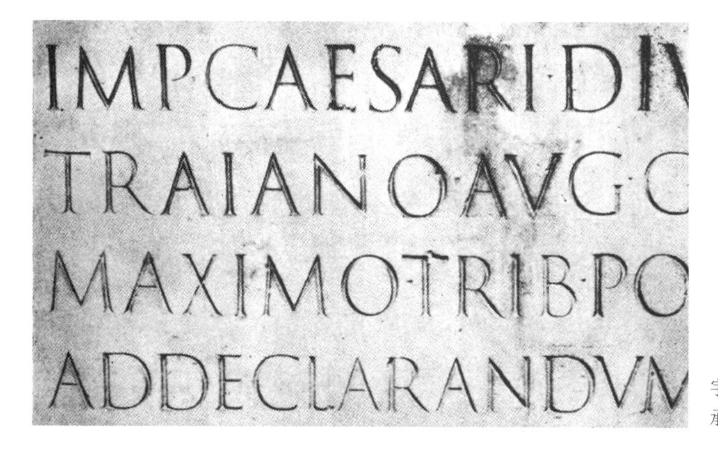

【图 161】字体的韵律

字体的优美，缘于字体和间隔之间的微妙韵律。

承《版面艺术》提供

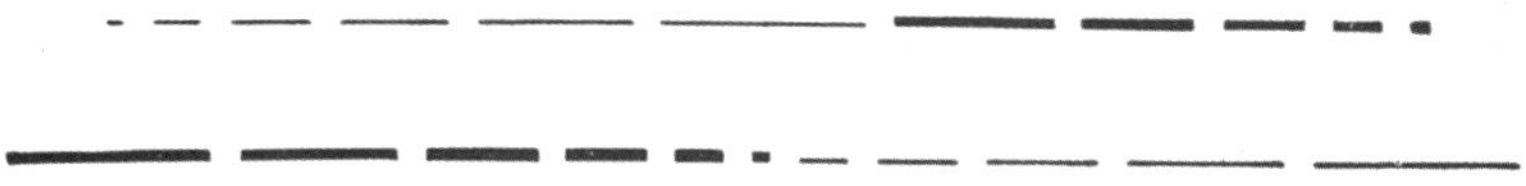

【图 162】渐变的水平韵律

上：小——大——小。

下：大——小——大。

律。若这样继续布置不同长度的线条：从一个点开始，跟上一条线，然后是较长的一条线，以后更长，依次下去，这就会形成一定韵律效果，而且隐含着一种由小到大或是从大到小的强烈的运动感（图 162）。我们甚至可以在同一个韵律系列中，把递增和递减的渐变结合起来，做成从小到大，然后逐渐从大转小的效果，或者反过来，做成从大到小，然后再到大的效果。后一种情况，相互间的关系可能有压缩感。更有用的是，把大的要素放在中心，形成向重要的增大、向次要的缩小相结合的韵律，这是从平静的开端到高潮，再从高潮放松下来的渐变（图 163、164）。

这些韵律原则的建筑含义是不言而喻的(图165)。在文艺复兴式府邸(图166、167)中，窗户的变化，以及檐口托件的重复（图 168），都能有力地形成韵律的美感。为什么现代化厨房看起来那么舒服，原因之一大概在于重复的柜门和抽屉所形成的规则的韵律，而门锁和把手这些休止符，则对韵律加以

【图 163】（左）渐变的垂直韵律
上：大——小——大。
下：小——大——小。
【图 164】（右）自然界中的渐变韵律
这片叶子的韵律是由一般形状的重复和从小到大的有力渐变相结合而形成的。它的细部也通过同样的韵律来强调。

【图 165】英格兰，埃克塞特大教堂，室内细部
在拱柱的处理和拱的线脚中，装饰性和结构性细部韵律的展现。承韦尔图书馆提供

【图 166】罗马，斯托帕尼 - 维多尼府邸，正视图
有力的水平和垂直建筑韵律，是由窗户、壁柱、腰线、槛墙和水平线脚的重复形成的。这个韵律，在水平方向上重复而复杂，在垂直方向上则是一种巧妙的渐变：小——大——小。引自达斯吉斯的《欧洲建筑》

【图 167】意大利威尼斯，文德拉米尼府邸
建筑师：彼得罗•隆巴尔多
复杂的垂直和水平韵律，巧妙地结合成一个整体。承韦尔图书馆提供

强调。古典线脚装饰和一般的古典建筑设计，无疑也具有十分丰富的韵律，即使一窍不通的门外汉，也会流连忘返。

但是，在建筑中韵律的形式不仅仅是，甚至也不首先是外观安排的事情。当人在室内通过时，他面临一系列变化着的场景，他看到前面的门、窗间墙、窗户、墙面，也许还要通过一个个门洞，这些

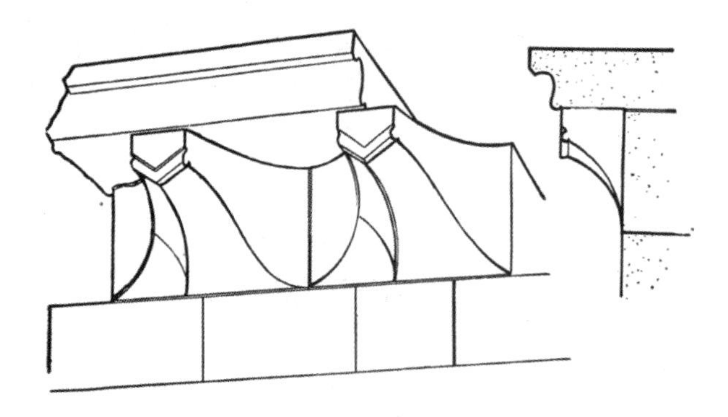

【图 168】法国第戎，来自圣母院小教堂的檐口，13 世纪
牛腿形成了光影的有力韵律，以强调檐口线。引自维奥莱 - 勒 - 杜克所著的《……理论词典》

会形成韵律系列，而这种韵律感受的特性，会在很大程度上支配着他对建筑物的最终评价。鉴于室内视觉印象如此复杂，由这么多不同要素组成，那就更需要精心设计，把韵律表现得有条有理、合乎需求（图 169）。

韵律可以是不确定的、开放式的，也可以是确定的、封闭式的。只把类似的单元做等距离的重复，没有一定的开头和结尾，这叫作开放式韵律。在建筑中其效果通常飘忽不定，有点不确定和困惑的感觉。在圆形或椭圆形建筑物中，像罗马大角斗场或蒂沃利的维斯塔神庙，将其处理成连续而规则的是恰当的，因为现实跨距的规则韵律，由于透视的效果，从每一端看上去都紧靠在一起（图 170）。如果一个开放式的韵律，用端部的确定标记来结束，这种困惑感就会消失。韵律可以用端部单元的形状变化来结束，也可以用端部单元的尺寸变化来结束，或者用前面两种变化相结合的方式，还可以用在每端添加明显的对立韵律来结束。在建筑中，第一种方案可以从帕拉第奥设计的位于维琴察的巴西利卡教堂中看到（图 171）。这里，跨距保持不变，但端部开洞较小。在双柱处，有些类似的变化情况，和文德拉米尼府邸端跨有所区别。在许多办公大楼和公寓中，跨距的开放式韵律，在端跨通过缩小玻璃的面积或完全不要玻璃而进行多种处理。许多当代建筑师运用对立的韵律系统，来结束一个系列，常常有很动人的效果。像在麦迪逊由霍拉伯德和鲁特设计的森林产品试验室，中央的垂直韵律就是用两侧有力的水平韵律结束的；在开姆尼茨，门德尔松设计的朔肯商店，其沿正立面强有力的弯曲水平韵律，在每个端部出入口楼梯前高耸的玻璃开口处停顿（图 172）。对同类系统做的更加精彩的处理，可以从豪和莱斯卡兹设计的坐落在费城的费城储金会大楼中看到（图 173），这里挑出层的水平韵律，可以说是在侧面柱子的垂直韵律处结束的。

建筑中还有另一类极为重要的韵律，即线的韵律。这种韵律可能只是线的长短或弯曲呈现系统的变化。荷兰的“风格派”抽象派画家，特别是蒙德里安，对线韵律进行了深入细致的研究，他的许多画，显示出对此的关注。这个画派，对许多重要现代建筑师产生了强烈的影响，特别是奥德和密斯•范德罗，后者的许多建筑平面与蒙德里安的绘画之间的类似之处，经常被人关注（图 174、175）。密斯•范德罗的这些平面，把孤立伸出的墙自由布置在单一的平板之下，运用这一漂亮的手法，在建筑中形成一种极为引人入胜的视觉韵律；同时，平面图案具有纯线条的抽象性质（图 176、177）。关于建筑构图，

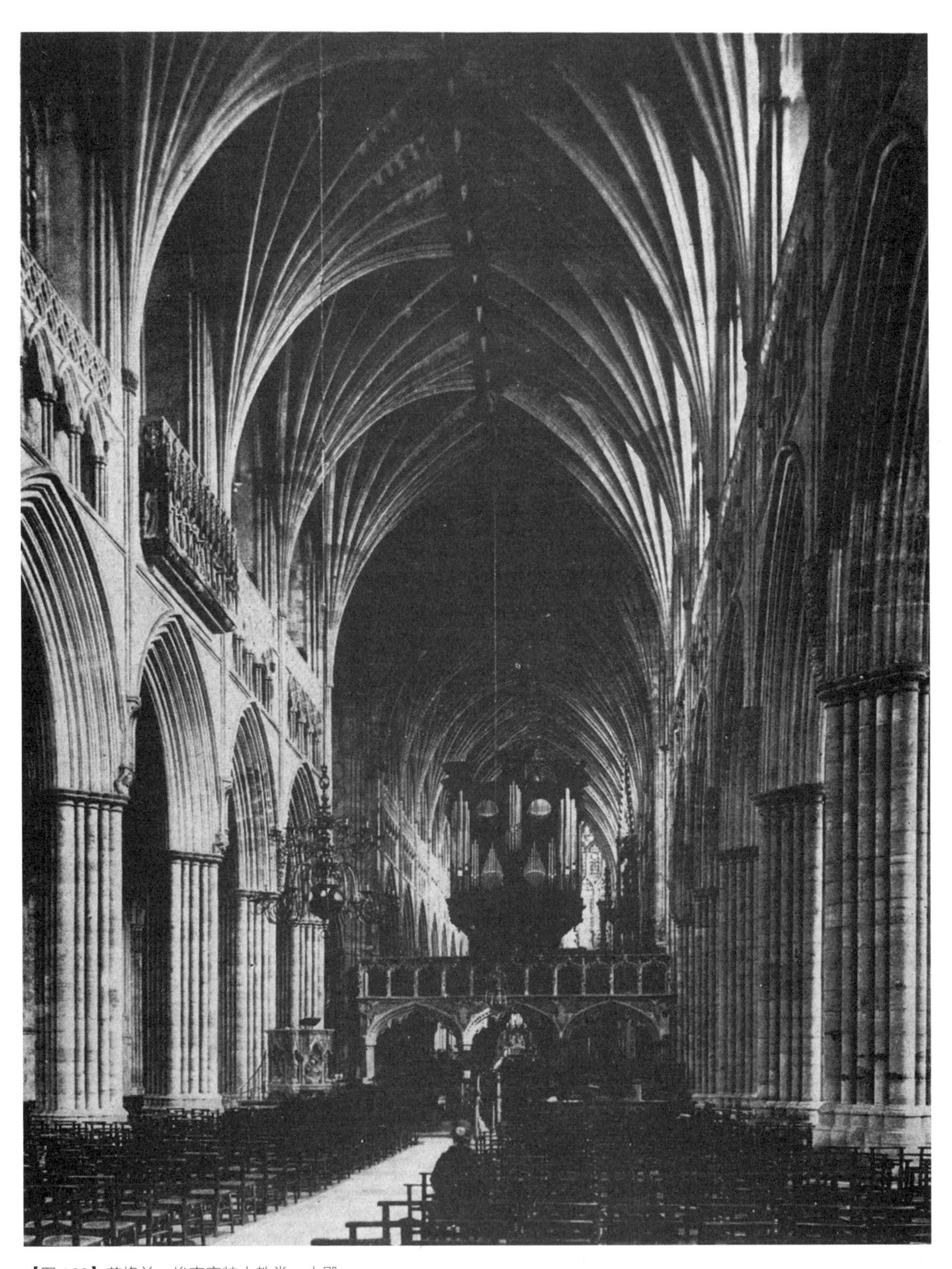

【图 169】英格兰，埃克塞特大教堂，中殿

反复使用复杂丰富的结构要素，赋予许多哥特式建筑扣人心弦的韵律。承韦尔图书馆提供

【图 170】(左) 意大利蒂沃利，维斯塔神庙

在圆形建筑中，间距规则的柱子从任何视点看去都是封闭的渐变韵律。

【图 171】（右）意大利维琴察，巴西利卡教堂

建筑师：安德烈亚•帕拉第奥

垂直和水平向都有丰富的韵律构图。承韦尔图书馆提供

【图 172】德国开姆尼茨，朔肯商店

建筑师：埃里克•门德尔松

中部水平和端部垂直的强烈韵律平衡。

【图 173】宾夕法尼亚州费城，费城储金会大楼
建筑师：豪、莱斯卡兹
正立面的水平韵律和侧立面的垂直韵律之间，有着有趣和动人的均衡。本·施纳尔摄影

蒙德里安早期的某些尝试甚至更加刺激，例如图中所表现的，完全以线条长度的渐变韵律为基础（图174）。在第一次和第二次世界大战之间建设起来的许多成功的自由设计的建筑物，其外观就是以类似的韵律为特征的。这些特征，出现在大多数荷兰和意大利建筑师的作品之中，而在埃里克·门德尔松的最佳作品中，得到了极好的发挥。中国建筑经常卓有成效地运用渐变韵律（图 178、179），北京孔庙的经堂即是典型的一例（图 178）。

【图 174】皮特 • 蒙德里安的绘画作品（1）
强烈地表达了从中心向外渐变的韵律。承纽约现代艺术博物馆提供

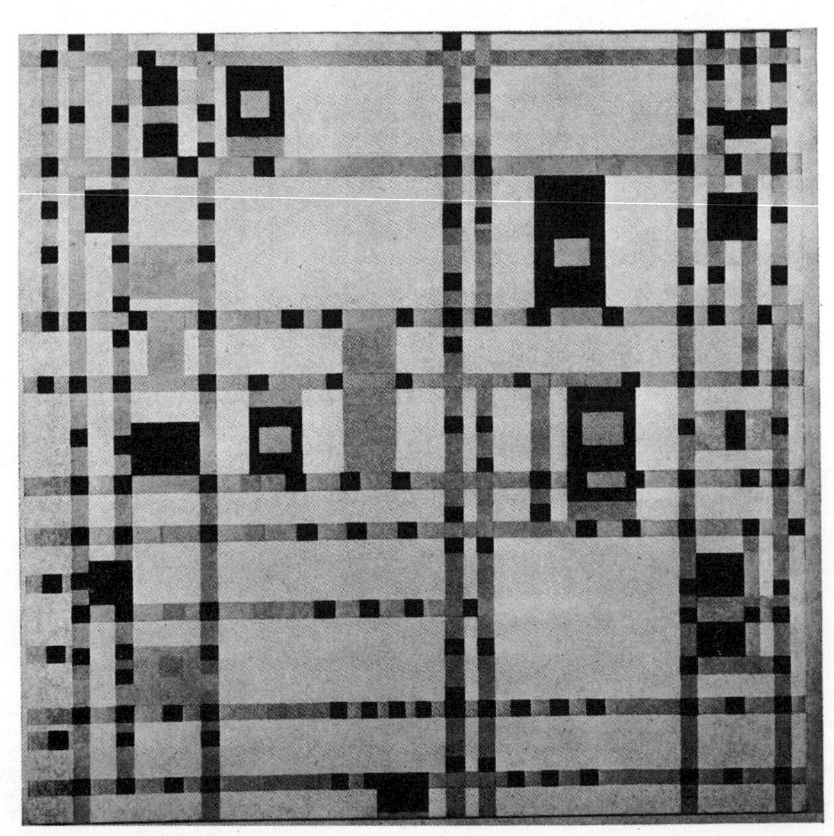

【图 175】皮特 • 蒙德里安的绘画作品（2）
垂直线和水平线的韵律。承纽约现代艺术博物馆提供

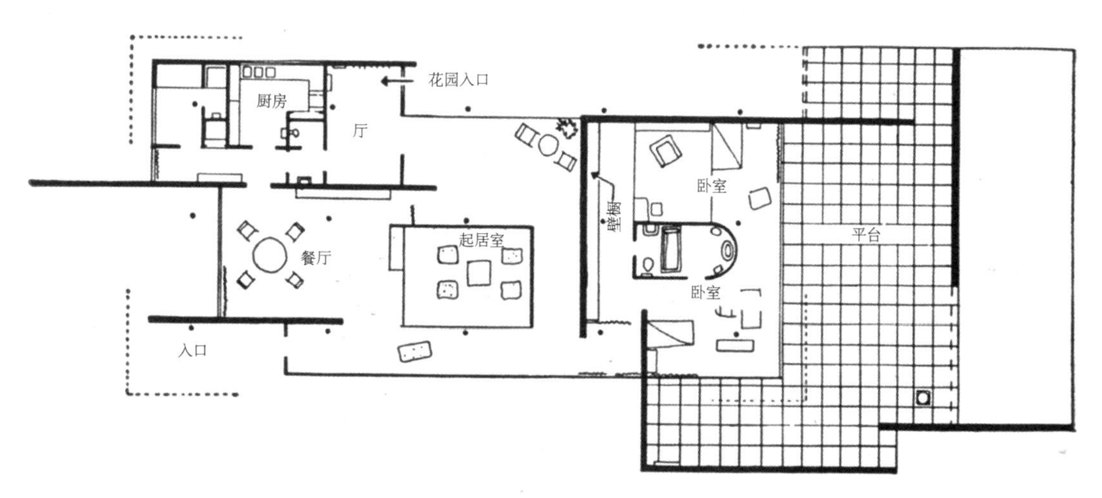

【图 176】1930 年柏林建筑博览会上的住宅，平面
建筑师：路德维希·密斯·范德罗
突显韵律特征的一个平面，以墙面和支柱的重复为基础，交替应用封闭和开放视野。

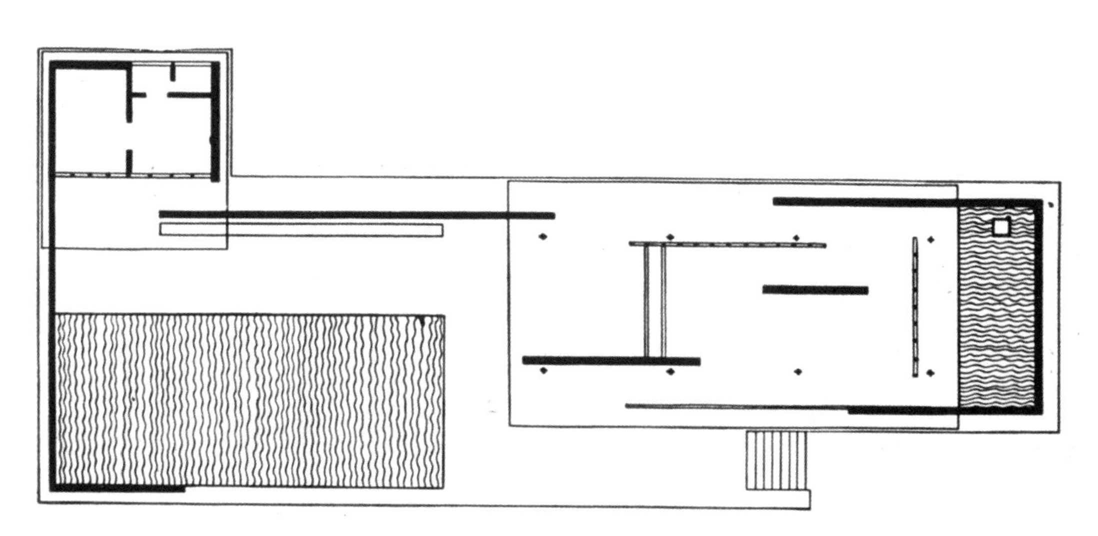

【图 177】1929 年巴塞罗那博览会，德国馆，平面
建筑师：路德维希·密斯·范德罗
这是一个精巧而富有诗韵的平面，该韵律在结构本身和在平面里同样明显。

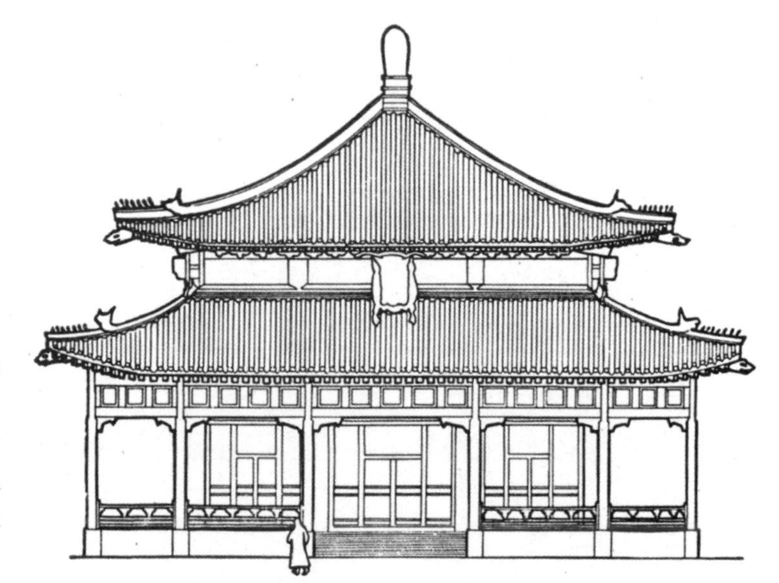

【图 178】北京，孔庙，经堂，正立面简图[1]
竖直方向和水平方向生动的渐变韵律，使这个精美的小型方阁楼十分独特。每一个重要的建筑线条都和与它平行的线条有明确的韵律联系。渐变的水平韵律被额枋中的方形匾额强调出来。

【图 179】北京，紫禁城的太和殿
像所有的中国建筑一样，其韵律丰富，渐变巧妙。引自东京帝国博物馆的《北京宫殿建筑图片集》

正像我们有直线长度的韵律一样，也可以有曲线运动的重复（图 180、181）。例如，从圆到椭圆的渐变，是以曲率半径的相关变化为基础的（图 182）。螺旋线有类似的有趣渐变，曲率半径从小到大。螺旋线是极富韵律的形式之一，因为它是围绕着一个焦点不断弯转的重复曲线和曲率半径的不断渐变的结合。事实是，螺旋线最终缠绕到一个最小曲率点上，让它做有力的结束（图 183、184）。在巴洛克时期，它被广泛运用于盾饰乃至山花上。事实上，有韵律的曲线，是多数巴洛克设计的基础，像在平面、室内及外观，就常常运用变换着的韵律曲线，给巴洛克设计增添了巨大活力（图 185、186、200）。

建筑中的韵律，并不局限于立面构图和室内细部之类的事物，内部空间中更大的韵律甚至更为重

1 图 178 所示为北京国子监辟雍之立面图。——译注

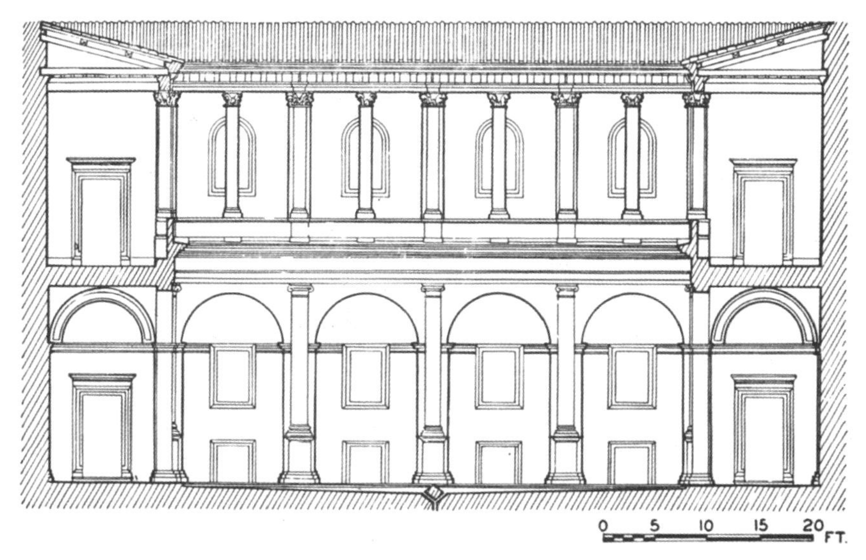

【图 180】罗马，圣玛利亚德拉佩斯回廊
建筑师：多纳托 • 布拉曼特
建筑对位的优美实例，把较小而优美的构件，两两成对分组，并布置在下面的单个开洞之上。整体是用水平线条组织起来的，形成巧妙渐变的垂直韵律。

【图 181】意大利，布雷西亚监狱
一个有意思的建筑对位实例：上面的七个单元与下面的两个单元形成对位。承埃弗里图书馆提供

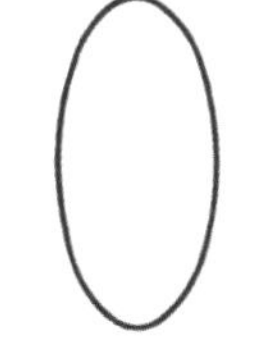
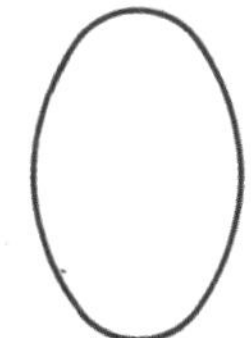

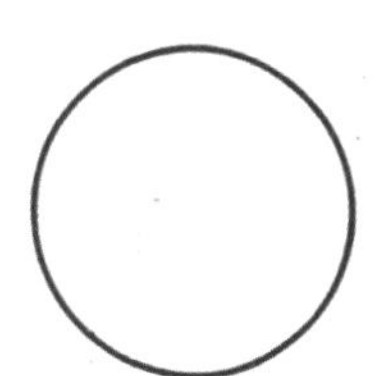

【图 182】曲线的韵律
上为从椭圆变到圆的渐变韵律。下为法国铁花装饰中的曲线运用：左为凡尔赛皇家街阳台；右为巴黎圣日耳曼 - 洛克斯华唱诗台铁花局部。此二者均运用了圆、椭圆和螺旋线。

【图 183】螺旋线

螺旋线是广泛流行的韵律曲线之一，它的表现形式极富变化，广为接受。上部所示枝条式涡卷形装饰线，由波动的曲线和螺旋线向两面交替旋转组成，是古典葡萄藤式线条的基础。

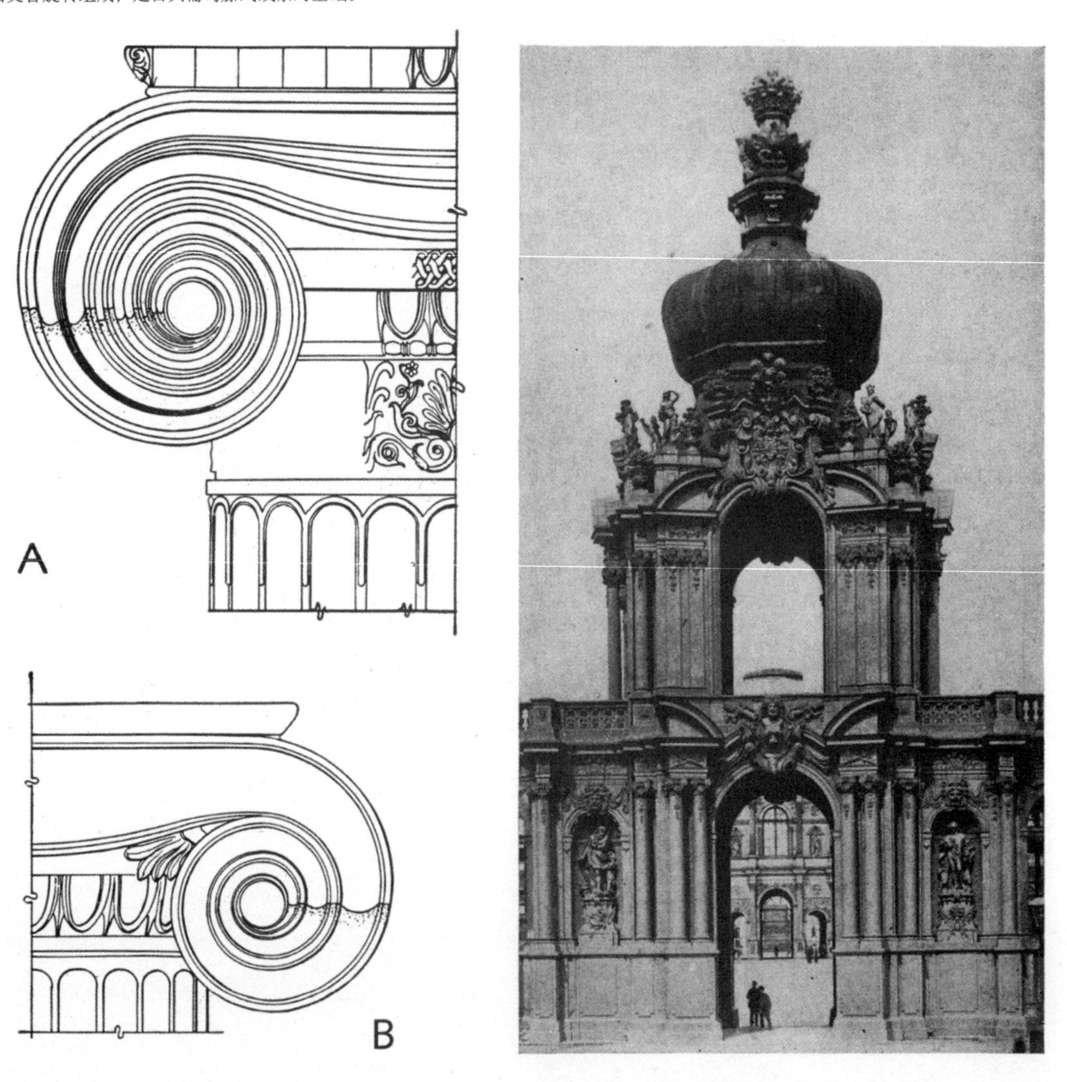

【图 184】（左）两个希腊爱奥尼克柱头

A 来自雅典卫城厄瑞克修姆神庙；B 来自雅典卫城之山门。爱奥尼克柱头显示出螺旋线渐变韵律的美感。

【图 185】（右）德国德累斯顿，茨温格府邸，门道

建筑师：M. D. 珀佩尔曼

对比强烈曲线的波动螺旋韵律，形成有动态的效果。承韦尔图书馆提供

【图 186】罗马，萨皮恩扎学院（现罗马第一大学），自院内望去
博罗米尼设计的圣伊沃小教堂丰富的曲线韵律，成为院落安静韵律的一个强烈的高潮。承韦尔图书馆提供

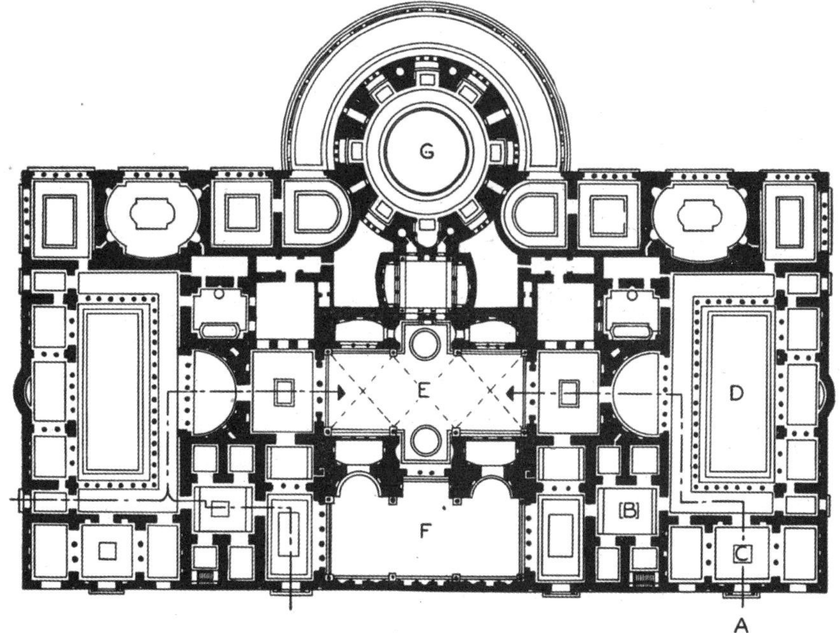

【187】罗马，卡拉克拉浴场主体建筑，平面
A—入口；B—更衣室和存衣室；C—门厅；D—运动院落；E—温水浴室和休息厅；F—游泳池；G—热水浴室和蒸汽浴室。
虚线表示走进中央休息室的种种路径。经过审视之后会知道，通道贯穿室内，产生形体丰富的渐变韵律，由空间大小、宽窄、开闭等交替形成。在华丽而宏伟的中央休息厅的巨大空间内形成高潮。

要。人们通过一个小门厅进入一个相当大的过厅，又从这里迈入另一个有不同特点的空间，此空间也许比过厅小，但比入口门厅大，由此可以依次进入建筑物主要的和最重要的空间。在复杂的建筑物中，这种交替（大和小、宽和窄、横排的房间和纵列的走廊的交替）渐变的韵律创造出一种有秩序的变化效果，这在很大程度上是伟大的和纪念性的建筑才具有的那种感染力。纽约宾夕法尼亚火车站及古罗马温泉浴场的主要门厅，就提供了许多此类变化的实例（图 187 ～ 189）。

【图 188】罗马，迪奥克利蒂安浴场，由米开朗琪罗修复的大厅
韵律的使用形成了强烈高潮。承埃弗里图书馆提供

【图 189】纽约，宾夕法尼亚火车站，连拱廊
建筑师：麦金、米德与怀特事务所
交通流线中重复的韵律，强调它的通过性。引自《麦金、米德与怀特事务所作品专辑》

此外，正如我们所见，所有令人满意的开放式韵律，尽端必然有个结束。在任何室内，两旁的列柱都会指引人们在列柱间通过。在平面里，具有韵律的相关形式，必然形成运动感和方向感，人们在这些形状的提示下，在建筑里穿行。过往的人们，通过对韵律的感受，不仅形成愉悦的和连续的兴趣，而且对尽端要出现的某种重要的、精彩的和令人激动的事物有所期待。开放式韵律必须有结尾，该结尾必须是个足够重要的高潮，以证明方才的准备就是为它做的。

外部韵律远比开洞的排列或细部处理更为复杂，也更重要，这里有体量本身整体的韵律问题，有

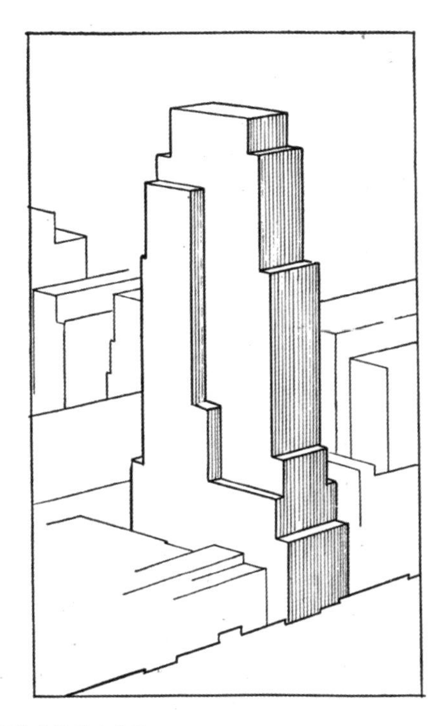
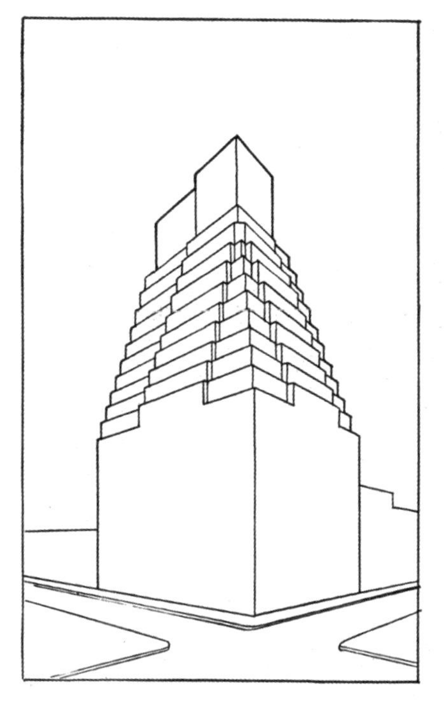

【图 190】建筑中的垂直韵律
左：纽约，《每日新闻》大厦，建筑师为豪厄尔斯和胡德。
右：纽约高层建筑。
在《每日新闻》大厦中，渐变和精巧的韵律相结合，产生令人极感兴趣的建筑体。右面建筑收进的规则韵律，对要收向何处无所准备，导致建筑本身只能单调乏味，整体缺乏条理。

端翼与中心趣味点之间的韵律问题，还有塔的优美外轮廓从下到上变窄的韵律问题（图 190）。

体量的韵律问题，在塔楼设计或在高层建筑的处理中，大概比其他地方可能得到更好的说明。我们说一座塔楼太轻飘了，或者说它的外轮廓太笨拙了，或者说它缺乏统一感。首先我们指的是决定其主要设计的变化着的高度、宽度及收进，没有可以识别的韵律基准。许多简单的美国早期殖民地式教堂尖塔很有效果，秘诀在于建筑师对以下关系的韵律直觉：坚实的方基与有着方形、八边形平面的向上抬升的各式台子之间的关系，以及这些元素与尖塔金字塔形结构之间的关系。

当然，许多高层办公楼设计也是如此。绝大多数城市，都需要耸立在街道上的高层建筑的那种收进，这就给建筑师成功地处理韵律提供了用武之地。旧金山的萨特街 250 号大厦，亲切的美感大部分来自对韵律的精心处理。洛克菲勒中心有彼此相同但略有区别的重复体量（图 191），这一切与它那精心设计的中断形成了一种极有趣味的韵律构图。在这类建筑中，纽约的《每日新闻》大厦有韵律的体积设计，可能已达高峰。在这里，法律所要求的收进，已被调节成一种必然的、诗意的美丽构图（图 190、192）。注意下这个建筑物和离它不远的某些高层建筑之间的对比，体积的控制依赖于严格遵守城市分区制法规，而不是依靠建筑师，因而产生了呆板而无条理的建筑。

【图 191】纽约，洛克菲勒中心，北面概貌

建筑师：赖因哈德和霍夫迈斯特，科比特、哈里森和麦克默里，胡德和富尤联合设计

有变化又有条理的垂直韵律和水平韵律。承洛克菲勒中心提供

【图 192】纽约，《每日新闻》大厦
建筑师：豪厄尔斯和胡德
适当而强烈的垂直韵律。承《每日新闻》提供

韵律具有一种超越人们意识、无可争辩的吸引力（图 193）。因而，假若从一个点有两个视野的话，其中一个有韵律而另一个没有韵律，观者就会自然和本能地转向前者。因而韵律设计又构成了一种方法，借此可以把眼睛和意志通向一个方向而不是另一个方向，把注意力通向建筑物的重要元素，外观和内景如此，平面和立面也是如此。例如，巴西利卡教堂有韵律的列柱，就是用于把注意力引向高潮——祭坛。

【图 193】康涅狄格州纽黑文，联合教堂，正视图
渐变的垂直韵律，造成早期共和教堂塔楼非常优美雅致。在这里，从教堂屋顶向上的图案是：小，大，更小，大（但不及第二段大），最小。

不同的建筑时期，对韵律类型的偏好大不相同，像希腊的装饰，表露出对小巧、规则和精心设计的韵律的热爱。卵箭饰线脚、水叶花饰及重复的卷叶饰图案，都显示出这一特点。它们也表明对曲线和直线交替的喜爱。没有比厄瑞克修姆神庙的著名装饰更能说明问题了（图 194），它说明希腊人所喜爱的韵律既复杂又明确。希腊人的这种韵律，本质上是线韵律：浮雕始终是规则的；阴影几乎被视为纯线条因素。形状韵律和明确的线韵律并重，是拜占庭建筑深雕装饰的特点，尽管在这里母题十分不同。

另一方面，古罗马人则喜欢更自由更有塑性的韵律类型。在古罗马的装饰中，浮雕常常相当多样。有些装饰要素大胆突出，有些则消逝在背景中，因此阴影不再像希腊装饰那样用线，而是代之以变换明度的各种区域。多数罗马装饰的基本构图，以极其自由的韵律进一步突出特色。从大到小、从高浮雕到浅浮雕、从自由游动的曲线等到紧密缠绕的螺旋线强烈的渐变，显示出罗马人所喜爱的典型的莨苕叶装饰和叶旋涡装饰的那种华丽韵律图案（图 195 ～ 197）。

哥特式建筑韵律的内容可谓多样，在较早期的实例中，韵律大体上更为明确，后来则更加自由和渐变。但是，整个哥特时期的建筑师，喜欢在他们的装饰里创建许多清晰、明确而持续不断的韵律。像哥特式墙上面板垂直线条的重复，以鲜明的休止突出塔尖和山墙边缘的卷叶浮雕饰（图 198、199）。

【图 194】（左）雅典，厄瑞克修姆神庙的壁饰和冠带线脚
希腊的装饰以明确、文雅和规则而著称。承韦尔图书馆提供
【图 195】（右）一个典型的罗马叶旋涡装饰
罗马的韵律比希腊的更加自由多样。承韦尔图书馆提供

【图 196】（左上）罗马，叶旋涡装饰，可能取自图拉真广场
承韦尔图书馆提供
【图 197】（左下）图 196 所示叶旋涡饰之细部
除线条外，还显示光影的变化，这是典型的罗马叶旋涡装饰的韵律。承韦尔图书馆提供
【图 198】（右）巴黎，巴黎圣母院，侧面细部
卷叶饰、山墙和拱的重复，体现了哥特式韵律强有力的特点。承韦尔图书馆提供

【图 199】巴黎，巴黎圣母院，塔楼檐口细部
注意卷叶饰的夸张，使其从地面看去可强调出塔楼的丰富韵律。
承韦尔图书馆提供

早期文艺复兴的建筑师们，继而趋向于简单而明确的韵律——但是有时候对韵律的处理，特别是在威尼斯，采用更自由的浮雕类型，那是文艺复兴的设计师们从罗马的源头发展而来的。后来在所谓手法主义的建筑时期，在总体设计和装饰中，存在极其自由的韵律内容，甚至有时几乎自由到把韵律的明确性都丢掉的地步。在巴洛克建筑的发展中，韵律再次毫不含糊地支配着所有的建筑设计。这里，无论是在建筑设计的大韵律上，还是在装饰的小韵律上，设计师做出的一类有秩序而带戏剧性的线条、体量和形状的韵律，从未被超越。

20 世纪对韵律的体验迷离莫测。现代建筑像现代音乐一样，韵律的概念多变，从追求最鲜明最规则的韵律，像那些办公建筑那样，到追求如此自由和所谓自然的韵律，以致韵律的基础几乎全部丢失，结果让人难以捉摸，意义尽丢。犹如音乐，一方面有爵士乐，极为依靠明确但复杂的韵律形式，而另一方面也有萨帝[1]音乐，在作品中拒不标出任何节拍等维度。在建筑里，韵律情趣多变，从弗兰克·劳埃德·赖特作品显示的明确韵律，到柯布西耶某些作品中完全捉摸不定的韵律。

在现代设计的复杂过程中，坚持经济、效率和功能的表现，避免无用的部位，韵律问题有时看起来似乎不那么重要了，甚至是多余的。不过，现代建筑师应该记住，伟大的建筑，总是以强烈而明确的韵律彰显于世的，也不要忘记，为了使今天的建筑成为动人的建筑，有必要弄清楚韵律的形式。

从上述内容可以明显看出，韵律在建筑设计中多么重要。借助体量或线条产生韵律，是取得紧凑和趣味极为可靠的手法之一；借助间距或开洞产生韵律，当韵律得到正确处理时，势必会在内部和外部产生有序的美（图 200 ～ 202）；借助支柱的排列和内部体积的处理产生韵律，创造贯通建筑内部空间的体系和形式。此外，室内的韵律，能很好地引导观者通过一个复杂的建筑平面，有助于形成高潮，并突出高潮本身的效果。因而，当建筑师意欲把他所设计的任何建筑物发展成一个系统的有机体时，韵律就是极为重要的手法之一。韵律关系，直接而自然地产生于结构与功能的需要，由创作灵感所掌控和安排，成为建筑美的主要因素之一。

---

1 萨帝（Satie），法国作曲家（1866—1925）。

【图 200】（上）罗马，贝壳喷泉
建筑师和雕刻家：洛伦佐•贝尔尼尼
生动的渐变韵律，形成动态的和典型的巴洛克特征。承韦尔图书馆提供

【图 201】（右）巴黎，苏比斯府邸，椭圆形客厅
建筑师：热尔曼•博夫朗
形状、线条、浮雕和色彩的交响韵律，把过于繁杂的装饰结合成有节制的统一格局。承大都会艺术博物馆提供

【图 202】法国加尔西，斯坦因别墅
建筑师：柯布西耶
窗户和墙面、封闭和开放区域、曲面和直面的有力韵律。承现代艺术物馆提供

为第六章所推荐的补充读物

Belcher, John, *Essentials in Architecture ...* (London: Batsford, 1907), pp. 71 ff.

Birkhoff, George David, *Aesthetic Measure* (Cambridge, Mass.: Harvard University Press, 1933).

Ellis, Havelock, *The Dance of Life* (Boston: Houghton Mifflin, 1923).

Greene, Theodore Meyer, *The Arts and the Art of Criticism* (Princeton: Princeton University Press, 1940), pp. 219 ff.

Hamlin, Talbot [Faulkner], *Architecture, an Art for All Men* (New York: Columbia University Press, 1947), pp. 81-87.

Hitchcock, Henry Russell, *J.-J. P. Oud* (Paris: Éditions Cahiers d'art [c1931]).

Johnson, Philip C., *Mies van der Rohe* (New York: Museum of Modern Art [c1947]).

Nobbs, Percy Erskine, *Design; a Treatise on the Discovery of Form* (London, New York, etc.: Oxford University Press, 1937), p. 146.

Raymond, George Lansing, *The Essentials of Aesthetics in Music, Poetry, Painting, Sculpture, and Architecture*, 3rd ed. rev. (New York: Putnam's [c1921]).

Whittick, Arnold, *Eric Mendelsohn* (London: Faber [1940]), Mendelsohn sketches.

第七章　布局中的序列

任何建筑物，要想证明它位于优秀建筑行列是当之无愧的，它的外观和内景对有敏感审美力、有观赏兴趣的观者来说，必须是一个独立的、连续的审美体验。因而，作为空间艺术的建筑，同样也是时间艺术；建筑物作为一个审美实体，存在于空间里，也存在于时间中。通常，对一座建筑物的纯粹瞬间感知，只会使观者对其整体构图的丰富性或它必须提供的重要信息有些许的领受。人们必须再三参观一座伟大的建筑，须从各个方向走近它，绕着它走，还要走进去，在那些有秩序的内部穿行。这时，它那真正的宏伟方能开始显现；只有经过这样的研究，经过一个时期的思考，它那真正的丰富性及正确信息才会显现。

这就解释了为什么对建筑物做任何二维表现都必然是不充分的。正视图与平面图，对其本质而言只是做了图解。以表现结构“真实”情景为目的的透视图，所能给出的只是许多可能的情景之一。即便是照片，也有这种局限性，无论多么精心选择，外景和内景的照片都只是片段的表达。也许精心导演的纪录影片，可能比别的艺术方法表达得更准确吧，可就算是这样，观众对影片的反应与对建筑物本身的反应也是两码事。因为比较固定、静止的眼睛（它恰是电影摄影机的镜头）与在现场游动掠过建筑物变化着的视野的眼睛之间，存在着明显差异。建筑像音乐，除了自身外，任何别的东西都不能恰当表达，所谓建筑表现，充其量不过是近似而已。

对建筑任何二维的静止表现，诸如图画、照片，与实际建筑物之间，还存在其他十分重要的不同。在一座优秀建筑中，每一个景观都与其他所有景观有着明确的关系，这些景观可能以一定的顺序出现在观众面前。甚至在最伟大的建筑中，也存在许多本身并没有多大意义的部位，只有通过这些部位把前前后后的体验联系起来时，才能使它们获得意义。作为一个画面，这些部位可能是简单、不连贯和紊乱的，但作为在时间上连续体验中的一个环节，它是必然的、正常的。

此外，当看一幅图画或一张照片时，不能把它当作二维空间艺术来评判，虽然它本身就是。因为当它用于实际建筑时，是均衡还是不均衡，是美还是丑，情况可能纯属偶然。譬如，可以想象，给漂亮的建筑照片配上深色的天空，常常会使照片笼罩着戏剧般的气氛；或者给图画配上云彩和树木，建筑的描绘者就会使他的表现构图称心如意。图画或照片和建筑本身之间的本质不同，还在于时间。一定要知道，对建筑作品的鉴赏和理解，是建立在一系列接连不断且相关的不同体验之上的。对建筑物的美学感受，就像对交响乐的感受，那些连续不断变化着的因素犹如源源不断的涓涓细流（图 203）。

【图 203】巴黎，巴黎圣母院，围廊内景
运动、序列和相应的时间因素，在大型建筑和许多视觉表达中必不可少。

除了最简单的要素之外，建筑师在任何设计中都必须考虑这一事实。他必须是可见的房屋交响乐的作曲兼指挥，通过他的布局引导着观者登堂入室。他决定着观者先看什么，再看什么，后看什么。建筑物的成功，往往需要依靠这些印象的正确顺序，以及每个建筑物局部的精彩。

那么，当一个人在建筑物里从一点走到另一点时，他实际看到的是什么呢？他**看到**光线、阴影或不同色彩的体量和形状。他**看到**明度或色相的垂直和水平特征。但是，他所**感受到**的就大不一样了，因为每种视觉感受，必然而幸运地与他总体记忆感受的整个背景——心理学家称之为“知觉群”（apperception mass）——联系起来。因而，他摆脱了这些形状、线条和色彩的干扰，构建了一种意义。他从感性体验中推断出结构、美学和功能上的实际情况。线条和阴影的垂直特征，可以被理解成桩、立柱或者开洞的边沿；光线和色彩的面，可以被认作墙面或那些墙面上的开洞。远近自如的视力（bifocal vision），已经在原始感觉体验中，发展成为对距离和尺寸的某种鉴赏。从这些可以依次推断出空间和高度的概念。因此，从他在建筑中所获得的变化着的印象，从这些体验对他的意义，他就能够判断出建筑物的形式构成、房间的形状和尺寸、开洞的位置，以及一个部分与另一个部分的相互关系。此外，那些形式上的关系，会提示出功能上的想法及美观或壮观的感觉。如果该建筑物是一个好的设计，那么这些总体连续的形式感受，将是紧凑、统一和美观的。

可是一般观者的推断，并不仅限于对形状的认知上，他还要判定一下建筑物的结构特性和使用特性。他要了解柱子和墙或此二者在支撑什么，要了解他头上的天花板是被支撑着的。他要设想柱上，或梁上、拱上、拱顶上的力，还要了解这些形状存在的目的。他要注意到这个空间是厅还是廊，那个空间是讲演厅还是小教堂。根据他的所见，他会知道一个空间是供休息娱乐的，而另一个是用餐的，这片区域用来睡觉，那一片用来工作。这样，甚至没受过建筑教育的人，也能从早期生活所获得的体验中，了解建筑的初级概念，即建筑为结构物，为人类从事活动的掩蔽所。建筑师的责任是，使这些连续不断的结构和使用印象，如纯形式上的连续形状给人的体验，和谐而有意义，紧凑而有条理。换句话说，在优秀建筑中，**结构的序列**、**功能的序列**和审美的序列，统统必须紧凑而有条理。因此，建筑师的首要任务之一，就是要用这个组织序列的方法去进行设计，这是正确的方法。要抹掉观者心中的这一过程是不可能的，因为人的内心禁不住要自动做出这些判断，捕捉这些判断之间的关系，无须特意进行困难的有意识的训练。每个人在任何建筑中都会产生这种感受，不管他要还是不要。它将是悦人的或烦人的感受，而建筑师的责任是让它看起来是悦人的。很遗憾，当今世界到处充斥着拙劣设计，有些建筑简直装腔作势，以致一般人对建筑感受的特性早已麻木不仁，像那些住宅紧靠铁路的人，他们对于过往火车的嘈杂声响，迟早会变得若无其事。

让我们举结构和功能序列方面的一好一坏的两个例子。前面已经说过，在迪尔伯恩的福特博物馆（图 204），其结构序列——从佐治亚式天花板、墙及建筑正面的孤立开洞，到后面的展览厅的钢梁和大块玻璃，都十分粗陋。每个部位给人的感受彼此冲突，甚至让外行看来也是如此。与此相反，为什么哥特式大教堂的效果令人印象深刻，原因之一就在于，从内外每个视点观察，它的结构系统绝对紧凑。所有设计良好的住宅，都能显示合乎逻辑及有序的功能序列这个令人欣喜的特点：从正门通道穿过门厅、正厅到起居室，显示出令人愉快的起居活动组合；同样，从后门通过厨房、配餐室到餐厅这一序列，也有一种有序的和有意义的统一（图 205）。

与之相反，假如一个人不得不穿过配餐室从厅到起居室，或者通过厨房从一个卧室到浴室，这种安排明显是荒谬的。对所有功能逻辑的否定，会大大损害任何细部和陈设的美观。在美国，你会发现有许多拼连住宅，要进卧室不得不穿过餐厅，也有大批改动过的公寓，到达浴室必须路过厨房。这些体系不仅造成恶劣的、无组织的和难以安排的生活，而且不可避免地会成为一个拙劣的建筑（图 206）。

有一个原则适用于所有艺术的序列，那就是每个序列必须有一个开始和明确的结尾。在这方面，

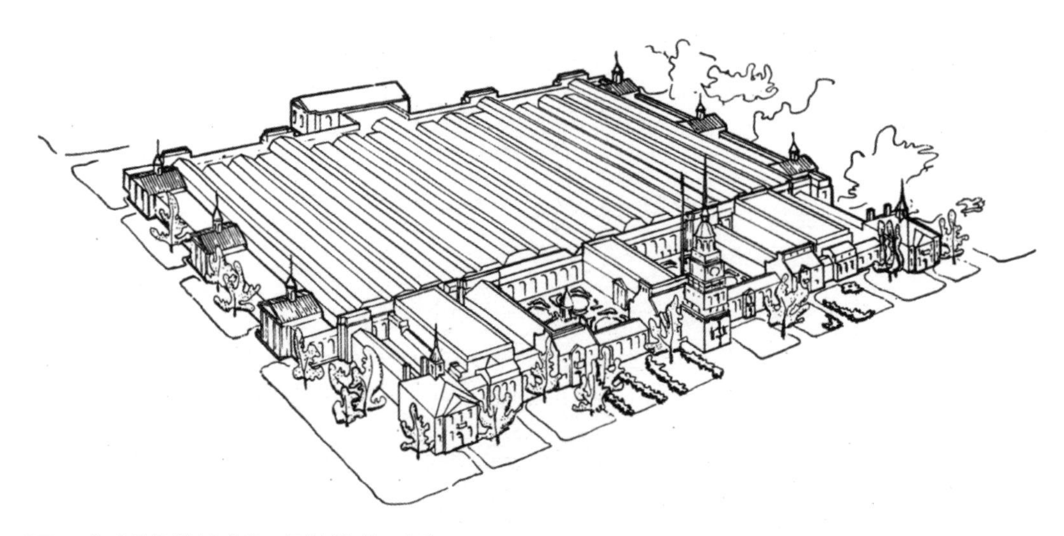

【图 204】密歇根州迪尔伯恩，福特博物馆，鸟瞰

看一眼这张图立刻就会发现，美国早期殖民地式建筑的外部展馆和外墙，以及带有采光顶的标准工业建筑跨间的主体核心部分之间，根本不一致。这两方面所显示的任何序列，只能是结构和外观的根本对立。

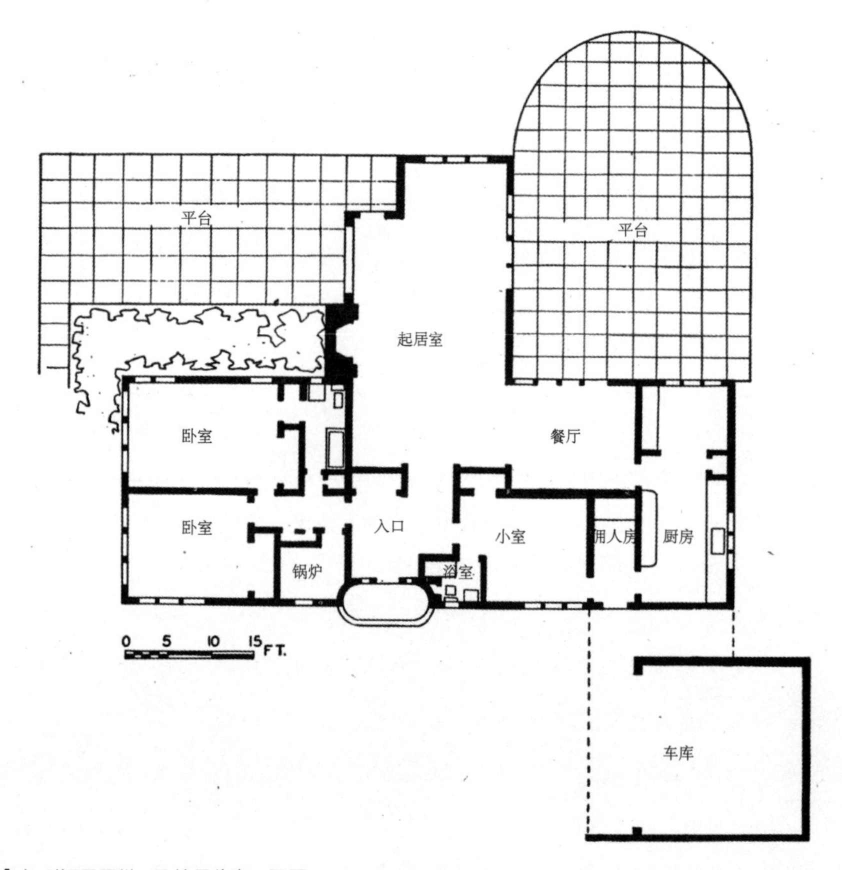

【图 205】加利福尼亚州，马林县住宅，平面

建筑师：W. W. 沃斯特

这一平面表明了合乎逻辑的与美的序列设计的本性。从杂务入口到厨房到餐厅或者到正门，都有直接而简单的交通流线。从主要入口到起居室，或者到卧室一翼，路径也同样简捷，细心考虑到了每个单独的序列的相对重要性。小室也这样设置，既灵活又适用，把它作为客人卧室或女佣室视需要而定。

【图 206】（左）典型的拼连住宅，平面
家庭的布局中，序列不合逻辑，餐厅变成了起居室和各卧室之间的通道。引自《美国都市住房的重建》
【图 207】（右）趋向一个高潮的示意图
较小要素在每一边平衡，有助于使行进序列朝向轴线上的高潮。这一高潮必须有足够的分量，以与它的位置相称。

建筑设计类似写作中的修辞原则。建筑的序列在入口处自然地开始，必须同样自然地通向某种明确的结尾。这一结尾，必须是序列在艺术和功能上的高潮（图 207），如果这一高潮并不足够重要或美观以使通往它的通道看起来值得，观者势必会产生一种挫折感，这座建筑也会因不得要领而令人大失所望。伟大建筑的布局藏有极大的秘密——每个自然序列的结尾处，都会提供一个充分的高潮。

但这不是故事的全部，贯通整个建筑的完整序列，可能需要通过或越过高潮，达到一个自然的出口，或者另外所需的次要部分。这个序列和从入口到高潮的原始序列几乎一样，也有可能是周密处理而富于想象的设计主题（图 208 ～ 210）。正像从入口到高潮的行程设计产生渐强的趣味一样，序列通过或经由高潮到次要元素或一个出口，能够布置得紧凑而有意义；它能从一种高潮的激动进入一种常见的愉快和缓和，形成一种平稳的渐弱（图 211、212）。

由此可见，许多成功序列布局的精髓就在于，它为后来要看见什么做了充分的准备。我们也能看到，形成高潮的心理反应是多么重要，这是由任何视觉体验所造成的（图 212、213）。那么，问题就来了，美学上的准备是怎样产生的呢？首先我们会马上说，在建筑美学欣赏中，发生在我们面前的任何事物，都会改变接下来的建筑体验。正如音乐一样，我们得到连贯的设计感觉，那仅仅是因为从一个瞬间到下一个瞬间的一种记忆的叠加，是有意识或无意识对先前已有记忆的叠加。而在建筑中，由于类似的叠加，连续不断的视觉感受就被联系了起来。更进一步说，一个新的刺激加到一个原先存在的刺激的记忆上，随即会对随之而来的是什么产生一种期待；这种期待的属性及它与高潮的关系，是建筑设计中最为重要的因素。

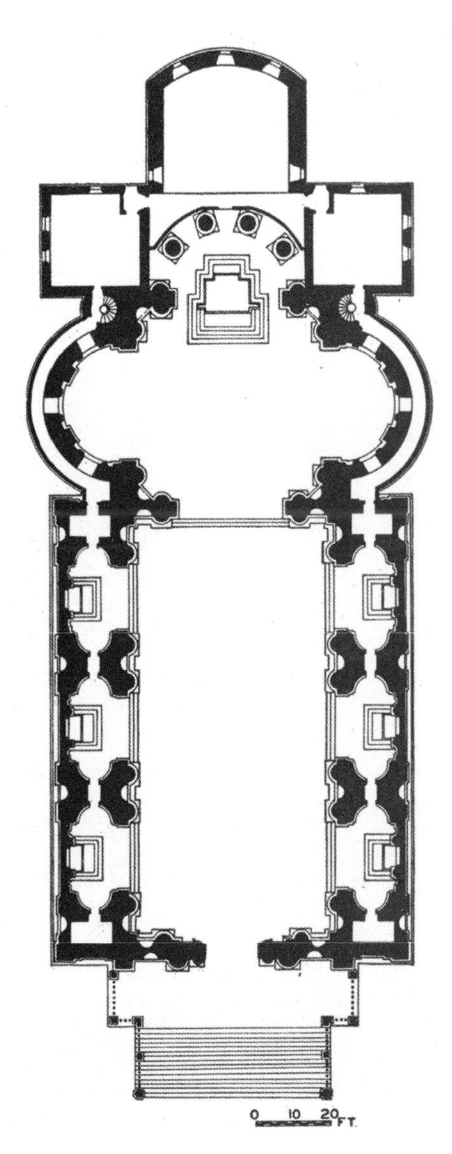

【图 208】（左）意大利，威尼斯救主堂，平面

建筑师：安德烈亚·帕拉第奥

平面显示主要序列贯穿并超越主要的高潮——高祭坛。圣器室的拱顶可以从半圆形后殿的柱间看到，提示后面还有建筑空间。这个序列是视觉上的而不是真实的。

【图 209】（右上）意大利，威尼斯救主堂，内景

建筑师：安德烈亚·帕拉第奥

看向半圆形后殿柱子，可以看出越过圣坛高潮的序列。承大都会艺术博物馆提供

【图 210】（右下）维也纳，（圣）卡尔教堂，内景

建筑师：埃拉赫

一种超越高潮的序列，用祭坛陈设处对自然敞开的空间来显示。承哥伦比亚大学建筑学院提供

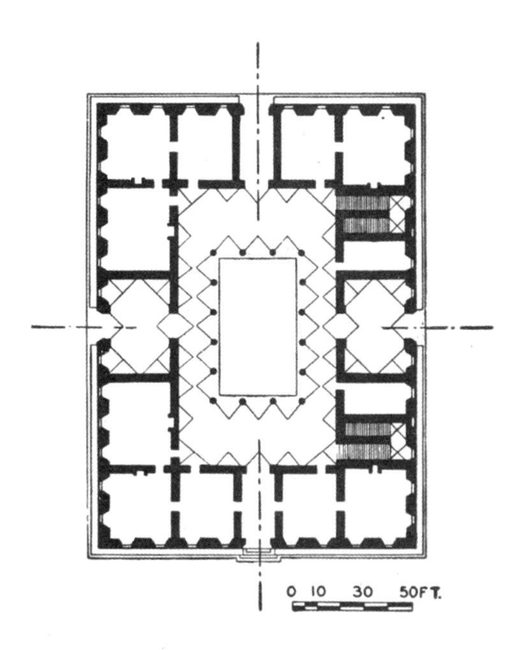

【图 211】意大利佛罗伦萨，斯特罗齐府邸，平面

该平面以四个从门到庭院的简单轴线序列为特点，庭院是高潮。在较宽的内院拱廊两侧设楼梯，而使它们重要起来，它们变成了上楼梯后，下一个序列的纽带。这些序列在两个方向上都做得一样好，形成一个从门到庭院的渐强，以及从庭院到门的渐弱。

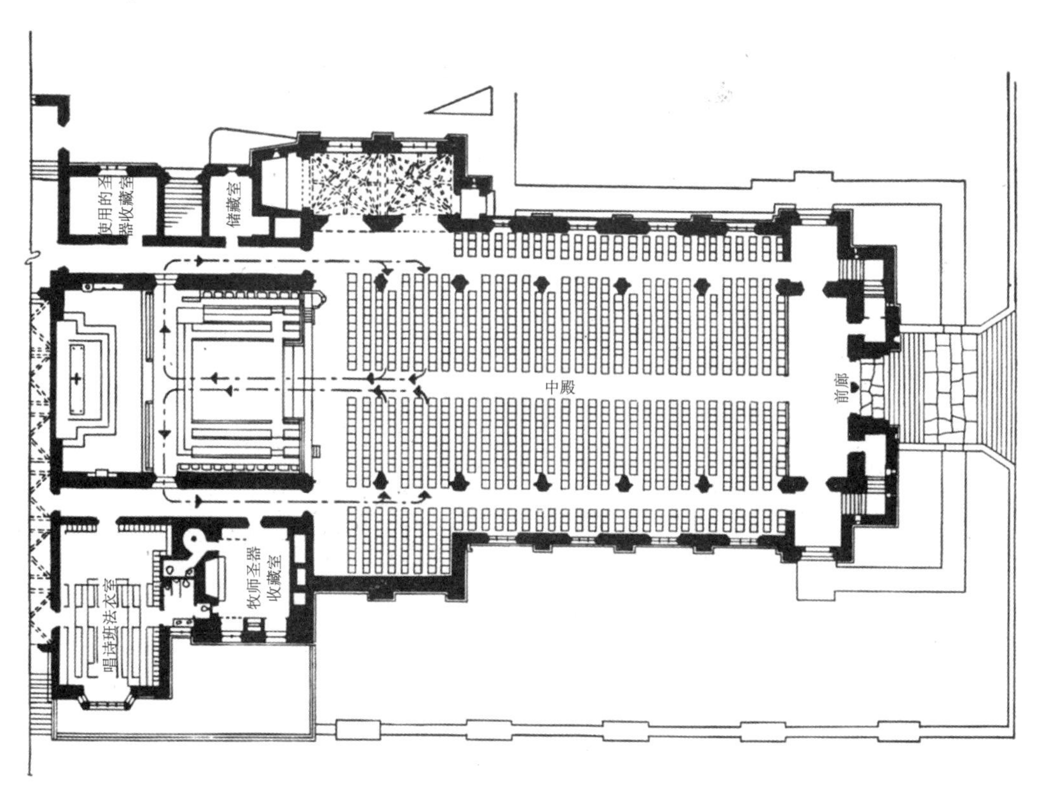

【图 212】纽约，代祷小教堂，平面局部

建筑师：克拉姆、古德休和弗格森

虚线表示圣餐仪式的交通路线。这个序列的重要性在于，就仪式情感的影响而精心设计了一种走向祭坛前圣餐围栏的渐强，然后设计了一种走向旁边侧殿和座位上的有节制和亲切的渐弱。

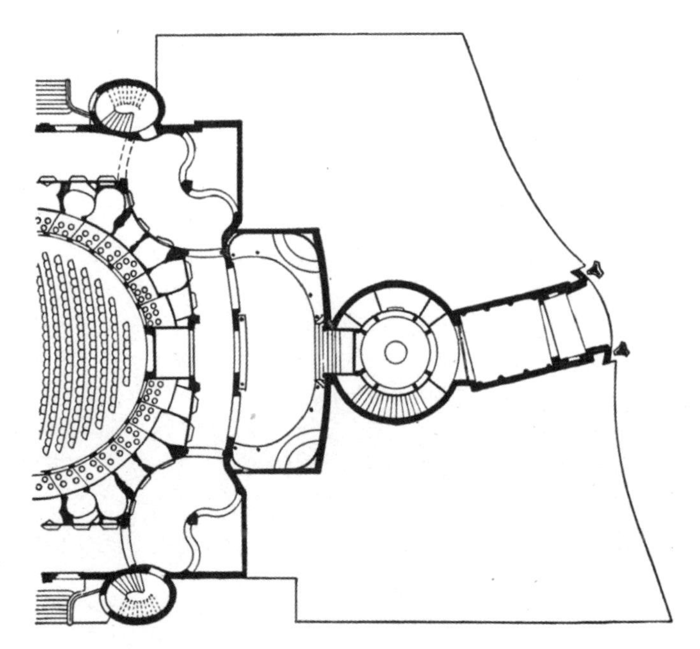

【图 213】柏林，康莫迪剧院，入口平面

建筑师：奥斯卡·考夫曼

这表明建筑室内外都保持了洛可可精神，形式和谐，序列自然流动。售票处及管理室在圆屋顶之下，过厅角上有小酒吧，衣帽间设置在剧场主体的角部。

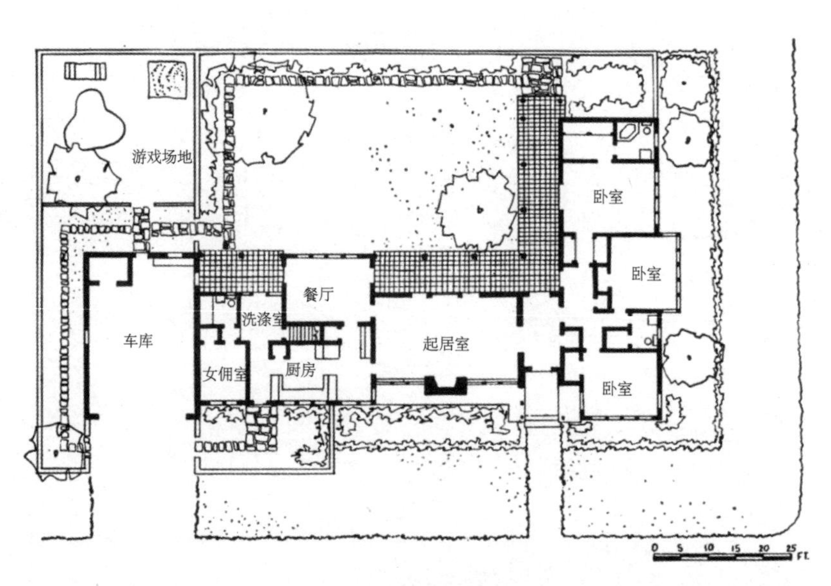

【图 214】加利福尼亚州，利兰庄园的住宅

建筑师：B. M. 克拉克和 D. B. 克拉克

平面以精心处理的丰富多变序列为特色。门厅是进入起居室和庭院柱廊的过渡和准备空间，所有的序列最后引至花园，它至少是视觉上的高潮。这样，户外活动的重要性及户内外活动的统一性就表达了出来。还有一种有效的合乎逻辑的供应系统的序列。

因此，所谓为高潮做准备，从根本上来说，就是为建筑的序列加上期望，而这点可以通过许多办法做到。首先，假若我们有一列由类型大致相同的元素组成的连续序列，其中每个元素都比前一个大些，观者通过这一连续的序列时，将能体会出一种从小到大连续不变的韵律，从而期望更大元素的到来（图 214、215）。所以，当一个人经过一个尺寸相对较小的门，进入一个尺寸也小但比门高些的门厅，再从这里进入一个更大些的厅时，就会产生前面会出现更大空间的期望。在许多优秀的住宅设计中，经常见到这种类型的序列，大的起居室自然完成高潮的使命，这对先前出现的序列来说是合乎逻辑的结尾。在此，效果是让人有种满意和审美愉悦。在许多小型住宅里，起居室是从一个入口直接进去的，

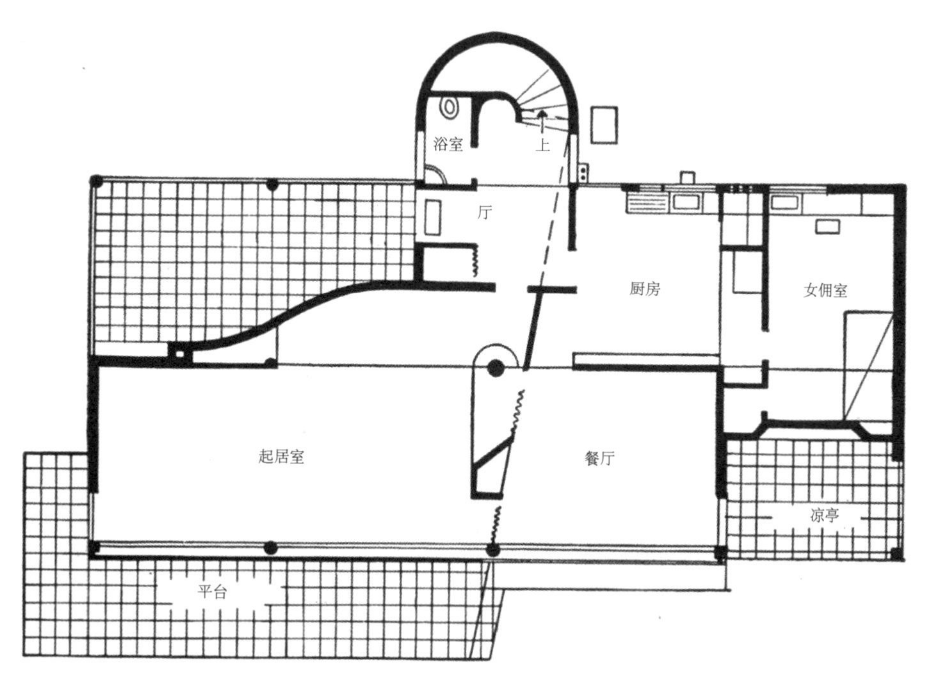

【图 215】英格兰的住宅，首层平面
建筑师：奥利弗•希尔
一个有着丰富而有效序列的平面：入口门廊到门厅，门厅到起居室，起居室到平台。注意，起居室弯曲的墙体把注意力直接引向对面。起居室端墙一角，为门厅的天花板处理做准备，起居室入口的重要性被柜橱曲端和支柱强调出来。

在这种准备少的情况下，起居室常常显得比应有的尺寸小，也更次要，而与之相应的是，美学上的满意度也更少（图 216）。有的地方需要这样的平面类型，建筑师必须极为精心地处理好起居室门与其他房间的关系，必须试图通过它的细部建立某种逐渐的过渡——它从根本上说，是从室外到起居室的实际高潮之间的一种准备（图 217），可以是壁炉或其他有趣的家具组合。在许多教堂里，可以找到有点类似的准备，可以用门厅和宽阔的前廊去为那个体量更高大的教堂主体空间做准备。在巴黎圣母院，沉重的拱柱支撑着塔楼内角，其作用就与此手法有些类似。这是第一类普遍的准备类型，一般依靠从小到大的简单过程来完成（图 217）。

第二类准备是用一系列明显的要素，通过感受其有规则的开放式韵律来形成。例如用一列柱子或拱柱（图 218）。如我们所知，开放式的韵律，无论是规则的或是渐变的，都需要一种结束。当人在建筑中穿过一组看来长度不定的开放式韵律时，不可避免地会对前面产生某种期望，而且韵律越长，期望的情绪越高，由此引出的高潮必然更有地位，也更富戏剧性（图 219、220）。所以，当一个人信步穿过罗马圣彼得广场的柱廊时，看到那数不胜数的柱子依次在面前闪过，从而产生一种强烈的期望，以至于只有圣彼得大教堂惊人的尺寸和壮观场面，才有资格被称为高潮（图 221、222）。在许多现代建筑平面中，尽管有系统性和高效性，但是存在一定的缺陷，那就是没有充分的高潮存在，例

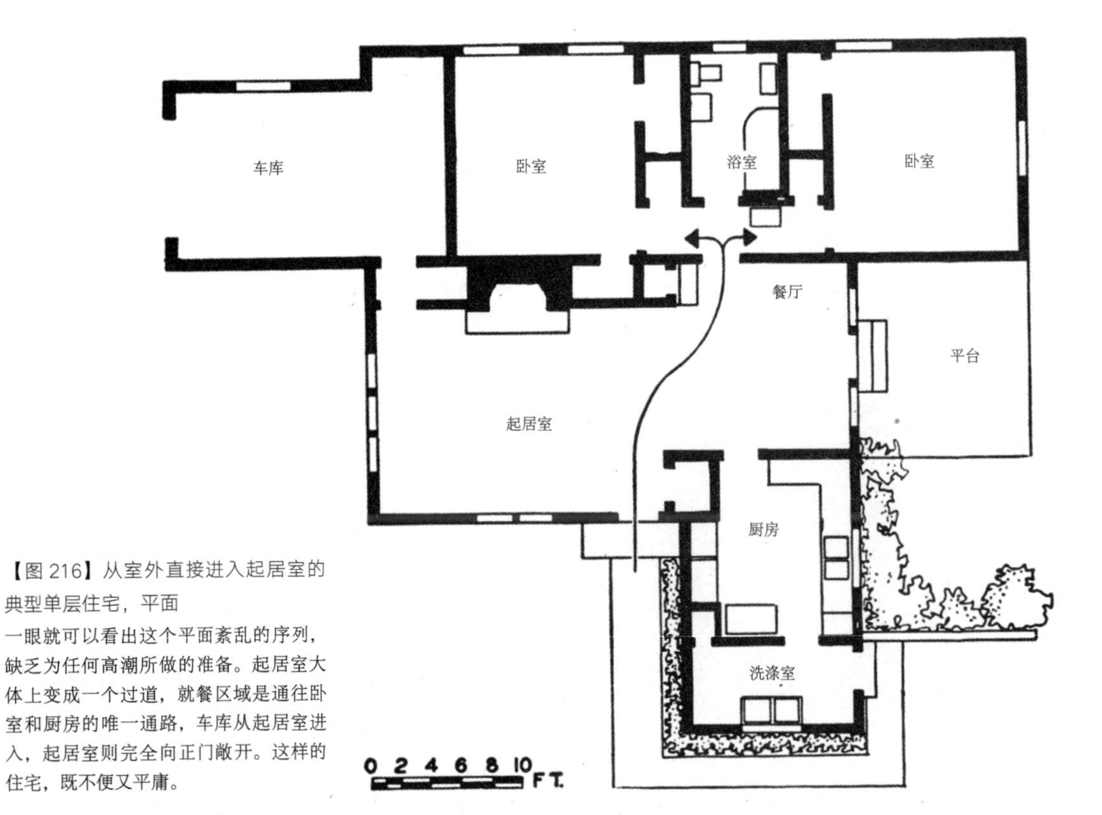

【图 216】从室外直接进入起居室的典型单层住宅，平面

一眼就可以看出这个平面紊乱的序列，缺乏为任何高潮所做的准备。起居室大体上变成一个过道，就餐区域是通往卧室和厨房的唯一通路，车库从起居室进入，起居室则完全向正门敞开。这样的住宅，既不便又平庸。

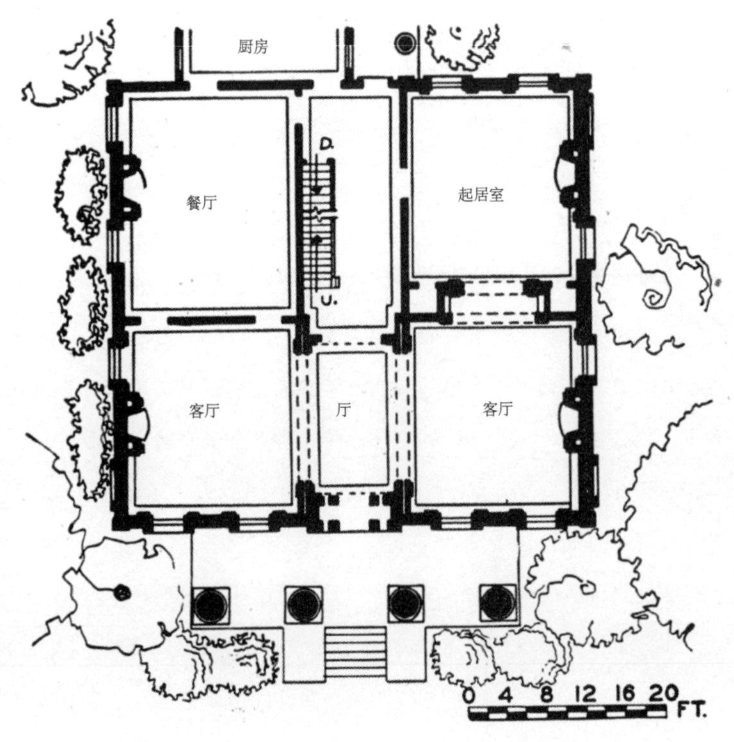

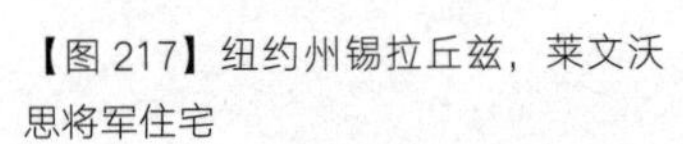

【图 217】纽约州锡拉丘兹，莱文沃思将军住宅

在一座希腊复兴式住宅中出现的、堪称经典的铺垫和高潮。大厅形成一个方向性的交叉口，经过精心处理，可以过渡到两侧的客厅。同样，右侧客厅中的凹进在客厅和起居室之间形成了微妙的过渡元素。整体组合紧凑，每个细部形式在总序列组成中都有其意义。

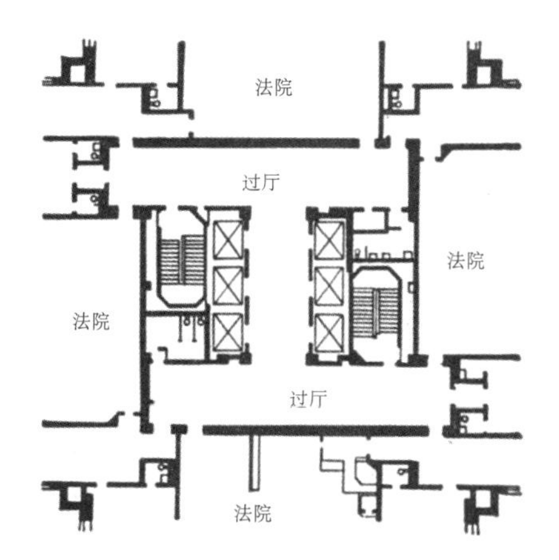

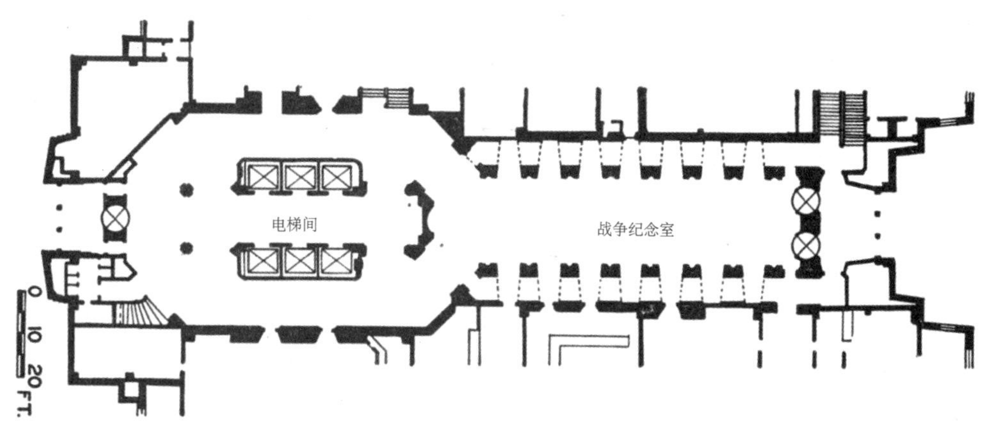

【图 218】威斯康星州密尔沃基，法院，底层平面和审判室层典型平面

建筑师；霍拉伯德和鲁特

上：在审判室层典型平面上，审判室由宽敞的过厅通向电梯厅，它的大小足以容纳那些候梯者和来法院办事者。通向裁判室的实际入口，由于设置不当，以及尺寸、位置的不显眼而遭到批评。从次要门到走廊及到服务地带，平面中也没有什么东西可以区别它们。

下：从各个入口去战争纪念室，或穿过它到电梯厅形成的一种复杂的序列模式。支柱的重复韵律，给高潮做充足的准备。而且，在战争纪念室内端对角处开放的出口，暗示还要经过前面的高潮壁龛墙，才能到达前面的电梯间。

【图 219】华盛顿，华盛顿联合车站，连拱廊内景

建筑师；D. H. 伯纳姆

通向高潮的强烈序列表现，是由巨大的尺寸和主要入口的宏伟拱券完成的。

引自《格雷厄姆、安德森、普罗布斯特和怀特建筑作品》

【图 220】英格兰，格洛斯特大教堂，回廊内景

强烈的、有节奏的序列强调，在角上的转弯明确地表达出来。承埃弗里图书馆提供

【图 221】罗马，圣彼得广场，总观

建筑师：洛伦佐•贝尔尼尼

柱廊作为一个有影响力的序列要素，把人引向教堂立面。承韦尔图书馆提供

【图 222】罗马，圣彼得广场，柱廊细部
建筑师：洛伦佐•贝尔尼尼
列柱的韵律行列，通过构图提示并丰富了行进进程。承韦尔图书馆提供

如洛克菲勒中心美国无线电公司大厦的主要过厅和边廊（图 223、224）。建筑物支柱的开放式韵律鲜明而有力，当人们从这里走过时，不可避免地产生对高潮的期望，可是期望落空了，甚至夸张的塞特壁画（Sert murals）也不能充分让人满意。但这个实例在另一方面也有启发性，它说明穿过一个建筑物的序列在一个方向上所起的作用，可能比另一个方向上的好。假如一个人从第六大街一边进来，这个方向的序列要比从另一方向进来的序列更令人满意，因为行进过程中元素一般是从小到大的，洛克菲勒广场本身起着一种高潮的作用。该建筑物的主要入口还在洛克菲勒广场上，而从这个方向通过建筑的序列，就不得要领，而且也败人兴致，因此，在某种意义上，建筑本身是矛盾的[1]。

不同高程面的变化，也能使人产生一定的期望。这里，纯审美的考虑被常识性的感受所强化：要上台阶，必须在视野范围内有某种明确目标；升得越高，造出与这种高度相匹配的高潮就变得越重要（图 225）。用变化的高程为高潮做准备的想法，经常得到采用，特别是在巴洛克时期和 19 世纪的许多折中主义建筑作品里。维尔茨堡府邸，可以作为一个著名的例子（图 226 ～ 229）。在这里，从一个方形的门厅，继续走上一个极尽人间华丽之能事的楼梯段，最后来到宏伟的椭圆形王宫正殿或观众厅，

---

1 当然，实际上对那些在建筑大楼中办理业务的人而言，序列最明显的不是从一个入口到另一个入口，而是从任意入口到电梯厅。但是这一序列似乎没有特征，因为电梯厅几乎是隐蔽的，要去那里就得从主要走廊转弯，而在转折点也没有任何形式的建筑标识。

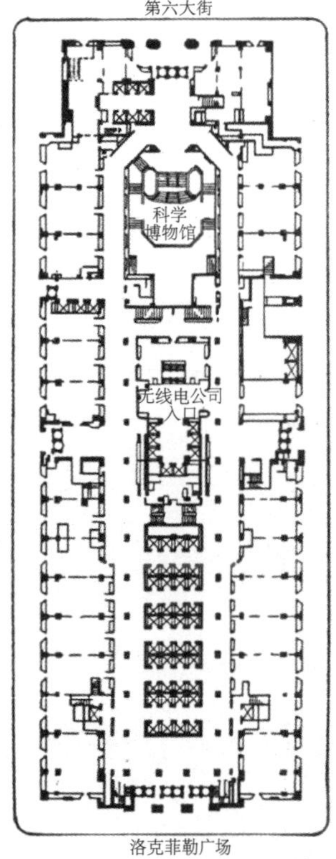

【图 223】（左）纽约洛克菲勒中心，美国无线电公司大厦，首层平面

建筑师：赖因哈德和霍夫迈斯特，科比特、哈里森和麦克默里，胡德和富尤联合设计

注意列柱两旁的走廊是怎样排列的，也要注意小尺寸的电梯厅及其隐蔽的特点。它们的安排，对来访者来说没有特别明显的理由，没有在建筑上加以强调，没对它们的出现做出建筑上的标识。

【图 224】（右）纽约洛克菲勒中心，美国无线电公司大厦，过厅内景

建筑师：赖因哈德和霍夫迈斯特，科比特、哈里森和麦克默里，胡德和富尤联合设计

柱子赋予序列一种有韵律的意趣。承洛克菲勒中心组织提供

【图 225】意大利卡普拉罗拉，法尔内塞别墅，阶梯和喷水池

建筑师：G. B. 维尼奥拉

一个强烈的轴线序列，体现出不同高程面的变化，并通过侧墙和中央的喷水来加强。承埃弗里图书馆提供

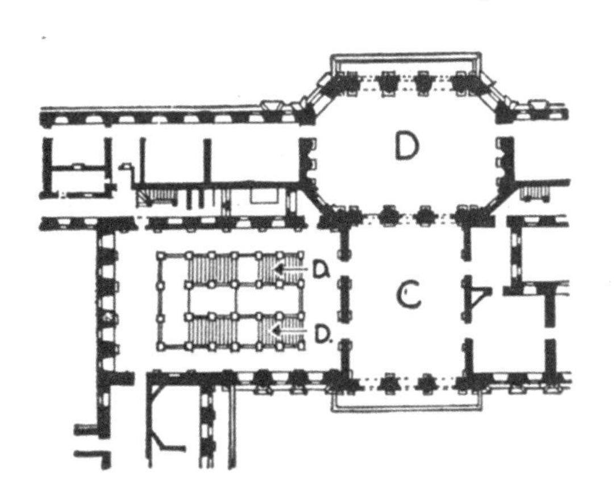

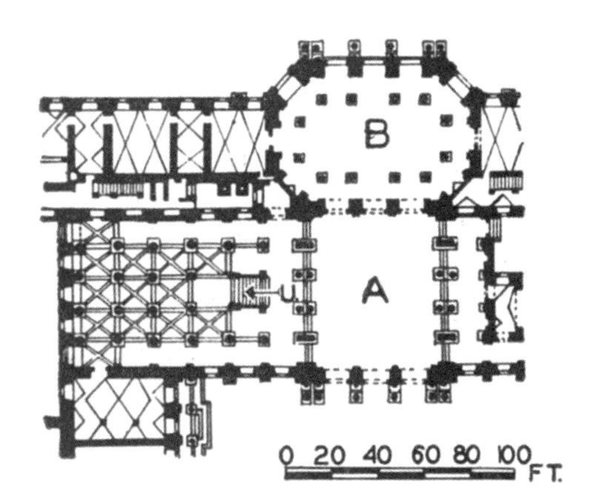

【图 226】德国，维尔茨堡府邸，首层平面和显示主要入口和楼梯的主要平面，局部
建筑师：德诺伊曼、博夫朗及其他
进入近乎正方形的门厅 A，正前方是花房 B，但由于来自左面楼梯厅的光线，所以人们会自然地朝它转去。继续上楼，经过著名的蒂耶波洛设计的天花下部，来到前室 C，由此进入极端奢侈且是整个序列高潮的王宫正殿 D。

【图 227】（上）德国，维尔茨堡府邸，入口大厅
建筑师：德诺伊曼、博夫朗及其他
见图 226 说明。引自塞德梅尔和波非斯特的《维尔茨堡侯爵主教府邸》

【图 228】（右）德国，维尔茨堡府邸，楼厅内景
建筑师：德诺伊曼、博夫朗及其他
引自塞德梅尔和波非斯特的《维尔茨堡侯爵主教府邸》

【图 229】德国，维尔茨堡府邸，王宫正殿
建筑师：德诺伊曼、博夫朗及其他
引自塞德梅尔和波非斯特的《维尔茨堡侯爵主教府邸》

【图 230】法国，巴黎歌剧院，主楼梯
建筑师：查尔斯·加尼耶
一种极为夸张的不同高程面变化的序列。承埃弗里图书馆提供

大厅中令人赞叹的富丽和曲线的趣味相结合，形成充分的高潮。这一切都因趋进楼梯而被激发出来。加尼耶设计的巴黎歌剧院，提供了一个类似的例子，用华美的楼梯通向高潮——巨大的观众厅本身（图 230）。

在少数情况下，也有用从大到小的渐变来为高潮做准备的。不过在这种情况下，作为高潮的那个“小”，必须具有功能上的原因，而且在贯穿序列的行进过程中，一般是逐步增加其丰富性的。在许多埃及神庙里，这种情况很显著（图 231 ～ 233）。那里的高潮可以是一个矮小的神堂，对它而言，一系列广阔的厅堂和庭院，只不过是序曲而已。

另外一种为高潮做准备且有观剧性效果的方法，是利用各内部空间产生的光照效果特性，可

【图 231】埃及，伊德富神庙，多柱大厅和至圣之所正面
这两张图说明从大到小的序列，显示出埃及神庙的设计特点。承韦尔图书馆提供

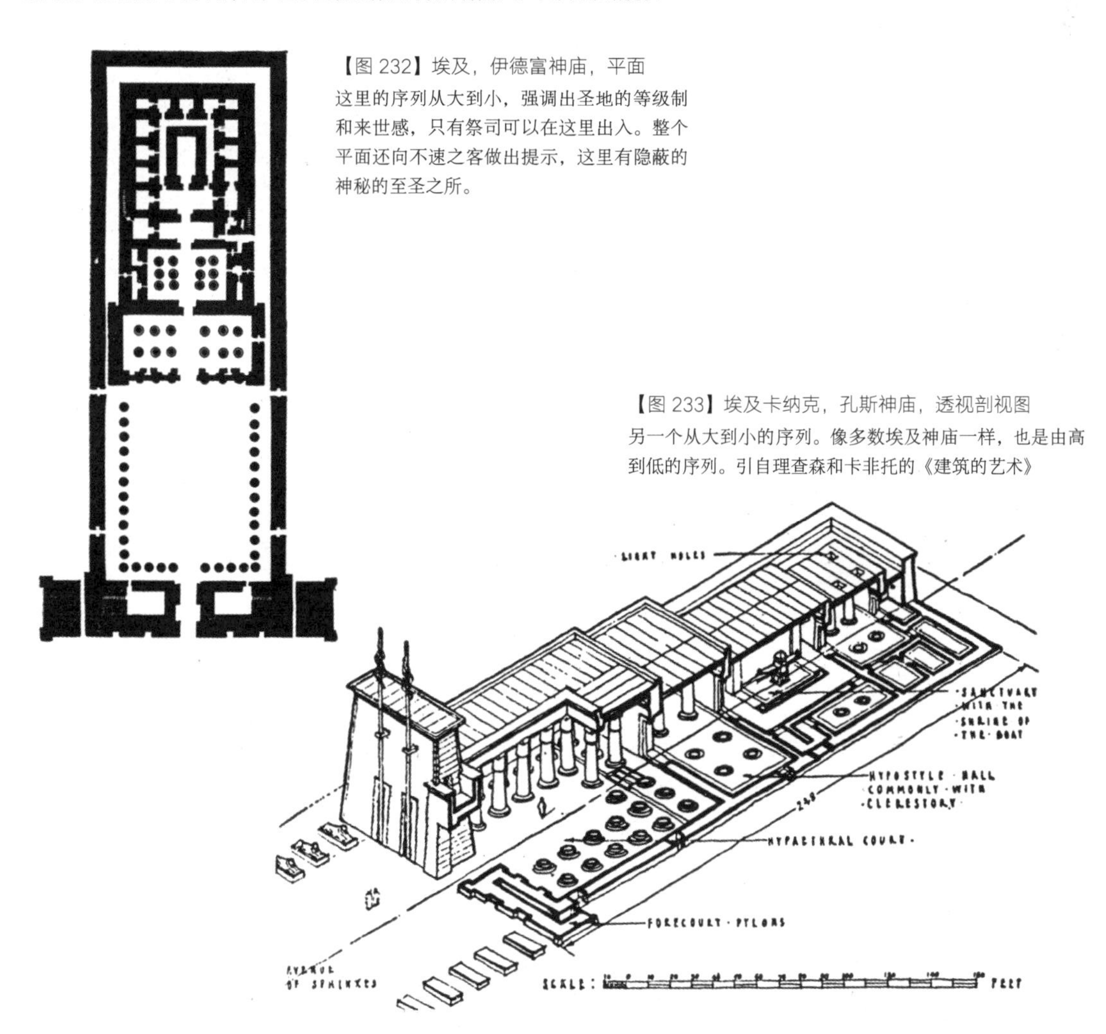

【图 232】埃及，伊德富神庙，平面
这里的序列从大到小，强调出圣地的等级制和来世感，只有祭司可以在这里出入。整个平面还向不速之客做出提示，这里有隐蔽的神秘的至圣之所。

【图 233】埃及卡纳克，孔斯神庙，透视剖视图
另一个从大到小的序列。像多数埃及神庙一样，也是由高到低的序列。引自理查森和卡非托的《建筑的艺术》

【图 234】英格兰，林肯大教堂，内景
一种宏伟的序列，提示巨大的长度和有力的高潮。承韦尔图书馆提供

以是光照强度特性，也可以是色彩特性。一般说来，在趋近光彩夺目的高潮时，可以运用逐步增加光度值的方法来做准备。在许多哥特式教堂中，圣坛的设计，就比别的任何场合更有意识地处理光线效果（图 234）。在中殿里，由于所见的窗户只是隐退在强烈透视之中的，所以所显示的宽度已大为缩小。但唱诗台的窗户在圣坛处却显出足够的宽度。横过这里的十字耳殿很重要，一束束光线从隐藏着的耳殿窗户横向射来，成为向光色相映、金碧辉煌的圣坛过渡的准备。巴黎的荣誉军人教堂，就是通过光线的色彩变化，提供了一个有戏剧效果的高潮。光线突然自圣坛两侧金黄色调的玻璃窗被导入，笼罩着光彩夺目的祭坛，令人难以忘怀（图 235、239）。

考虑到这些，我们可以推论出一定的普遍原则，其一就是用大为大做准备，用小为小做准备。不过这也有许多例外，因为在许多杰出的建筑中，大房间作为高潮的重要性，往往是用对比，或用一些小的因素为它做准备来增强的。尽管如此，在大多数情况下，一般原则仍然适用。

另一种与之相关的思想，在 19 世纪折中主义建筑中得到了很大的发展。这就是大的房间必须有厚墙，以使所有进去的人，都会经过显示出墙体厚度的门或门洞，这成了规律。毫无疑问，过去的许多砖石建筑，就是以显示厚度来增强构图效果的。毫无疑问，巨大的砖石结构重量牵扯到大厅的屋顶，

【图 235】德国法兰克福，圣卜尼法斯教堂，内景
建筑师：马丁·韦伯
作为一个简单序列的高潮，它是由巨大的高度和圣坛灿烂的光照实现的。承哥伦比亚大学建筑学院提供

势必要求做厚墙、重柱和深扶壁。然而今天问题不同了，那些古老的所谓原则大都失掉了意义。在今天，钢和钢筋混凝土的现代构造方式，使得相对较小尺寸的柱子可以承载几乎任何所需尺寸的重量。而在框架结构中，分隔空间的墙，仅是个屏风而已，它可以按照意愿做得很薄。在这种情况下，再去照搬老一套的做法，显然荒诞不经了。

从美学上说，这成为让设计现代建筑变得困难的事情之一。建筑师仍困惑于为高潮做充分准备的必要性。建筑师依然面对这一事实，从视点出发，为大型要素做准备，设法促成“宏大”这一印象。虽然柱子纤细、屏风单薄、门洞也没有可以判断其厚度的门侧，但这种准备还是要做，因而这也是建筑师们所面临的一种挑战。幸运的是，现代材料为解决这个问题提供了可能的方法。玻璃屏风的采用，使得穿过和超越直接围合的通透视野成为可能，为新型视觉准备创造了机会。我们不能接受那种论点，即采用现代化的建筑方法，就必然失去有序建筑效果的机会，或者建筑师势必在设计中不自觉地漠然忘掉人们曾经向往了千百年的具有美学意趣的类型。我们必须明白，现代建设虽已改变了我们解决问题的基础，但并没有摧毁解决问题的可能性，也就是说形成新型视觉效果是可能的；伟大的建筑师，将像先前时代的建筑师们运用老的类型一样，以富有想象力、富有创造性、有序的方式运用这些新的类型。

这里有必要提醒一下，在各种纯实用的建筑中设计序列高潮，在事实上是不合逻辑的。例如，有大量小储藏室而各室又同等重要的库房便是一例。还有一些别的类型，设计高潮实际上也无益，因为人们会在出现高潮的地方倾向于瞬间停顿，而建筑物本来的目的是帮助公众在通过它时迅速前进，例如地铁车站就是这类建筑。在这样的地方，要把它设计得实现最连贯、最直接、最迅速的流动，相反插入任何惹人注意的高潮或者任何可能妨碍人流的要素，都是反常而无效率的。在这种情况下，建筑师的明确责任显然是寻求完全连续性，避免设立高潮之类的事物。同样，被分隔成大量小摊位的市场大厅，也不需要高潮，只要求简单适用的某种分类、有规律的排列。可是现实中，所有的人几乎在任何生活体验中，都存在着发展或利用高潮轰动感的兴致，甚至在逛市场时；鲜花和水果摊上鲜亮的色彩，与蔬菜柔和的色彩交相辉映，这就是一例纯系偶然的高潮。一般说来，可以认为在多数建筑中，某种高潮，不论是暗示的还是突显的，都是可取的。即使像工厂这样的纯实用性的建筑物，高潮也是可以想象的。从入口通过更衣室和辅助区域进入车间，本身就可能是一个精心组织的序列。此间，巨大的容积、明亮的光线和机器形状方面——也许是色彩方面——的意趣将产生一种令人满意和欣喜的高潮。

序列的布局，按照两条不同的线索自然展开，也形成了两大种类或组合手法，一般称之为规则的和不规则的布局类型，这与第三章所讲到的规则的和不规则的均衡问题紧密相关。

第一类是规则的序列布局，大体上是依靠一个贯通空间的行进过程，而这个空间本身是规则的均衡。但规则的序列布局还要做另外的考虑。它需要极精心、有意识地为高潮做准备，它常常以贯穿平面的直线行程为基础，以此把所有的重要因素都集结于主要轴线上，沿着这条轴线的所有新体验的相互关系是有序的，且在视野中有一个明确的结尾。一般地说，规则式的平面应在主要的平面要素里最大限度地限制曲线，除非这些曲线是对称均衡或者是尺寸巨大占压倒性优势的，像罗马的万神庙和某些圆顶教堂那样（图 187、208、231、236、248）。

第二类是不规则的序列布局，或者叫作浪漫式的布局（图 267 ～ 279）。这类平面通常以曲线的行进过程为基础，以自由均衡代替对称均衡。同样重要的事实为，不规则的布局为高潮所做的准备更巧妙，更自然。不规则布局的创建者，追求出其不意的戏剧性效果——从暗到亮或从小到大的突变；他懂得，令人惊异的因素常常能增加某些情绪体验的强度；他也会察觉到，过于有意识地给建筑准备的高潮，会生硬而缺乏个性。然而，他常常忘掉的是，意外惊讶会使人受到冲击、干扰和不愉快，而并不会使人振奋欣喜。19 世纪的最后 25 年，兴建了许多浪漫主义公共建筑，缺乏有意识地为重要的功能或高潮因素做准备，产生了无条理的后果，以致人们可能产生的愉悦感大打折扣。一旦观者怀疑某建筑要素的地位及合理性，惊奇中的快感就荡然无存了。由于这个原因，某种准备无论多么精心，都是必要的，即使在最不规则的平面中也是这样。设计不规则式建筑的伟大建筑师，要永远明察这一点，并知道怎样去获取它。精心准备的特性，是近年来很多最好的住宅所具有的特征。

第八章　规则和不规则的序列设计

规则和不规则的序列，会产生截然不同的效果，因而适用于各类不同的楼厦。规则的序列，给人一种庄重、率直、明确和强调高潮的印象，令人印象深刻。在规则的序列中，特意设计的要素总是显而易见的，很少有机会看到偶然的和意想不到的魅力。只有在那些恰如其分产生情绪效果的地方，规则式序列在情绪上才算恰到好处。一般说来，规则的序列似乎最适合用来建造社团、俱乐部、宗教团体、政府部门或人群云集的大型、庄严的建筑物。在这些建筑物中，由规则式序列的布局所产生的简洁流线，有助于实现建筑的功能，因此在许多情况下，这似乎是一个合乎逻辑的选择，如剧院、会堂、教堂，以及大型火车站和许多政府建筑。

另一方面，不规则的序列则充满了流动和各种运动的感觉。它们有些构成单位，可以产生令人惊奇的因素和非预谋的魅力效果，因而它们自然在效果上比规则的序列更有个性。在这些不规则布局中，通常没有规则式布局中时常出现的那种令人敬畏的感觉，而是看上去很自然，且人性化，因而它更适用于住宅、俱乐部或不规则的社区建筑之类。

但是，除了每种序列所产生的效果外，还有一些必须考虑的其他因素，例如纯粹的尺寸问题。在许多重要建筑中，建筑师必须给庞大而复杂的构图一种有组织的形式。基本上以规则式序列来安排的建筑物，很容易保持条理性和明确感，过多的偶发迷人项目，只会令人发腻；过多的方向变换，只会使人晕头转向。因此，在大型的不规则组合体中，要想掌控不规则性并避免混乱，比在同样大小的组合体中做规则的，或有序组织的序列要难得多。弗兰克•劳埃德•赖特设计的东京帝国饭店（图 236）即是值得关注的一例，他对本质上算作规则式的平面加以发展，为其创建十分丰富而有序的规则式序列。在这个强有力的架构上，宏大建筑物所有细节上的复杂因素，都被置于明确而易于识别的位置上。

罗马人深谙两者之间的差别。在大型公共浴场这样的设计中，他们以明显的轴线为基础，寻求纪念碑式的均衡，寻求有强烈视觉效果的规则式序列。可是当他们设计城乡的小型或中型住宅时，他们似乎更喜欢不规则的和迂回的类型。几乎所有的古罗马别墅，几乎所有的赫库兰尼姆、奥斯蒂亚和庞贝城的住宅，都是以匠心设计出多变的和不规则类型的序列。他们经常运用对称——显然罗马建筑师们强烈地感到需要整体的均衡，但在细部，在贯穿一个平面的整体视野里，以及在序列的形式里，则经常出现轴线的微妙变化和详加研究的不规则形制。柯布西耶在《走向新建筑》一书中，对庞贝住宅所做的这方面的分析，很有启发性。所以古罗马人觉得，在大型公共建筑中，宜有均衡的规则性，但在一般住宅设计中，他们更愿意把住宅的私用部分做成亲切的尺度和不规则的序列，他们对规则和不

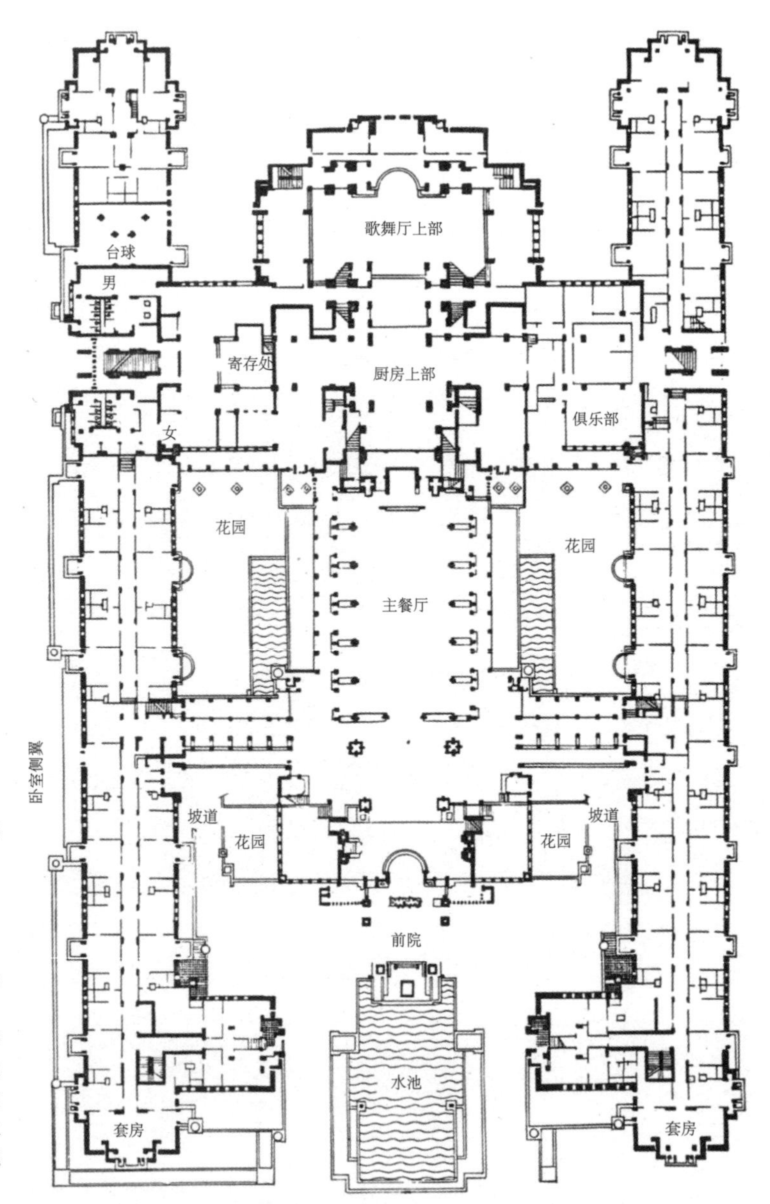

【图 236】东京，帝国饭店，主层平面

建筑师：弗兰克·劳埃德·赖特

一座表达最有趣的规则式序列的建筑：在主要轴线上有水池、前院、大厅、主餐厅；序列自大厅穿过旁边的门廊到卧室侧翼，同样得到了完美的处理。建筑物内部及其周围，也有许多极好的视觉序列处理，在这里视线掠过水面、花园、坡道和栏杆，或穿越开敞的廊子或投向廊道下面，目光所及之处各种景致都展示出精心的构图，强调序列，而不是强调孤立的物件。

规则之间的差异十分敏感（图 237 ～ 240）。

在序列设计中选择规则式或不规则式序列还有功能上的原因。比方说，设计一座具有一个巨大的要素的建筑物，如果从中央大门进入那个要素是最有效的方案，那么规则式的行进序列似乎不可避免。在具有三个几乎同等重要的要素的构图中，从相同区域进入这三个要素，同样也是适用规则式序列的。除非有其他外来的条件加入，要不然这类普遍性问题的答案自然就是规则式。

功能方面的其他制约，还在于预计使用这块区域和这座建筑的人数。在多数情况下，人数越多，地方越重要，人流流动就必须越畅通无阻，这当然是指轴线要尽可能地笔直、简捷（因为轴线只是人流自

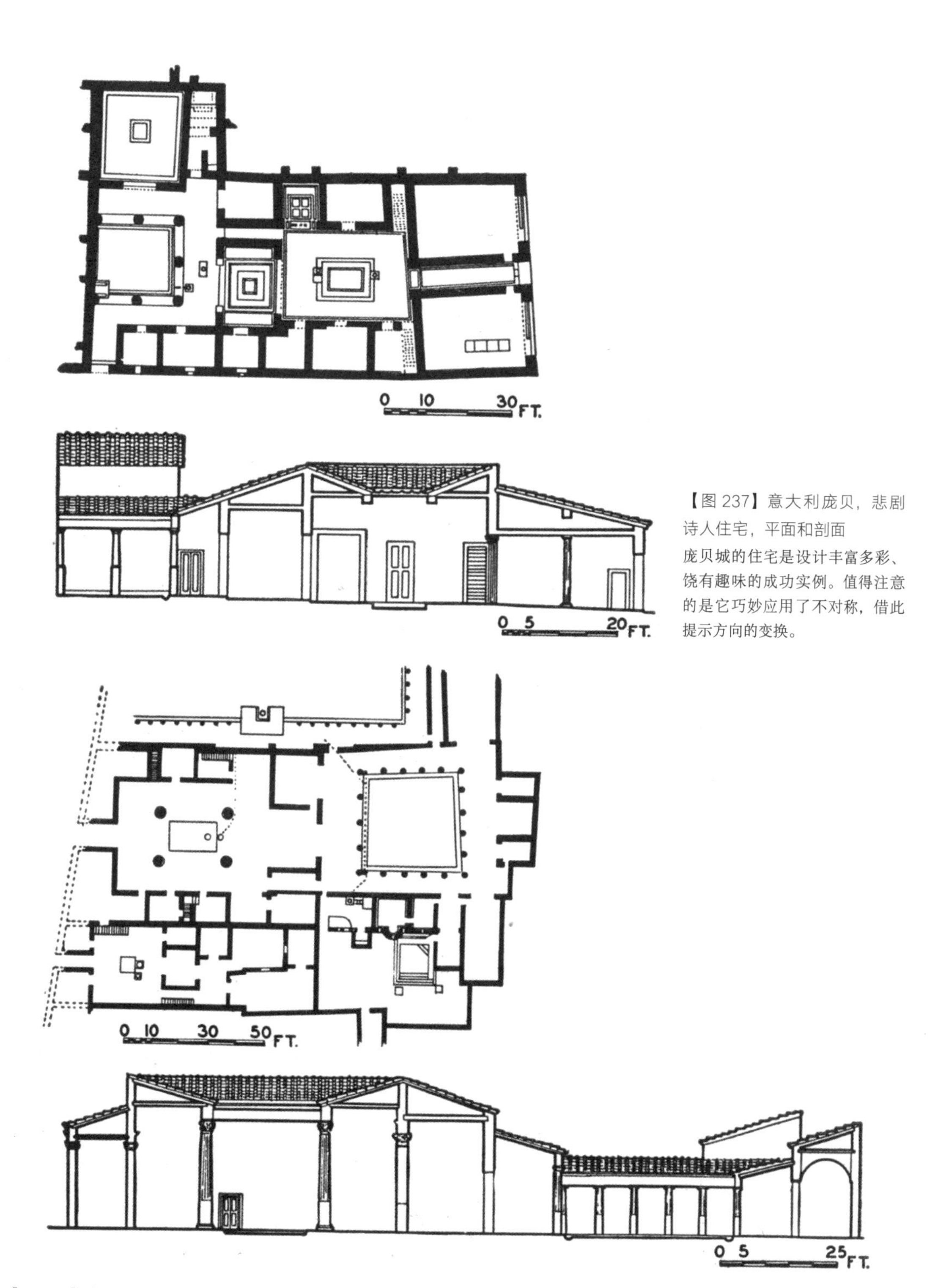

【图 237】意大利庞贝，悲剧诗人住宅，平面和剖面

庞贝城的住宅是设计丰富多彩、饶有趣味的成功实例。值得注意的是它巧妙应用了不对称，借此提示方向的变换。

【图 238】意大利庞贝，银婚住宅，平面和剖面

庞贝城的住宅展现了令人兴奋的序列——门厅、明堂、家谱室、庭院，阳光和阴影交相辉映，产生动人的效果。这些只有通过在住宅内部的实际体验才能完全体会。这些序列虽然实际上是规则式的，但都不对称。对照图 239。

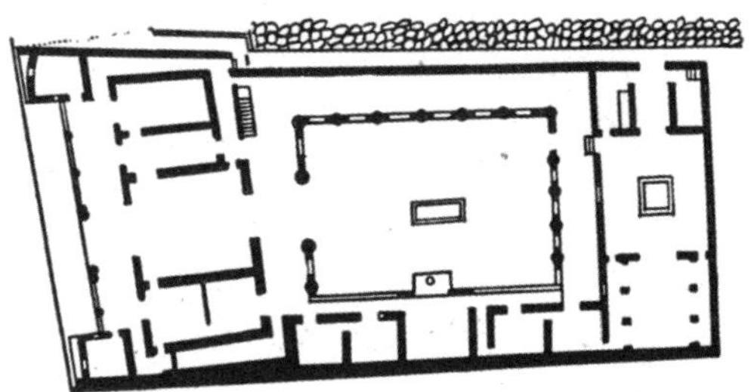

【图 239】（左）意大利庞贝，银婚住宅，自明堂望去
这是一个精彩的明暗序列的实例，其特点是以微妙的轴线展开，并结合一种微妙的自由。欧内斯特·纳什摄影

【图 240】（上）意大利赫库兰尼姆，马赛克明堂住宅，平面
这一罗马住宅的序列比大多数庞贝住宅的更加精巧而丰富。从街上的入口到明堂，有一个作为高潮的华美而富于纪念意义的家谱室；从明堂以直角方向进入一个花园式大庭院，一侧是金碧辉煌的嵌入式壁龛；从庭院通过一个有宽门和引人注目的窗子的餐厅，最后到门廊和露台，那不勒斯海湾尽收眼底。这一切形成一个视觉极为丰富的整体。

然流动的一种抽象），该轴线本身常常会发展出实质上是规则式的序列。我们已经注意到人们趋向于朝着均衡中心行走，如果我们想使人们在一条直线上行走，自然就要研究一种均衡的规则性。

人口的拥堵问题，对于在布局中采用规则式还是不规则式另有影响。纽约市布莱恩特公园，就是很有教益的一例。它不仅是最常用的，而且也是极为拥挤的城市公园，因为公园位于商业区和行政区之间。但是，它也是维护得最好和最容易管理的公园之一，因为它具有严格的规则式布局。本来布莱恩特公园是按照当时公园设计中常运用的不规则式设计的，有蜿蜒的人行道、边缘弯曲的草坪及散植的树木和灌木（图 241）。当该地区越来越拥挤时，这种不规则的公园就不可能维持了。人们从这个大门直线行走到那个大门，径直穿过曲径而践踏草坪，直到草秃地光，灌木只剩残枝败叶。已完成的新设计，只是把人行道取直，把座位集中设置在成排的树木之下，这样就能够做到控制人群，使公园回归和保持美观（图 242）。因此，按照一般规律，越是拥挤，越需要规则式布局。

在任何给定的项目中，为了在规则式和不规则式序列布局之间做出抉择，必须尽可能地在我们的头脑中清除任何一种先验的决策，要尝试着从设计项目本身的具体情况出发，去寻求提示以获取答案。在 20 世纪中期，普遍的建筑审美是，宁要不规则式而不要规则式，就像老一辈的建筑师不管什么地方都力求规则式一样。因此我们要特别记住，勉强和矫揉造作地去搞不规则式，会酿成建筑中的大错，那是违反逻辑和常识的大错，就像我们严厉批判过的 19 世纪建筑中勉强追求规则式的做作一样。如果我们合乎逻辑地、随和而自然地跟着项目的要求，牢牢记住“适用”和“得当”，那么，我们在决断中就不会出错。

规则式序列 已经说过，规则式序列布局的基础是规则式的均衡，是有意识的、常常是煞费苦心

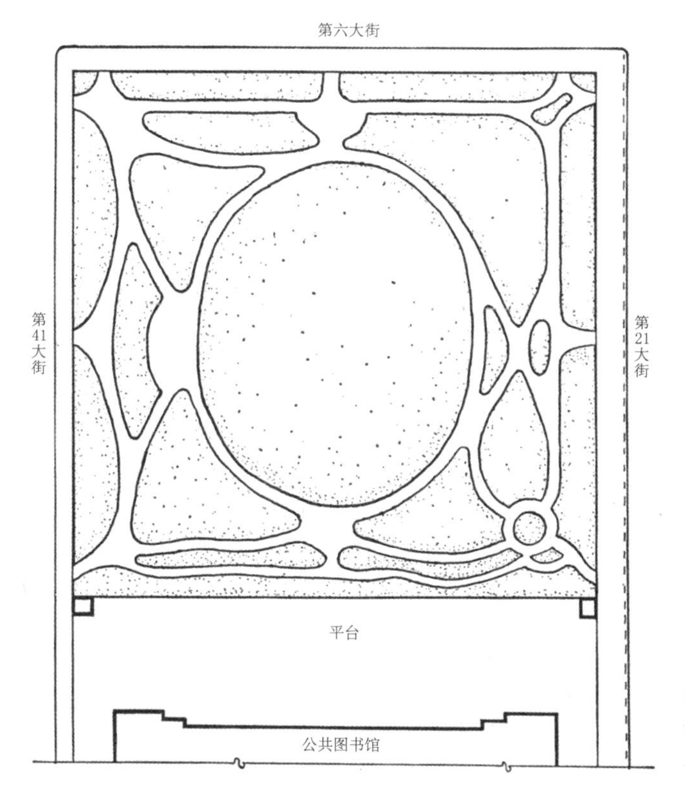

【图 241】纽约，布莱恩特公园，早先的平面

该平面显示的蜿蜒的人行道和草坪，为不规则式组合，这是早在几十年前公园设计的特征。随着人口的增长，这个特征变得无法维持了。

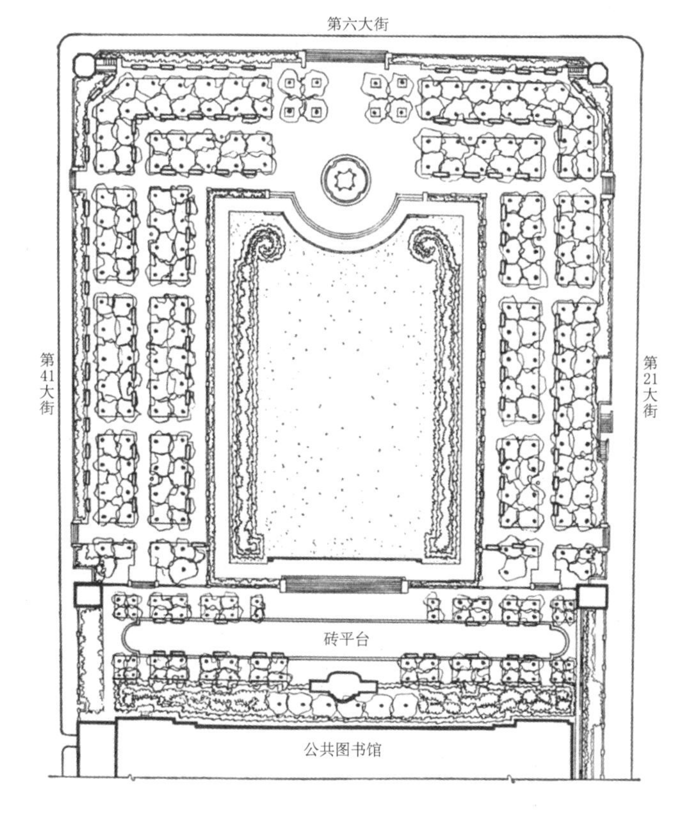

【图 242】纽约，布莱恩特公园，1948 年的平面

新方案是规则式平面。将草坪下沉并围以栏杆，以免把公园只当成一个通道；沿规则式的人行道集中放置座椅，密植梧桐树，使浓厚的树荫掩蔽着密集的座席设备。公园的小径则仅为公园内部使用。这种精心的规则式布置，不仅使整体的视觉效果非常好，而且也易于管理维护。承纽约市园林局提供

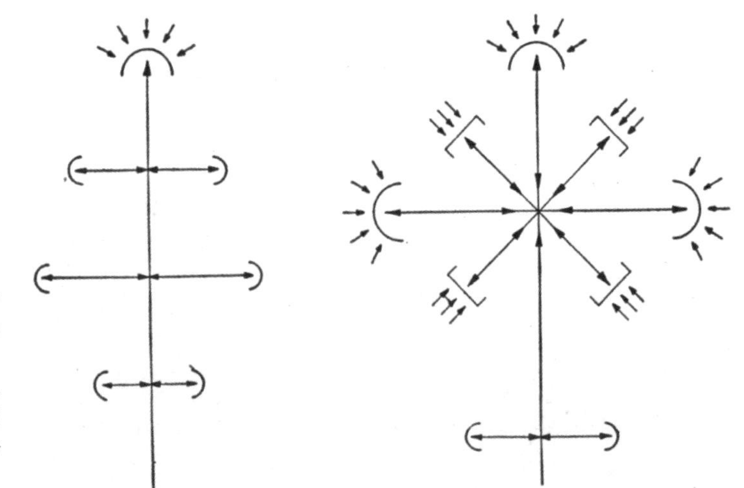

【图 243】高潮类型的图解
左：次要序列在主要序列的两边平衡，并通向尽端的高潮。这是巴西利卡式教堂的序列类型。
右：一种存在强烈规则式高潮的可能序列。一个小的次级序列被前面穿过的主要序列所平衡。这是圆顶教堂和带中央圆顶的公共建筑有特色的构图类型。

的为构图的高潮所做的准备。这里有必要更进一步深入研究这些概念的含义。首先必须记住，建筑师在用他的布局控制普通观者通过建筑时的行进速度。让我们看看一个人初游一座建筑物的情形。你会看到，在某些地方他匆匆而过，在某些地方他会放慢脚步，环顾一番，在某些地方他可能时间或长或短地完全停下来欣赏和玩味。长时间的观察结果表明，大多数人都会遵循相似的方式进行活动。他们将会在同一地方匆匆而过，在同一地方放慢脚步，在同一地方停留。因此，这种过和停不只是偶然，而是由建筑所提供的视觉体验引起的。如果是这样，接下来就不仅会安排某些类型的序列，以暗示甚至迫使观者运动，而且会安排强烈暗示或迫使运动休止的其他类型序列。因此，在平面中正确安排建筑要素的建筑师，既能够把建筑或建筑局部设计得让人匆匆而过，也能安排一些地方，让人索性停下来。

一般地说，一个开放式的建筑韵律，不管是渐变的还是规则式的，都暗示着运动，来访者将下意识地来到终结处。同样，如果在什么地方中断韵律或引入较丰富、较宏大或与之形成对比的要素，视觉趣味的积累就会突然增加，仿佛产生了一种注意力的均势，使来访者的速度本能地减慢。如果直接在行进路线上引入某种有力的要素或者结束这一进程——中止轴线，从而产生一种趣味的均势，那么人们就不可避免地会停止运动，就像把一块铁放在四个彼此等距并成直角的磁铁之间一样(图243，右)。图中所示的各种引人关注的要素，可能是任何类型的，如重要的大型门道或门洞、圆顶教堂的祭坛以及壁画等，不管它们的性质如何，只要它们能以其形式或色彩引起人们足够的兴趣，就会在各个方向上把观者的注意力等同地吸引住，使他们停下来观察更多细节。

可是，如果这些引人关注的要素只在边上存在（图 243，左），结果将会使观者行进的速度放慢，但不会完全停止。首先它会牵制观者行进的速度，将观者的注意力先引向一边，然后引向另一边，最后引导观者根据前面一系列的重复，回到序列上继续前行。如图 243 中左图所示，这些边上的要素可以是任何类型的，一般它们本身是个次要序列。它们对观者速度的控制，不仅可以打破建筑的单调，而且也给观者一个思考的机会，决定自己向左还是向右，到一个次要序列中去还是径直向前。因而边

【图 244】意大利拉韦纳，克拉司的圣阿波林纳教堂，室内
典型的巴西利卡式教堂简单的规则式序列。承韦尔图书馆提供

上的要素，也是平面中的次要分配点，具有审美上的意义，同样也具有功能的意义。

由此我们可以得出结论，不论在哪里横穿主轴或序列线条做趣味的均衡，都会形成某种类型的高潮，在趣味的均衡处，所产生的一种完全的均势就会形成一个主要高潮。这些主要的和次要的高潮，必须总是足够丰富、有趣的，甚至能引起视觉上的刺激，致使观者不觉得为它浪费了时间。因为一旦人的心里觉得浪费了时间，挫折感将随之而来，而这种挫折感将使建筑师唤起人们美感的尝试付诸东流。因而可以说，优秀的平面设计，不仅明确地确立了高潮的位置，而且也明确地规定了高潮之间正确的主从关系。

让我们引用一些从最简单到最复杂安排的实例。像位于拉韦纳的克拉司圣阿波林纳教堂的早期基督教巴西利卡教堂，就是最简单而理想的实例（图 82、83、244）。中殿两侧柱子上的墩拱，与支撑它们的柱子结合在一起，形成一种简单而有力的开放式韵律，引导人们径直向前，当然高潮是祭坛，凯旋门式的拱和后殿的半圆顶不仅成为祭坛的完美画框，而且在连拱廊和高潮之间形成一个枢纽带。在任何采用交叉式穹顶或肋形拱顶的罗马式或哥特式教堂中，拱顶的重复线条或光影变化，都在上部形成一种强烈的开放式韵律，与下面的墩拱韵律平行，像早期基督教巴西利卡式教堂的情形一样，自

【图 245】英格兰，埃克塞特大教堂，室内
哥特式教堂规则式序列的高潮。承韦尔图书馆提供

然地引导人们走向圣坛所形成的高潮。毫无疑问，哥特式教堂内部的丰富性得以发展，其原因之一就在于它的墩拱、上拱廊、高侧窗、穹顶支柱和拱穹顶肋，尽可能地把中殿的序列加以丰富，以便为更强烈的高潮做准备（图 245）。使用与之类似的手法的是罗马的萨皮恩扎学院的简单连拱廊，它为博罗米尼设计的充满了复杂曲线、外轮廓激动人心的小教堂所形成的高潮做强有力的准备（图 186）。

常用的规则式序列是更加复杂的体系，通常它们由一系列穿过主轴而保持均衡，并通向一个主要高潮的次要序列形成。这些次要的序列，形成了次要的高潮点，为部分观者增添了期待和悬念。因此，为最后高潮所做的准备必须要有足够的分量，以满足人们增强了的期望。因此人们会说，在建筑序列中，次要高潮数量越多，期待感就越强烈，最后高潮的出现就得越强有力。这在靠近纽约第七大街的宾夕法尼亚火车站，可以得到很好的说明（图 246）。这里的高潮是主要广厅，可通过一个门廊、门厅、连拱廊、另一个门厅和最后一跑宽阔的楼梯，向这个高潮靠近。广厅巨大的尺寸及增加了的高度，形成一个与这一丰富序列相适应的充分高潮。实际上，它之所以令人赞叹，原因之一就在于它那充分的准备（图 247）。内布拉斯加州议会大厦的主层平面也是如此（图 248）。这里，由于第一个半圆

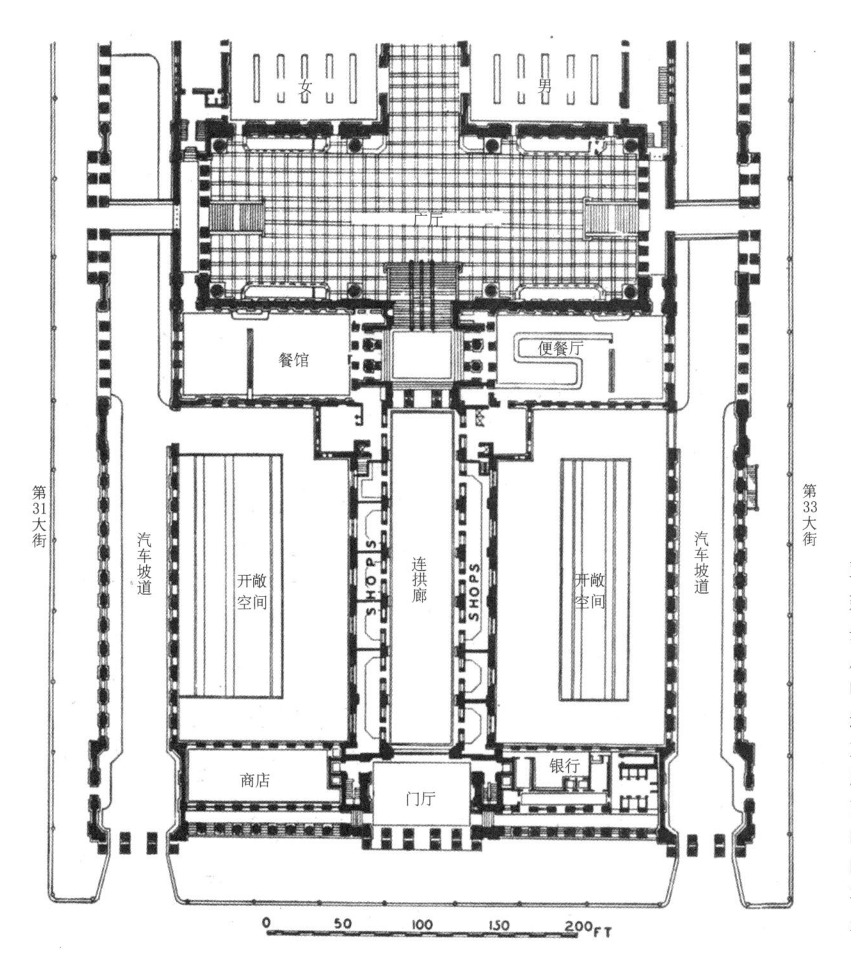

【图 246】纽约，宾夕法尼亚火车站，主层局部平面
建筑师：麦金、米德与怀特事务所
从第七大街进广厅的序列，表明了形状和方向的交替。拱廊连续不断的韵律，是一个具有方向性的元素，在餐馆和便餐厅之间，有一个次要的停顿和高潮，车站广厅则是个强有力的主要高潮。还有一个强有力的序列：穿过这一高潮，到候车大厅和火车。引自《麦金、米德与怀特事务所作品专辑》

顶门厅通向两边重要的办公室，这个要素被赋予巨大的尺寸和丰富性，并创造了一个具有相当分量的次要高潮。从那里人们可以进入穹顶式的入口大厅，它具有强烈的开放式韵律。从这里依次穿过一系列拱门和贯通式走廊，就进入了圆形大厅（图 249 ～ 251）。许多大剧院和歌剧院也有类似的序列（图 252、253）。在美国剧院的布局中，交通流线序列之无计划无效率，几乎是一种通病，其结果是除了建筑结构上的愚笨之外，功能上几乎也是灾难性的，混乱和延迟几乎是不可避免的后果。

许多规则式的序列以在前进方向上的一个或几个直角转折为基础，这就提出了一个在穿过平面时如何改变运动方向的方法问题。这在第三章“均衡”中已经提过了，最重要的方法就是，以某种次要的高潮来阻断原来的轴线方向，在转折处对序列两边进行不同的处理，以指示方向的改变（图 254）。最好记住这点，方向不论在哪里改变，把序列加以扩大都是合乎逻辑的，就像在这个点上存在一个次要的高潮一样。因为，当人们转弯时，一般要走得更慢些。

但是，还有其他一些方法来指示方向的变化。其一就是，直接在侧面利用弯墙（图 87、88、254）。毫无疑问，观者会想到空间马上就要改变了。这是最快的一种预告，正因为如此，在要求必

【图 247】纽约，宾夕法尼亚火车站，主要广厅

一个具有明显轴线的规则式序列的规则式高潮。引自《麦金、米德与怀特事务所作品专辑》

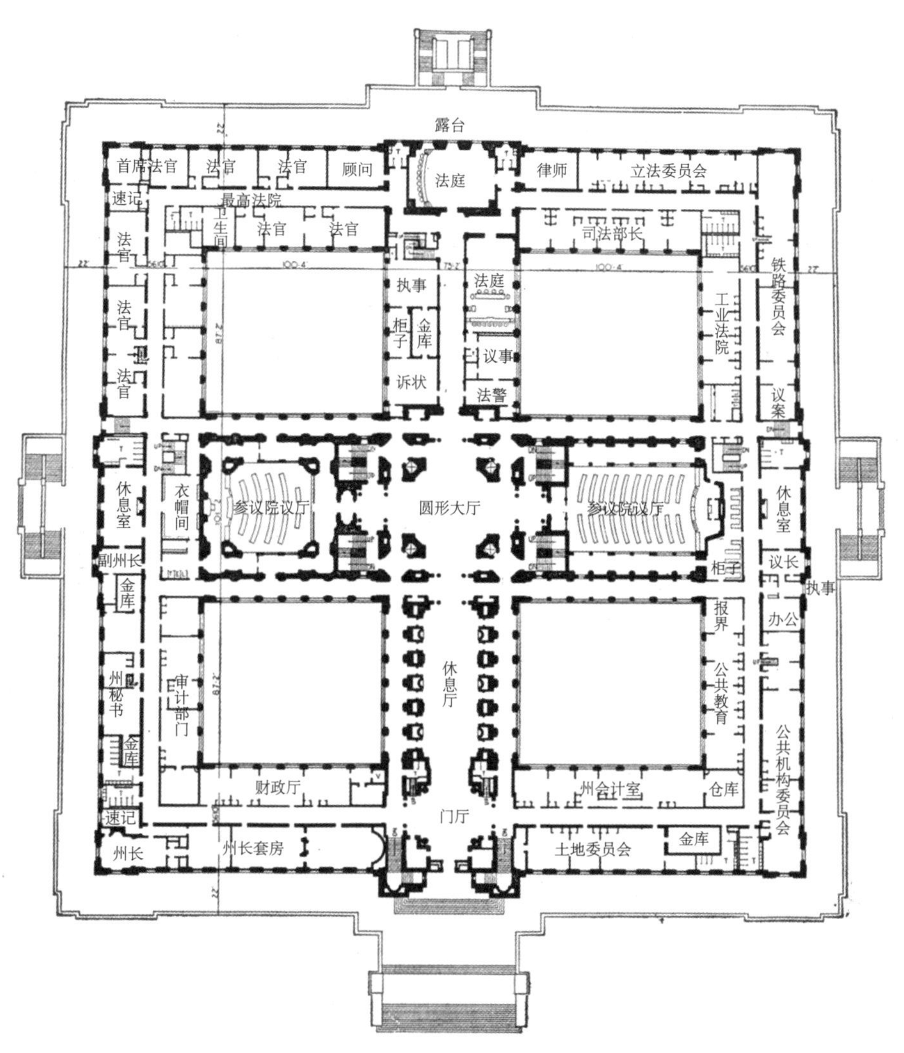

【图 248】内布拉斯加州林肯，议会大厦，平面
建筑师：B. G. 古德休
一个以精心构成的规则式序列为特色的平面。主要和次要序列的关系经过周密调整。所有要素的尺寸和形状，门洞口的宽度和高度，以及丰富多彩的形式，都紧密结合它的交通流线功能来设计。引自《美国建筑》

须在尽可能短的时间里对人流进行处理的地方，这样做就很恰当，例如剧院出口的楼梯。在许多情况下，对于因较大元素而发生的方向改变，要用在围拢的墙面上谨慎设洞的方法加以控制。因而，在一个大厅或庭院中，如果墙面迎着观者，他要进去而没有门洞，或者只是在墙角之类的不重要的地方有次要的门洞，这时墙的一侧若有一个重要轴线上的门洞，一般人将情不自禁地走向这个门洞。

像罗马戴克里先浴场这样的平面，就充满了这方面的提示。研究表明，在每种情况下轴线上的门道都是重要的，它明确了从更衣区到中央大厅的正常路线，门关了，轴线就不那么重要了，这样就能够提供最为自由畅通的流线了。如果有必要，人能以最短的路线，尽快地从一处到达另一处，但始终

【图 249】（左上）内布拉斯加州林肯，议会大厦，门厅
建筑师：B. G. 古德休
见图 248 说明。高茨乔 • 施里斯那摄影

【图 250】（右上）内布拉斯加州林肯，议会大厦，入口走廊
建筑师：B. G. 古德休
高茨乔 • 施里斯那摄影

【图 251】（左下）内布拉斯加州林肯，议会大厦，圆形大厅
建筑师：B. G. 古德休
J. B. 法兰克摄影

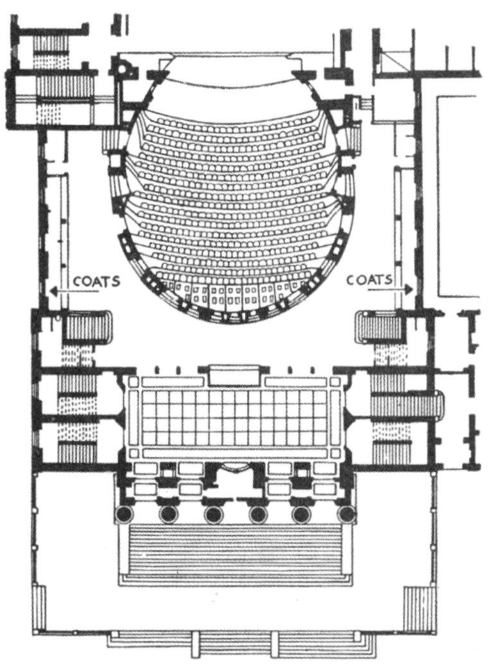

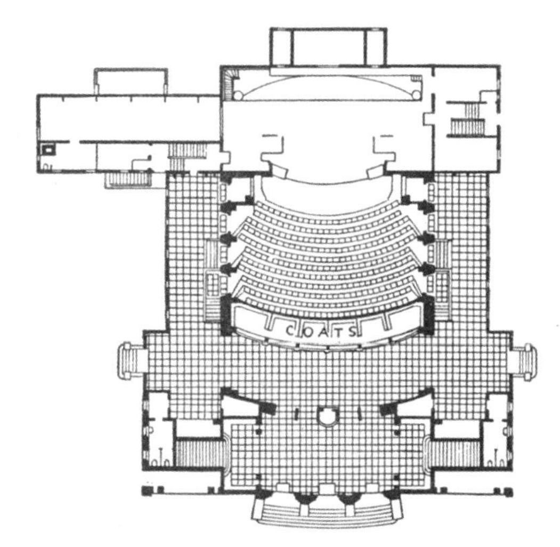

【图 252】（左）波兰波森，市剧院，平面
宽大的过厅是欧洲剧院的特征，自入口、过厅到观众大厅，形成一种有意思、有意义的序列。

【图 253】（右）德国慕尼黑，昆斯特勒剧院，平面
建筑师：马克斯 • 利特曼
另一个德国优秀剧院的宽畅过厅实例。注意宽大而位置得当的衣帽间，以及自侧面出入的自由交通流线。

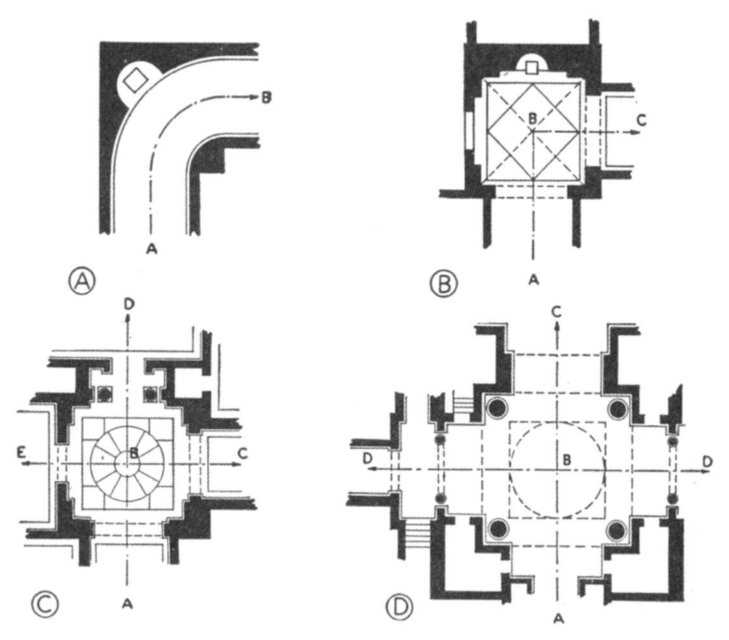

【图 254】规则式序列方向的变化
左上：最简单可行的方案。放置雕像或其他重要之物的壁龛，结束来自 A 或 B 的视线，并结合弯墙，积极强调从 A 到 B 的方向变化。
右上：一个复杂一些的问题，走廊方向做 ABC 的变化，在交叉处有个去次要房间的门洞。
左下：一个更复杂情况的表现。这个设计告诉从 A 处走进的人，必须在 B 处做出选择，是进入旁边的走廊 C，还是走进房间 D 或 E。对进入 D 的门洞所做的精心设计，意味着在 C、D 和 E 诸要素中，它是最重要的，方向 D 是应该延续的正常方向。
右下：以内布拉斯加州议会大厦为基础绘制的入口平面。入口在 A 处，圆顶大厅 B 形成一个自然的停顿点或选择点，走廊 D，通向重要的公共办公室，而且被赋予了重要意义，但是宽大的拱门通向 C，也是正对入口的位置，使人确认 C 向——从公共入口到两个立法会议室——为主导方向。

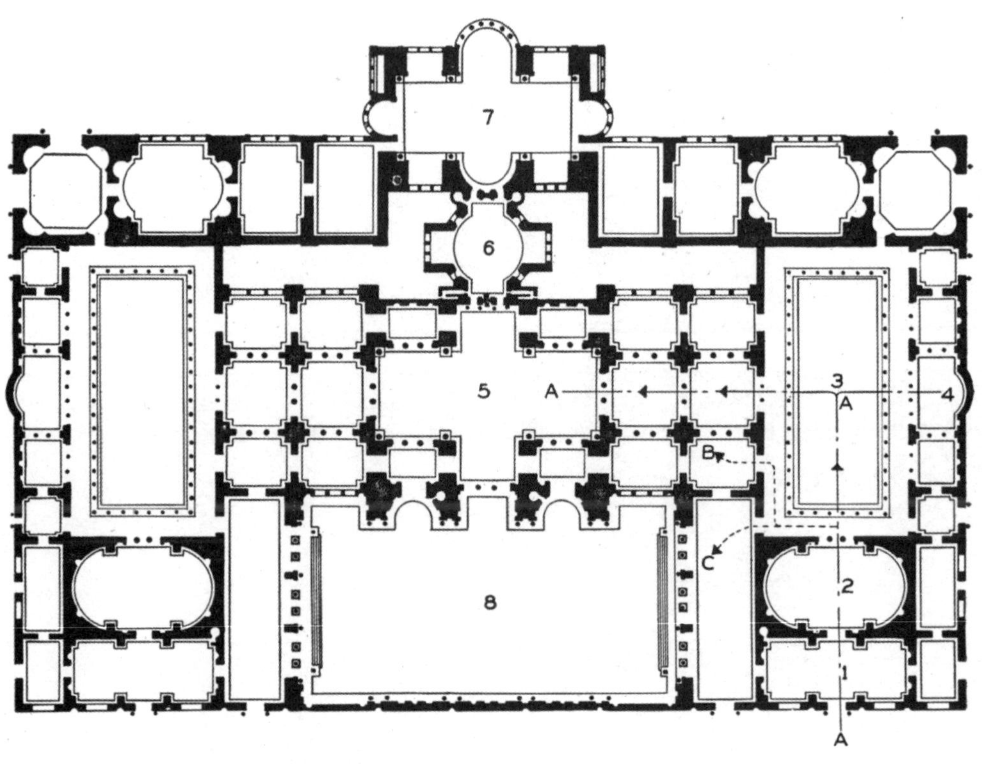

【图 255】罗马，戴克里先浴场，中央部分，平面

1—入口；2—更衣室；3—运动庭院；4—院内嵌入式露天交椅；5—温浴或中心休息室；6 和 7—热浴、蒸汽浴；8—游泳池。

主要入口 A-A，如虚线所示，跟随了平面中设置的重点，并达成了宏伟的序列效果。虚线 A-B 和 A-C 表示其他次要的和不常使用的路线，这种流线容许自由的交通流线，但在建筑上不做强调。

都隐约强调的是首要的和最重要的流线（不是最短的）（图 255）。许多巴洛克式平面的流线形式类型与此相似，尽管在大多数情况下，高程的变化也是主要序列的一部分。例如在前面已经讲到的维尔茨堡府邸（图 226 ~ 229），人们进入方形门厅后，会在左面发现去往主楼梯的门洞，门厅相当暗，而楼梯则充满了光线，所以毫无疑问，这就是要去的方向。人登上主楼梯后，来到一个宏伟的方形前厅，在这里，巨大的门提示应当转向最豪华的结尾高潮——王宫正殿，这里的曲折平面甚至起了更大的作用。巴黎制币厂门厅（图 256）也能说明如何提示空间方向的变化。当然，入口穹顶的方向性很强，但是建筑的主要入口与其垂直，要形成一种正确的序列形式，就需要谨小慎微。此处支柱的精心安排获得了极大的成功。因为没有人领会不到楼梯脚下的凹槽和门洞宏伟的尺寸所做的这种提示：他们应该向左转，沿着这部纪念性的楼梯进入楼上重要的房间。一个非常有意思的包含不同高程变化的复杂序列形式是巴黎市政厅（图 257、258），它有一个大的穹顶门道通向联欢大厅。支持穹顶的宽柱，给人一种自然的横向感觉，并引人进入一个长的衣帽间或更衣室（圣让厅）。从这个空间的一侧，轴线上的要素将人引向一个有向两边伸展的华美楼梯的方厅，继而楼梯将人引向联欢大厅端部的双前厅。这些厅堂随着它们的丰富性不断增加，形成了一种非常有意思的渐强效果，直到建筑华丽多姿、壁画

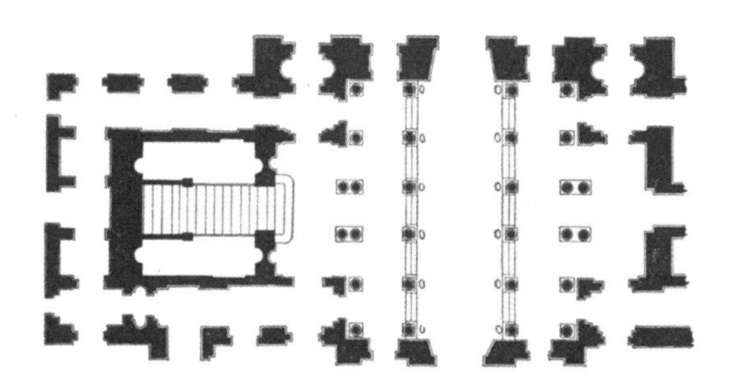

【图 256】巴黎，制币厂门厅，平面和两个剖面

建筑师：J. D. 安托万

这种形式本身就暗示并强调了通往上层重要房间的路径，以及通往庭院的通道。楼梯的凹进是一种有力的强调。从连续拱廊到底层的入口的位置表明，上面的楼层是主要的，底层是次要的。

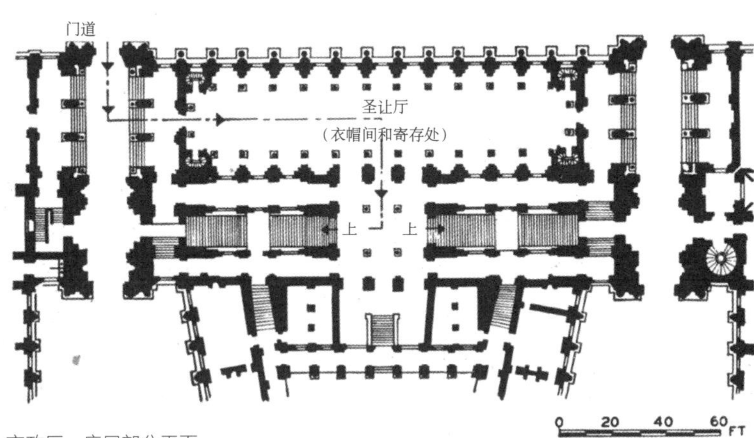

【图 257】巴黎，市政厅，底层部分平面

建筑师：巴吕和德佩尔特

虚线指示出从门道穿过衣帽间和更衣室（圣让厅）到楼上的联欢大厅的正常路径。门道墩柱的形状提示要转进圣让厅。这里较宽的中部门仿佛在邀请来客登楼梯。引自加代的《……要素与原理》

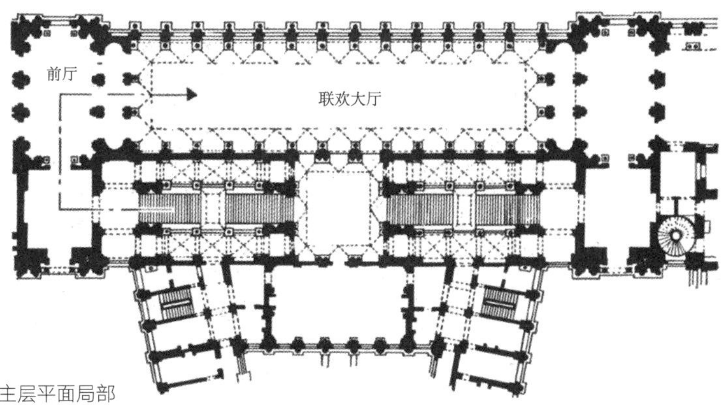

【图 258】巴黎，市政厅，主层平面局部

建筑师：巴吕和德佩尔特

观者踏上巨大的楼梯，来到一系列的门厅和前室，这些地方的形状和设计引导人们穿过它们而走遍全程，最后到达宽阔而豪华的联欢大厅。漫长的准备过程和依次穿过丰富性逐渐增强（巨大的尺寸和精心的布局使之易于达成）的空间的过程，是联欢大厅本身的高潮具有非凡力量的原因之一。若无准备而径直进，或者只是穿过一些无意义和设计拙劣的门厅，效果就会削弱许多。还要注意俯瞰楼梯的挑台，站在这里，先来者可以看见后到者。整个作品经过仔细推敲，是一部为了举行盛大的国家接待会或实现其他官方社会功能而诞生的繁复的、异常成功的房屋“机器”。引自加代的《……要素与原理》

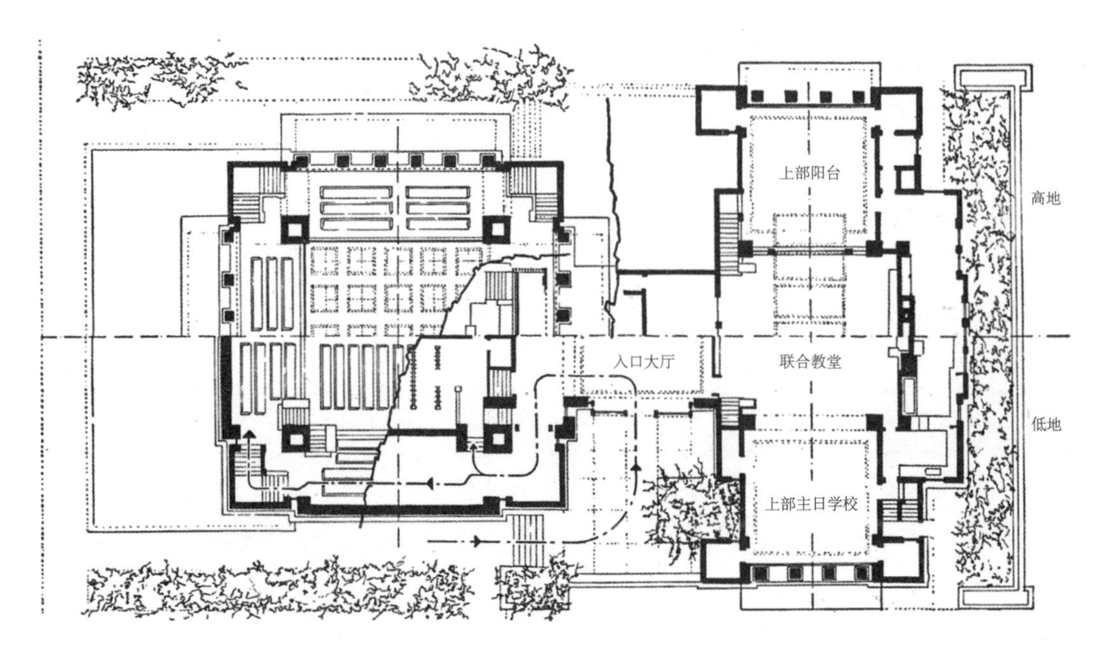

【图 259】伊利诺伊州奥克帕克，联合教堂，平面
建筑师：弗兰克·劳埃德·赖特
设计师赖特精心打造的又一例丰富而又有意义的序列。穿过入口大厅到礼拜堂，牧师在此迎候来聚的教友。然后穿过走廊和楼梯厅，这是为高潮礼拜大厅所做的准备之一。入口大厅也可成为教堂本身和社交附加部分之间的连接部位。

光彩夺目的主厅。离开这里，是个具有类似效果的方厅，人们在此集聚，相互交谈并俯瞰后来此的来客，但与拥挤的主要客流相隔绝。这是一种灵巧的安排，它的特殊目标——在官方活动中处理人流大量聚集的问题——得到很好的实现。从美学上来说，它存在着一种引人入胜的力量，序列多变，宽和窄、大和小，以及高和低交替出现，但是不论怎样交替，都是一种基本的渐强，为最后的高潮——接见大厅做极好的准备。

在弗兰克·劳埃德·赖特设计的伊利诺伊州橡树公园的协和教堂中，可以看到一个基于方向变化及标高变化的有效序列，这是一个更简单，更精彩，更近期的实例（图 259、260）。在这里，教堂的主入口是一个有趣且大体为方形的接待室，该接待室还可以用作后面教区房屋的入口，在教堂活动前后提供了一个最有用的聚会场所。由此，人们向下走就到了通廊下方的衣帽间，向上走则是教堂通廊或教堂大厅。在这里，高潮的准备工作也得到了很好的处理，还有昏暗和明亮、大和小的美丽交替。

在建筑历史上的某些时期，在若干国度里，建筑师已经不满足于纯粹的渐强式的序列，也不满足于以看上去过于明确的高潮来结尾。他们预测了一种穿过并超越高潮的过程——通常是一种渐弱型的过程——甚至当真正的行进过程被高潮切断时，他们总是喜欢暗示前面空间的存在。帕拉第奥所设计的威尼斯的救主堂就是这样（图 208、209）。这里，祭坛的后面是一个开敞的唱诗台柱式屏风，穿过它，能看到更简朴和低矮的圣器室穹顶。埃拉赫设计的维也纳（圣）卡尔教堂（图 210、261）也展示了

【图 260】伊利诺伊州奥克帕克，联合教堂，外观和内景
建筑师；弗兰克·劳埃德·赖特
把内部和外观联结起来的巧妙序列。对照图 259。承现代艺术博物馆提供

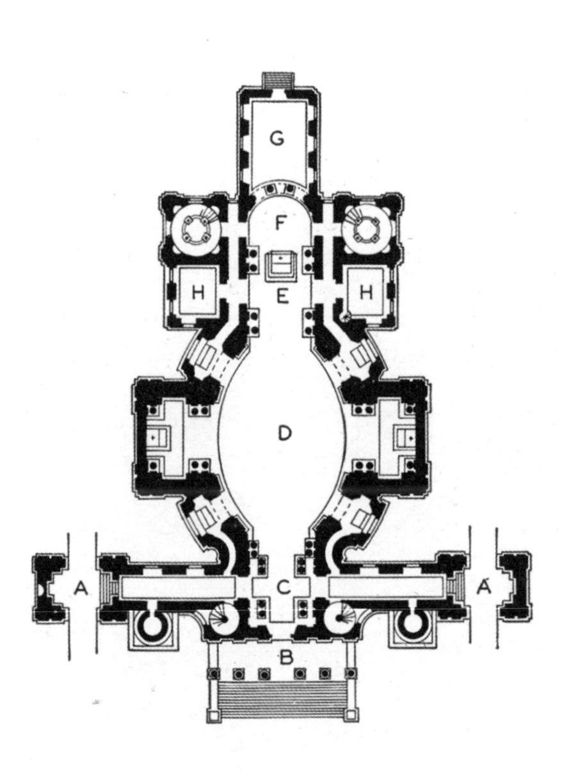

【图 261】维也纳，（圣）卡尔教堂，平面
建筑师：埃拉赫
一个富有特色的平面，它运用隐含的序列越过高潮祭坛 E，因而可以看到后殿 F 和圣器室 G。像许多奥地利巴洛克建筑平面一样，它有从门廊 B 或门道 A 的巧妙的入口序列。也要注意次要走廊形成从礼拜堂到服务房间 H 的其他序列。C 是前室，椭圆形的穹顶中殿 D 则是整个序列的高潮。

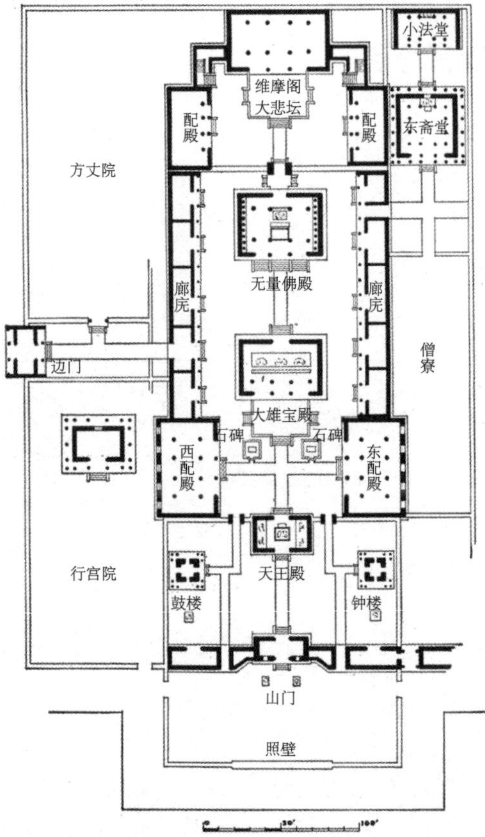

【图 262】北京，柏林寺，平面
这个平面表明，在漫长的距离上，横过主轴来设置门和厅堂的中国式做法。一般来说，中国人会避免沿主轴的长距离的连续行进过程，游客或参拜者要不时地离开主轴，绕过轴线上的供桌或轴线上的建筑。E. P. 小麦克米林绘自 T. 哈林的《世界建筑史》

某些类似的处理方式，在突现异彩的祭坛屏壁后面，人们可以看到丰富而豪华的空间。

许多中国建筑的平面，将这种想法进一步发扬光大。中国建筑的平面会一再发展次要高潮，以阻断主要轴线的发展，还去布置围绕在高潮两边的走道，待再回到主轴，一个新的而且更重要的高潮就出现了。在典型的中国庙宇中，往往是通过这种穿过两个或三个庭院的手法趋近主要高潮。越过高潮之后，又会出现进行类似处理的另一些庭院，但是它们在意义上就次要一些了。中国建筑的平面尽管极为规则整齐，但是由上述这种手法创造出的视觉感受极为丰富多彩。隔着一段距离，就可以看到大屋顶沿主轴一个接一个地拔地而起，走近时会发现路被一个华美的“照壁”所阻挡，要继续向前就必须绕过这面墙。建筑物的主要大门，也常常在主轴上受到阻滞，从中间进去，但从一边或另一边出来。每一个大的厅堂都有一个宽阔的中央供桌，塑像、供奉和典礼的陈设十分丰富，游客或参拜者在领受这一高潮之后，就从它侧面经过，进入后面的另一个庭院。这时，尽管这庭院的规模及重要性有所不

【图 263】北京郊区，颐和园，轴线上的鸟瞰
庄重的中国式布局，具有强烈的规则性。引自东京帝国博物馆的《北京宫殿建筑图片集》

同，但这种体验会再次重复出现（图 262、263）。

可以看出，规则式序列的布局是一件需要丰富的想象力的事情，建筑师必须训练有素，需要一种从美学和功能上辨别主次关系的能力。一定不能忘记，在现实的规则式序列布局中，轴线并不是纸上的一根线，而是可以自然行走的道路，在这里，人们可以自然地看出明确的方向（图 264）。

这里可以列出几种已被证明在建筑上重要的序列类型：

1. 开放空间式序列：像罗马广场和中国寺院的院落。

2. 结构要素的序列：如早期基督教巴西利卡式教堂的列柱，哥特式教堂的拱柱，或者穹顶中的交叉拱和肋。

3. 封闭式的序列：如房间的简单排列。

4. 不同高程上变化的序列：如重要的坡道、楼梯，再加上户外堤岸、平台、墙体等的运用，像典型的意大利式花园。

5. 明暗的序列：如维尔茨堡府邸。

6. 方位或尺寸交替的序列。

【图 264】意大利科尔内托塔尔奎尼亚，罗马式教堂，中殿结构要素形成韵律序列的简单例子。承韦尔图书馆提供

7. 次要的序列通向次要的高潮，并在主要的和最重要的序列上得到平衡的序列。

8. 复杂性或丰富性逐渐增强的序列。

研究一种序列的布局时，人们必须始终牢记，组织序列设计的双重目的——建造一种让来访者愿意进去的建筑，以及为高潮做必要的准备。

不规则的序列 不规则的序列布局以两个概念为基础，第一是构思出其不意，第二是运用弧形或弯曲轴线和不规则的视觉平衡。前面我们已经看到，在规则的序列中，是怎样以最明确和最有意识的方式来为高潮做准备的。在不规则的序列中，建筑师常常追求把高潮做成突然的戏剧化的出其不意。这并不意味着他完全不做准备，或者在高潮到来之前，有意识地不提供高潮的形状和类型方面的线索。事实上，一个完全没有任何准备的出其不意，对观者来说也许是一种始料不及的冲击。况且，如果这个高潮的视觉特性，与建筑物其他部分所支持的风马牛不相及，结果就不仅是一种冲击了，那简直只会令人讨厌，让人产生支离破碎和紊乱的感觉。

不规则式序列布局之目的，是把视觉上的准备保持在最低限度，而且要处理得微妙，而不能太显眼。我们可以以伊斯坦布尔的圣索菲亚大教堂为例。虽然这是一个基本对称的平面，但是有一鸣惊人的戏剧性高潮效果，这就道出了成功的不规则式序列布局的一个主要特性。人们从正面走进教堂时，圆顶虽大，但这个圆顶的运用被当成完成外部构图和覆盖内部空间的简单装置。相对来说，入口前廊的尺寸并不过分，因此当观者穿经前廊和教堂主体之间的门时，极高极宽的内部突然出现，给他一种戏剧性的感受。在门口，观者能够看清全面铺开的场面，并且跟随着拱券及穹顶，直至圆顶之巅（图265）。这种效果全然不同于多数西方教堂的长穹顶和拱柱行列所产生的效果，也不像以宏伟的平面为特征的古代罗马及巴洛克时期的建筑所逐渐建立起的尺寸感觉。不规则式序列的设计者所追求的，就是这种突现的戏剧效果。

还要注意，在这种情况下准备也是存在的。内部圆顶表露在外，所有外部拱券的形式都与内部相似的形式相呼应，采用马赛克和大理石的前廊，与在材料上类似但处理更加丰富的教堂主体的墙和穹顶相协调。换句话说，惊喜存在于和谐的环境之中，它基本上是有所增益的，而不是令人不悦的冲击。

最近时期的大量住宅，只会勉强按照规则式序列被动办事，因而不规则的序列布局原则对现代建

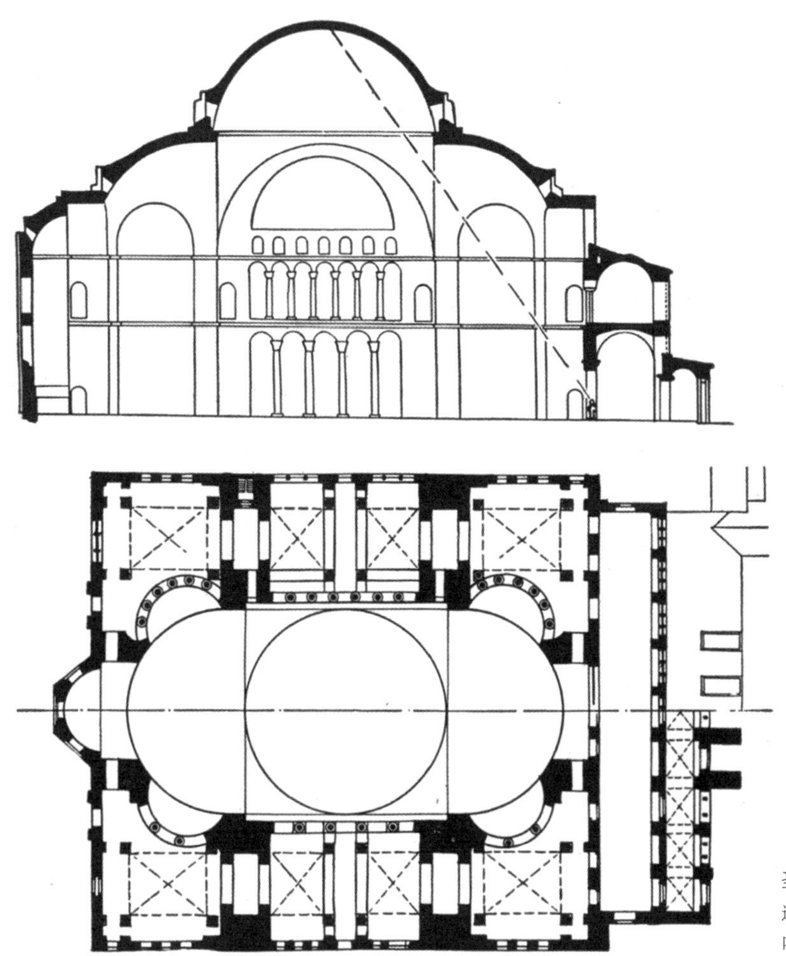

【图 265】土耳其伊斯坦布尔，圣索菲亚大教堂，平面和剖面
进大门的一瞬间，就看到不间断的内景，它们直指圆顶之巅。

筑师就特别重要了。在各种情况下，高潮通常由起居室形成，在穿经最简单的大厅或门厅之后，必定是在内部和外部形式协调之中的高潮。门的处理，以及大厅或门厅的色彩、陈设、形状，必须做好与某一类型的高潮相适应的准备。因为现代住宅，一般正面入口的重要性已相对降低，通常门厅尺寸也小，这无疑也是一种微妙的准备，起居室出其不意地大大敞开，会形成一种惹人注目的高潮，要获得成功，这个高潮必须与高潮来临前的所见相协调。

在许多公共建筑中，可以找到同类的微妙准备（图 266 ～ 268）。鉴于经济性上的普遍要求，以及建筑师和业主都不情愿仅仅为了美观而设置各种要素，他们都趋向于缩小走廊、过厅、圆厅和类似要素的尺寸，使其小于早些时期建筑中的常见尺寸。因此，设计者高效地运用这些尺寸减小后的要素，从美学观点和实践立场来看，就变得更加重要了。在一座公共建筑中，一条走廊的意义，不仅仅是从一处走到另一处的手段，经过特定的设计，无论贫乏还是丰富，是好还是坏，它都将不可避免地在使用者的心中建立某种期望，如果这种准备不矛盾、不割裂，而是很巧妙的话，它通向的重要或高潮要

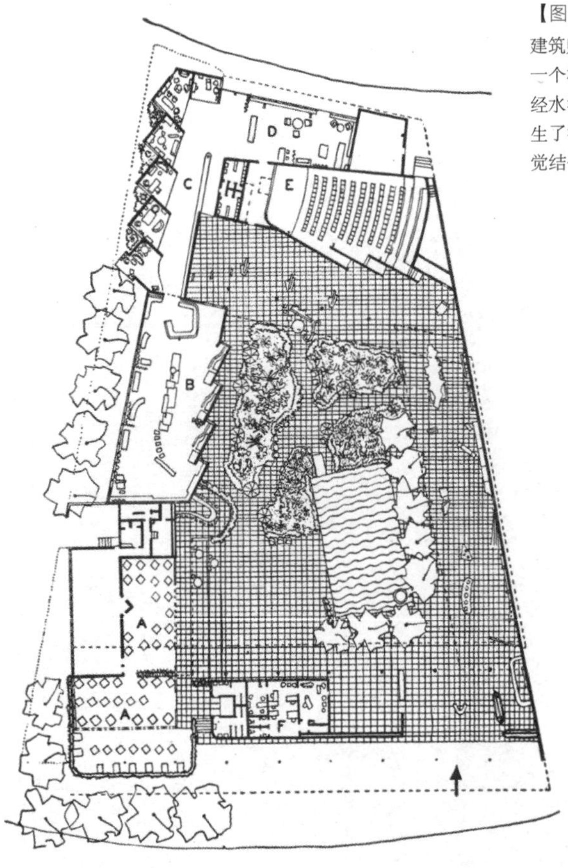

【图 266】纽约，1939 年世界博览会瑞典馆，平面

建筑师：斯文 • 马克柳斯

一个极漂亮的不规则式平面。序列从屋盖下面的公共入口开始，经水池和花园到观众厅 E，到展厅 B、C、D 和餐馆 A。自然就产生了很有趣味的连续场景。在这里不规则性同紧凑而有条理的感觉结合起来。F 为行政办公室。

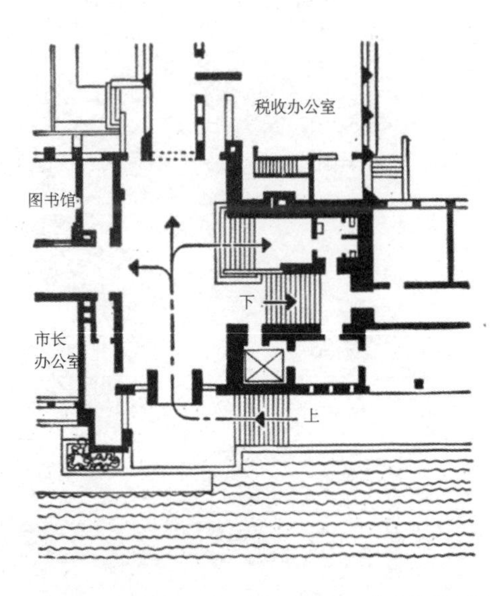

【图 267】荷兰希尔弗瑟姆，市政厅，底层平面局部

建筑师：W. M. 杜多克

一个十分丰富的不规则入口序列，建筑的突出部分指引人们走向门口，进入门厅后有四条路径可选：进入两条重要的走廊，下楼梯或上楼梯。在这四条路径里，主要楼梯的突出部分和豪华的材料引人上楼，直至楼平台，那里有绝佳的视野，使人觉得这里最为重要，尽管它远离轴线。

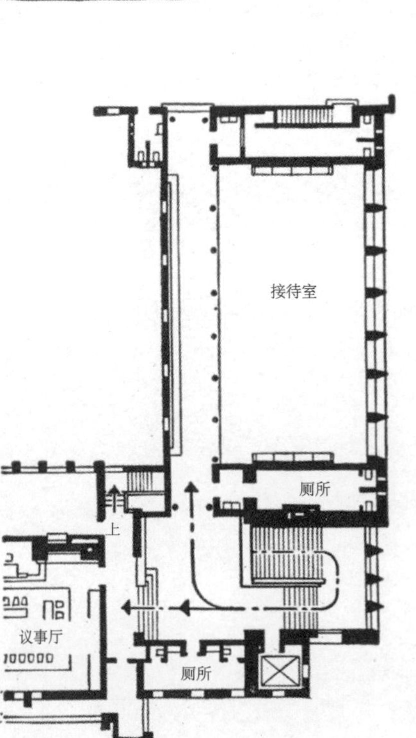

【图 268】荷兰希尔弗瑟姆，市政厅，主层平面局部

建筑师：W. M. 杜多克

上部的门厅延续豪华楼梯的材料，并通向该建筑物的两个重要部位——会议室和接待厅。二者的入口以不同的元素强调出来：一个是踏步和栏杆，另一个是内部柱列，为接见厅的金色马赛克柱子做准备。

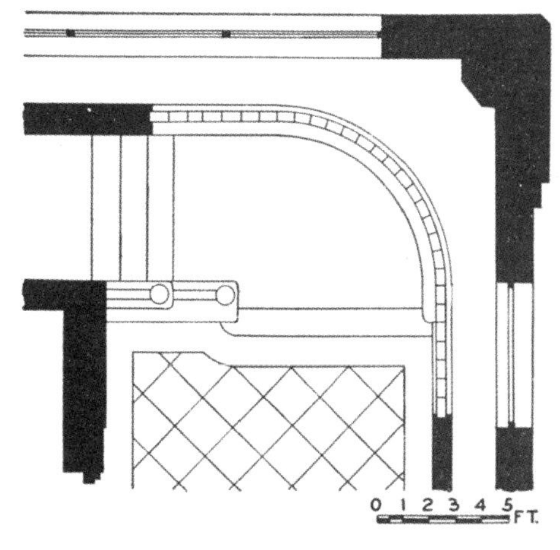

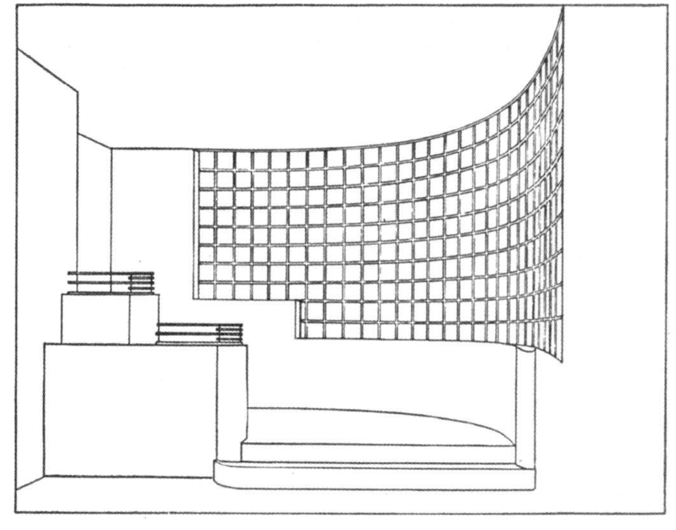

【图 269】不规则式方向变化，被弧形墙面、楼梯栏杆和照明设备优美地强调出来
建筑师：阿尔弗雷德·阿尔舒勒和 R. N. 弗里德曼

素本身将会更有效率（图 264）。所以，如果一个低劣、设计有毛病的过厅在一个很美观的法庭外面，那么法庭的效果就会为之大减，这个过厅本身就犹如眼中钉一样。关于这点，再没有比在美国的一般剧院里更容易体会到的了。布置蹩脚的楼梯、拥挤不堪又不甚适当的过厅，极大地破坏了观众厅所应该具有的效果。

将不规则序列与规则序列区别开的第二个大因素，在于不规则的均衡占主导地位，以及弧形和弯曲轴线的运用（图 87、90、269、275）。这里良好的序列布局与建筑在功能上的成功有直接关系。正如我们所见，建筑师将用平面本身来引导来访者的行动。在第三章里我们已经讨论过这种起引导作用的均衡的重要性了，良好的不规则序列设计，将利用多种有益的手法，获取期望中的效果。

某些类型的现代住宅几乎没有效果，特别是早年兴建的所谓的“国际风格”建筑，这正是由序列形式的紊乱和不连贯造成的。为了设计出最大限度地节省费用和提高效率的平面，建筑师常常把建筑物做成可用空间的理论图表，虽然理论图表出色，但是似乎完全忽视了它们所提供的真实的视觉体验。

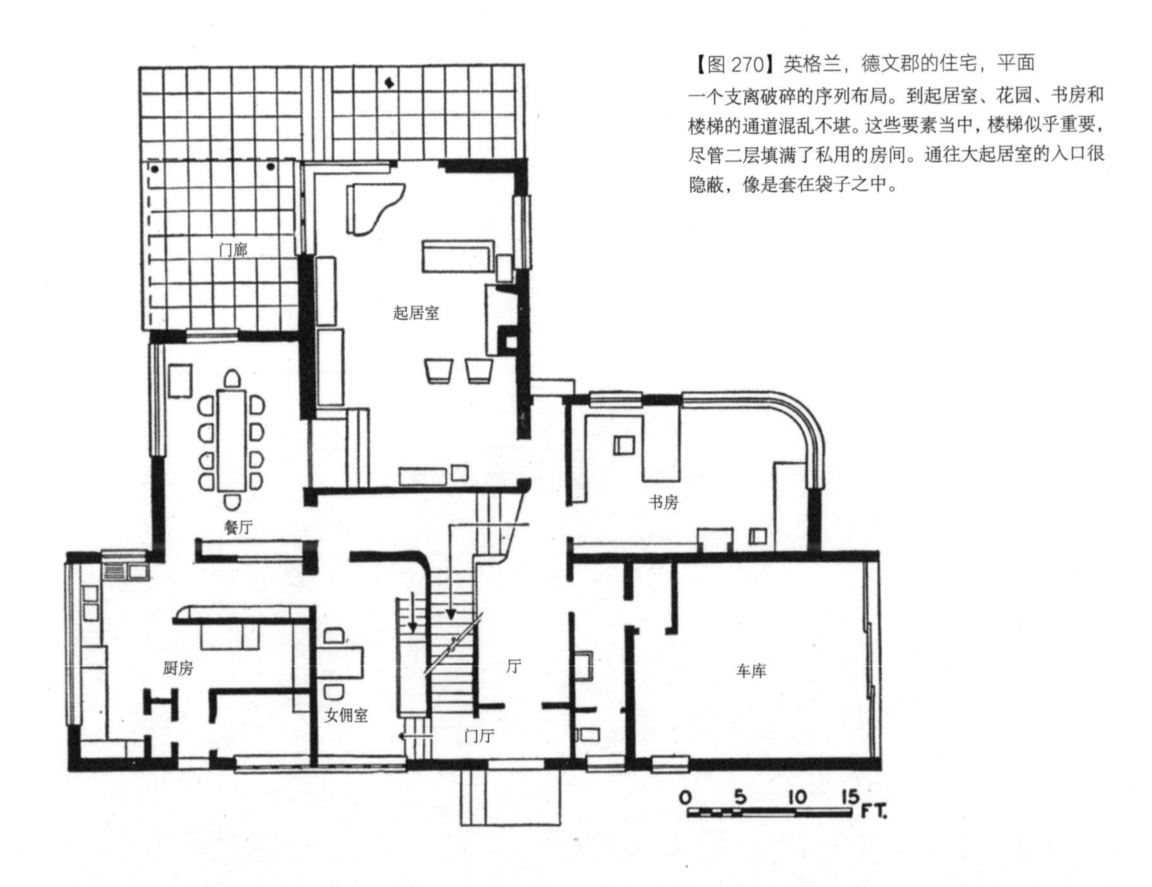

【图 270】英格兰，德文郡的住宅，平面
一个支离破碎的序列布局。到起居室、花园、书房和楼梯的通道混乱不堪。这些要素当中，楼梯似乎重要，尽管二层填满了私用的房间。通往大起居室的入口很隐蔽，像是套在袋子之中。

以图 216 所示的起居室为例，既没有开始也没有结束，没有焦点和高潮，行进的序列在视觉方面混乱不堪。同样，在图 270 所示的序列中，从门外到起居室的通道，也充斥着让人拐错弯的暗示，既拥挤又迂回，因此，由大起居室所形成的高潮显得如此突兀，以致几乎让人觉得它好像属于别的建筑。这就使人感到惊诧，在这里竟忽视了设计的统一性这个首要原则。

20 世纪最伟大的建筑师们并没有重蹈覆辙。他们总是牢牢记住，建筑学是一门视觉艺术，也是需要运用智慧的艺术。因此，他们总是不忘轴线的重要性，这里的轴线是真正的视觉轴线，它只是最容易、最直接地引导视觉的线。当在自然行进进程中需要一个转折的时候，就在轴线上标出来，并使之明确，用富于想象力的一切手法来进行巧妙的准备，特别是用位置摆放得当的嵌入式家具。例如爱德华 • 斯通设计的曼德尔住宅，从主要入口进入，穿过门厅，到入口楼梯，进入起居室，这是一个在平面上能激发人、在视觉上也能激发人的自然有效的序列体验；同样，从起居室穿过图书室到餐厅的序列，也是很好的设计（图 271、272）。位于布尔诺的由密斯 • 范德罗设计的图根德哈特住宅（图 273、274），从入口到起居室的会客地带，更可谓不规则序列的独具匠心之作。它的设计极为精巧、清新，视觉体验贯穿首尾，一气呵成，既有序又优美。一个简单又同样成功的序列，可以在图 205 沃斯特设计的小住宅中看到。小门厅的偏心门展现了起居室中优美的景色，从而使该房间本身形成的高潮有力而协调。加德纳 • 戴利设计的韦斯特伍德 • 希尔的住宅（图 275），其准备就更加精心。从前

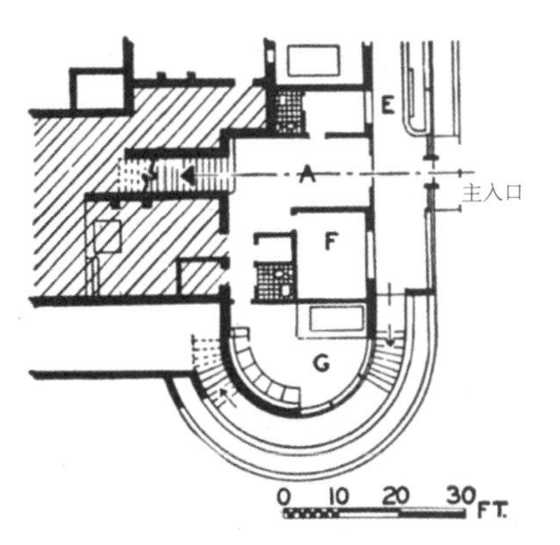

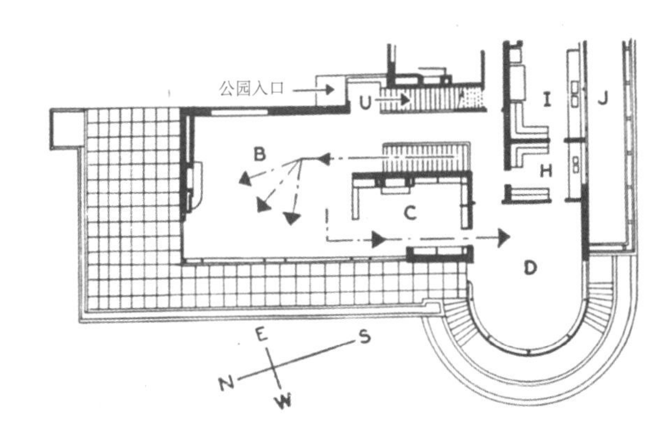

【图 271】纽约州芝特基斯科，曼德尔住宅，入口层和二层局部平面

建筑师：爱德华 • 斯通

A—厅；B—起居室；C—图书室；D—餐厅；E—花房；F—办公室；G—酒吧；H—配餐室；I—厨房；J—平台。

从入口到起居室 B 的序列直截了当、令人印象深刻，没有让人弄错的可能。起居室中的景色高潮促成了它的重要地位。从起居室通过图书室 C 到餐厅 D 这个次要的序列，也处理得同样漂亮。餐厅里饶有趣味的形状和玻璃墙面，装点出一个充分的高潮。

【图 272】纽约州芝特基斯科，曼德尔住宅，入口楼梯和起居室

建筑师：爱德华 • 斯通

装饰师：唐纳德 • 德斯基

见图 271 说明。约翰 • 加斯摄影

承爱德华 • 斯通和唐纳德 • 德斯基提供

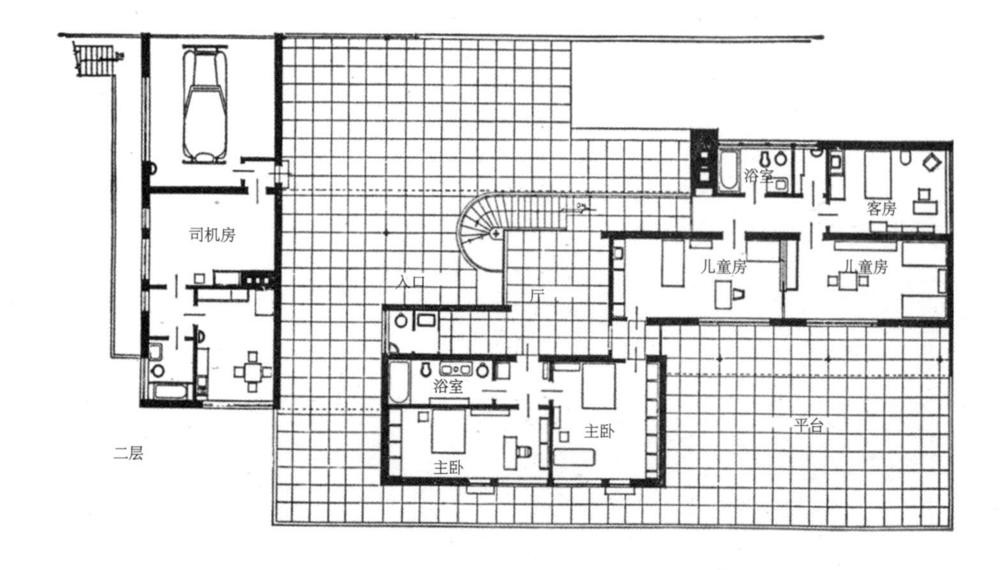

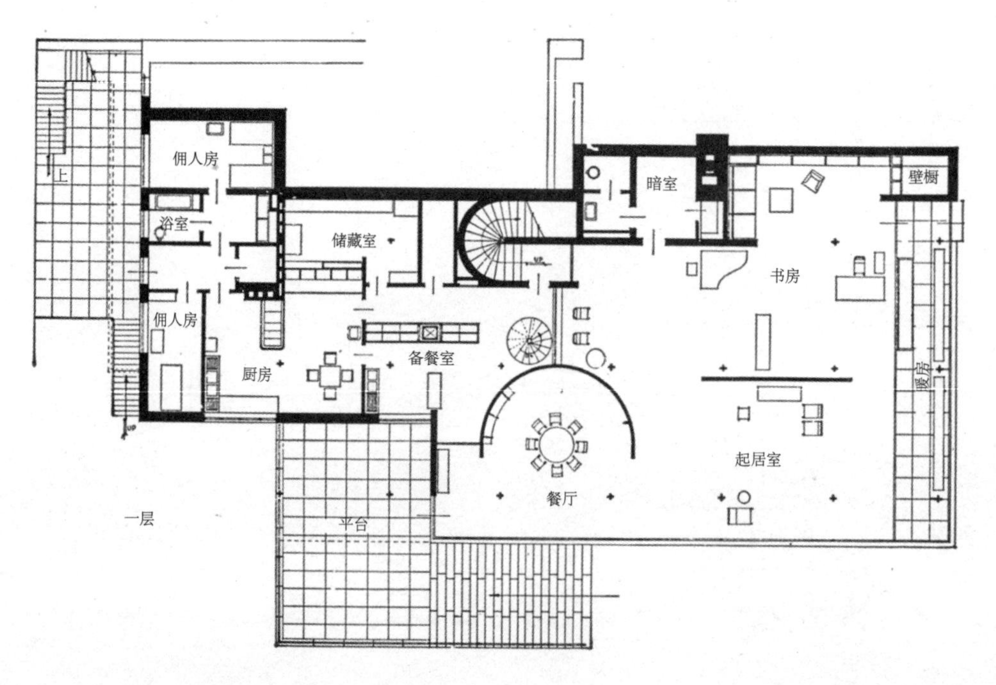

【图 273】捷克斯洛伐克布尔诺，图根德哈特住宅，平面

建筑师：路德维希·密斯·范德罗

这座住宅是从楼上的大街进入的。在大厅中，弯曲的玻璃屏风围绕着楼梯，是最精彩的要素，因而人们会自然地走下楼梯，进入起居室。这个序列处理巧妙，并起着控制作用。毫无疑问，它带有方向性的指示，或者说有使人满意的最后高潮。引自希契科克和约翰逊的《国际风格》

厅可以看到嵌入式橱柜，从而获得起居室尺寸的初步印象，尽管壁橱承担着保护隐私、遮挡的作用。整个平面充满了此类的精巧。

需要精心布局的序列，并不局限于从正门到起居室的通道（图 276 ～ 278）。在所有的建筑中，

【图 274】捷克斯洛伐克布尔诺，图根德哈特住宅，起居室内景

建筑师：路德维希•密斯•范德罗

序列必然引导人们从上层正门来到这个引人入胜、丰富多彩的室内。承现代艺术博物馆提供

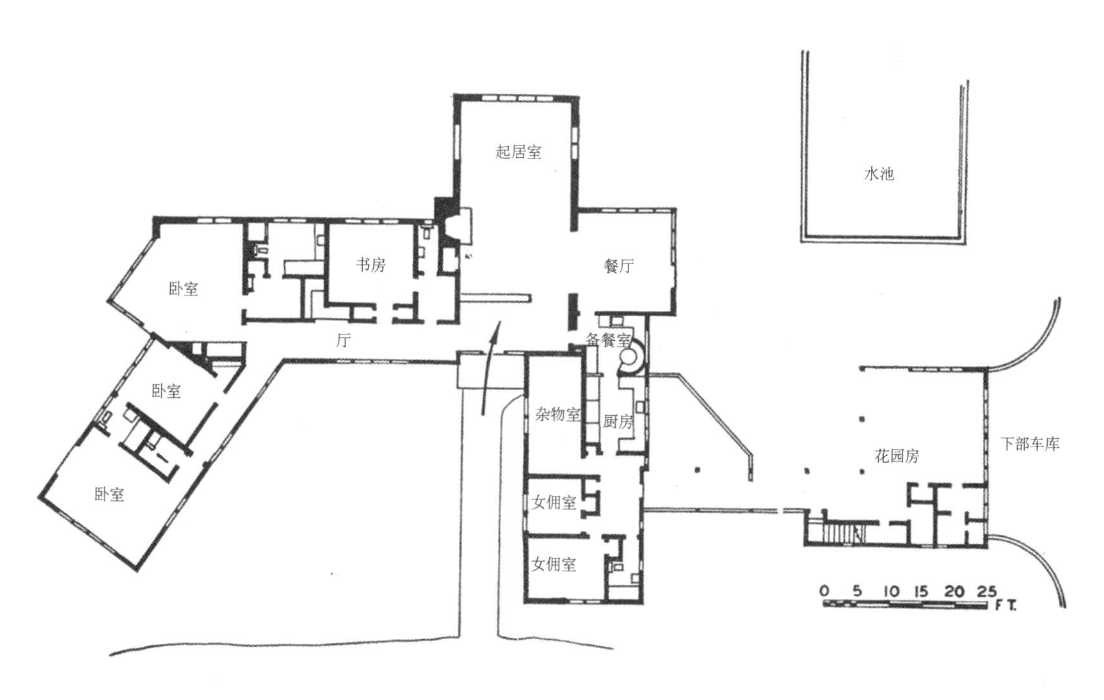

【图 275】加利福尼亚州，韦斯特伍德 • 希尔住宅，平面

建筑师：加德纳•戴利

该序列直接、简单、有趣，并具有恰如其分的视觉重点。注意从入口到备餐室和卧室的次要路径，它们靠近正面的角部，这里对进入者来说，是最不显眼的。

【图 276】纽约长岛，古德伊尔住宅，通向餐厅的走廊

建筑师：爱德华·斯通

经过灵敏手法处理的一个重要序列，被雕塑和光线强调出来。伊兹拉·斯托勒摄影

【图 277】加利福尼亚州洛杉矶，克什纳住宅，起居室
建筑师：哈韦尔·汉密尔顿·哈里斯
由大厅进入起居室序列的连续性提示，在不破坏宁静感的前提下，赋予其丰富性和多样性。梅纳德·帕克摄影

【图 278】威斯康星州斯普林格林，塔里埃森住宅，起居室内景
建筑师：弗兰克•劳埃德•赖特
这是一个异常丰富的构图，入口序列有高潮，而且还暗示着住宅的其他部分还有其他序列。承现代艺术博物馆提供

若一观者从建筑的一个部位到另一个部位，无论他（她）行进到哪里，序列都应让他（她）感觉到建筑在视觉类型上有意义的变化，以及建筑是有头有尾的。最常见的这类序列，可以是从卧室到更衣室和浴室，也可以通过一处公共办公用房的各种相关空间来形成。

在许多精心设计的精彩序列中，可以看看彼得•贝伦斯设计的陶努斯山住宅平面（图 279）。这里要特别注意首层的丰富构图，以及普遍采用的相对规则式序列的关系。在二楼主人的套房中，有私人起居室、书房，以及卧室、化妆室和浴室，其布局也是富于想象力并经过仔细推敲的，显示出极高水平的有序变化。这才是真正的建筑。

在建筑内部取得有序的序列这一问题，如同布局的整个过程一样涉及的内容广泛。为复杂的用途安排一个复杂的平面，需要运用一种方法使其序列不仅合乎逻辑、讲究效能，还要在视觉上惹人注目，换言之，需要提供主要的和次要的高潮，以帮助实现建筑的功能、丰富它的效果——这可是一项艰巨的任务，然而建筑学作为一门崇高的艺术，本来就是充满困难的。

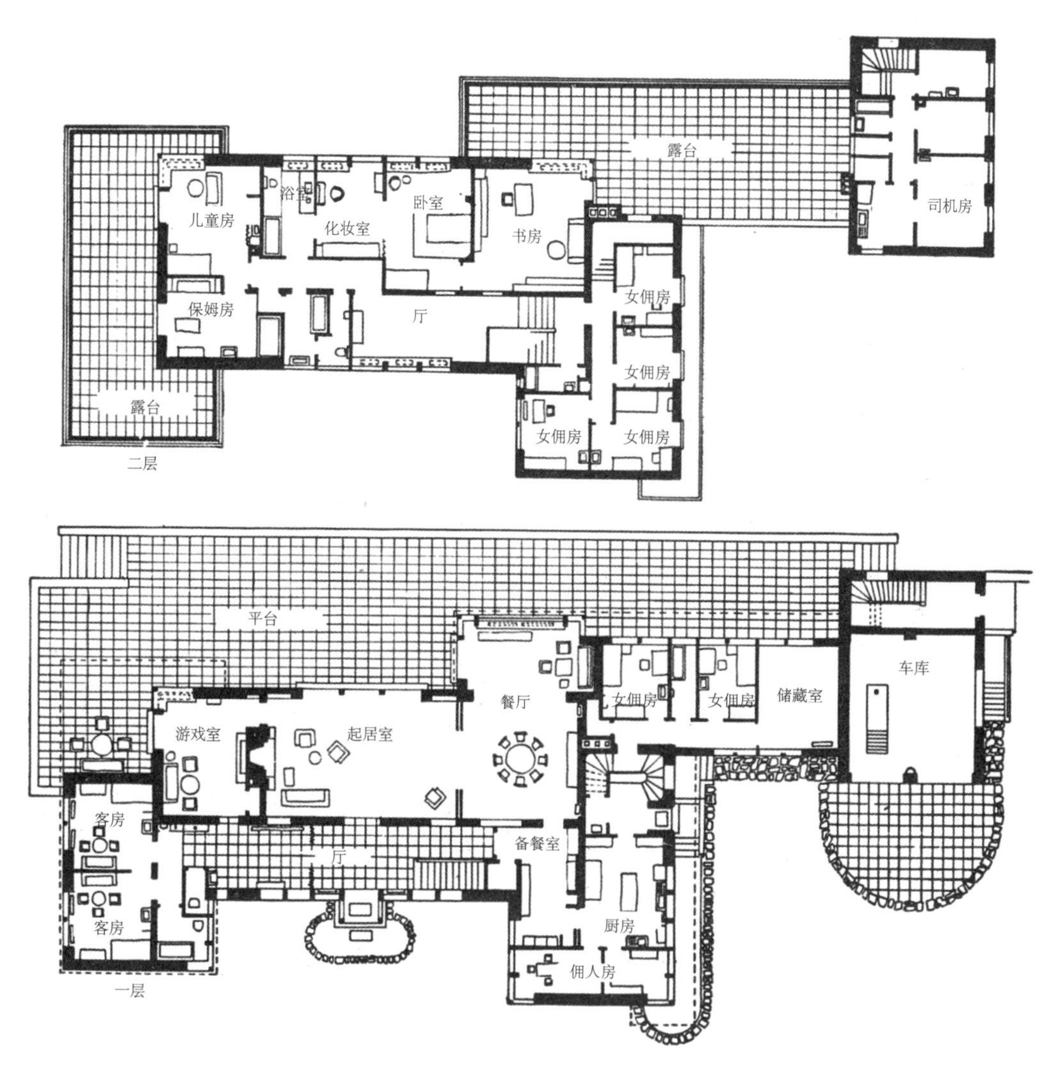

【图 279】德国，陶努斯山住宅，平面
建筑师：彼得•贝伦斯
这是一个经过精心研究的规整的不规则式平面，以楼上、楼下丰富而有效率的序列为特色。这里，对称通常用来强调山地的景观，在起居室和餐厅之间创建一个强有力的纽带。在上层，主卧、书房、化妆室的不规则序列是精心之作，既有功能上的便利性，又有视觉上的趣味性。

经过调查，这些困难都可以克服，只要建筑师牢记：一个平面不是一个图解，一座建筑物也不是一套定理；平面能在它代表的建筑物中建立视觉特征；建筑物能提供一个令人激动和富有美感的视觉体验。没有谁在使用建筑时可以避免从中接受视觉印象。建筑师的任务是务必使视觉印象优美，让人们从精心设计的、有序的和有意义的序列中感受到它。

为第七章和第八章推荐的补充读物

Curtis, Nathaniel Cortlandt, *Architectural Composition*, 3rd ed. rev. (Cleveland: Jansen, 1935).

Giedion, Sigfried, Space, *Time and Architecture* (Cambridge, Mass.: Harvard University Press, 1941), especially pp. 39-67.

Greene, Theodore Meyer, *The Arts and the Art of Criticism* (Princeton: Princeton University Press, 1940), p. 225.

Gromort, Georges, *Essai sur la théorie de l'architecture* ... (Paris: Vincent, Fréal, 1942).

Guadet, Julien, *Éléments et théorie de l'architecture*, 4 vols. (Paris: Aulanier, n.d.), especially Vol. I, Liv. II, and Vol. IV, Liv. III.

Hamlin, Talbot [Faulkner], *Architecture, an Art for All Men* (New York: Columbia University Press, 1947), pp. 36-65.

Harbeson, John Frederick, *The Study of Architectural Design* ... with a foreword by Lloyd Warren (New York: Pencil Points Press, 1927).

Le Corbusier (Charles Édouard Jeanneret), *Vers une Architecture* (Paris: Crès, 1923); English ed., *Towards a New Architecture*, translated by Frederick Etchells (New York: Payson & Clarke [1927]), especially Sec. II, "The Illusion of Plans."

Stratton, Arthur, *Elements of Form & Design in Classic Architecture* ... (New York: Scribner's [1925]).

Woelfflin, Heinrich, *Principles of Art History* ... translated by M. D. Hottinger (London: Bell, 1932).

Renaissance und Barock ... (Munich: Bruckmann, 1926).

Wright, Frank Lloyd, *Modern Architecture; being the Kahn Lectures for 1930*, Princeton Monographs in Art and Archeology (Princeton: Princeton University Press, 1931), pp. 71-72.

第九章　性格

建筑物的性格，是由建筑物的一般外观及内在目的之间的密切关系所决定的特性，像路易斯•沙利文所解释的那样，“外部面貌是内在目的的镜子”。性格也是一种与建筑的同类性表达相关的特性，这种表达的一致性，贯彻始终。正如一个人的性格是使他（她）成为他（她）自己的所有特点的总和，建筑的性格是其所有明显特性的总和。

从某种意义上说，任何建筑都有性格，因为每个建筑都存在区别于其他建筑的东西。而“性格”一词用于建筑学中，通常在某种意义上指的是与众不同的性格，表里一致的性格，特别是指那种在建筑中把人的基本意图表达得一清二楚并贯彻始终的性格。因而它是由人和建筑之间的紧密关系所引出的特性。它由常人置身于建筑中被激起的情绪反应所决定。

很明显，没有哪一种反应能在精神真空中存在。表现依赖于某种可理解性，而可理解性依赖于某种符号的存在，因为这种符号能激发可识别的联想。因此，使人认识到建筑的性格需要某种记忆；人们在一座新建筑中认识到的某些特点，让他们想起了从别的建筑中了解到的建筑用途，以此为据，他们在新建筑中推断出了与之类似的用途。因而对他们来说，新建筑似乎就有了性格，因为它的形式与他们过去所见到的用途相同的其他建筑形式类似（图 280）。

但是，还有一种由建筑引发的情绪反应，它建立在对具有明确形状和特性的某些类型的线条和容量的直接心理效应基础之上。这种反应，只是纯粹的愉快或不愉快，但在愉快的一般感受之下，还有另外的概念，即“**适合**”的概念，“**功能易于执行**”的概念等。那我们就可以说，一座建筑物的部分性格，是由显然与其用途相适合的基本形式的运用而产生的。从这个观点出发，评价建筑是否有性格，有时很困难，除非我们知道它的用途，因为显然窗户尺寸、天花板高度和许多类型的一般形状，能适用于一种用途，而可能不适用于另一种用途。假如我们发现，运用在建筑中的这些形式显然不适合它，我们立刻就会意识到，那座建筑物的性格不能令人满意，于是就产生一种不快，建筑的效果会蒙受严重的损害。如果将这些形式运用在适合它们的建筑中，一种可以感受到的强烈性格和由此而生的愉悦感就产生了。由此可见，一座建筑的实际美学效果，与构图的清晰，以及为与功能目的相适合而发展出的形式的臻于完美有密切关系（图 281、282）。

但是，建筑在功能形式中所表现的性格问题，还远远不止于此。有性格的建筑，不仅做到运用与目的基本适合的形式，而且在许多情况下，还如实告诉我们其目的是什么。这样，观者就可以直接评判它，而不需要依赖先验的知识去确定其目的。建筑本身就是它自己的标签。

【图 280】马萨诸塞州楠塔基特，塞厄斯康西特的农舍
表现最简单的住宅性格。托伯特·哈姆林摄影

当然，在此过程中，记忆会强力介入，正因为如此，在人们已经掌握了最重要性格的那些类型的建筑中，新的或革命性的形式要获得承认是相当困难的。在整个 19 世纪以及更早时期的某些情况下，人们已经习惯对特定类型的建筑采用特定类型的形式，以致若采用一种不同类型的形式，人们产生的第一个反应就是诧异，而且觉得建筑性格被引入歧途。

这种有关建筑形式的奇谈怪论，可以说既缺乏逻辑又十分肤浅，然而它的存在却是事实，建筑师必须设法正视它。教士和信众经常向往哥特式教堂，因为对他们来说，哥特式才意味着“教堂”，他们觉得，只有哥特式教堂才有正确的宗教性格。掌管公共建筑的委员会喜欢古典式，对华盛顿或古典式的议会大厦和法院的记忆，使他们产生了一种感觉，即只有古典式风格才能赋予它们正确的公共建筑性格。住宅的建造者，老是念念不忘要建造一座小科德角式别墅，或者要建造一座殖民地式大型住宅，因为他的记忆中，总是装着殖民地式建筑的形象，对他来说，这些形象才充分显示了“家”的概念。他认为，一座“摩登”住宅对他而言，像座医院，压抑而无个性，因为在他的记忆中，清洁、简单和合乎逻辑的形式，非但让人联想不到家中欢快的忙碌，反而令人想起医院（一种令人不快的暗示）。

霍华德·格里利在《建筑的实质》[1] 一书中，对由此所发生的问题做了很好的阐述：

> 近来一位论述建筑构图的作者指出，功能的表现往往导致建筑师采用陈旧老套的设计。假如设计一家银行，就把它设计得和已经设计好的别的银行一样，这样一来，人们很快就能从银行的相似性中识别出一个在特定地区使用的银行。这一倾向历来如此，直到把各种类型

1 《建筑的实质》（*The Essence of Architecture*），由 D. Van Nostrand Co 于 1927 年出版。——原注

【图 281】瑞典马尔默，里贝萨斯公寓，总观
建筑师：E. S. 佩尔松
大规模的大型公寓中保留着住宅性格。承美国 - 瑞典新闻交流中心提供

的设计都纳入多半是枯燥无趣、因循重复的陈规俗套。

这样的一个过程完全不是真正意义上的功能表达，只是维持和发展特定的惯例，它是一种广告形式，可被简化成美国连锁商店建筑的简单语汇。某些公司，不管是在缅因州还是新墨西哥州，都用鲜黄色来装点它的杂货店。另一些公司，则把它所拥有的快餐厅内部装修成都铎式。在美国，每个“十美分商店”都是朱红色的，这是一种宣传方式，它使公众容易了解所有权。但是，这不是建筑语言中所说的功能表达，而是一种商业标记。

用建筑语言表现“十美分商店”的功能，就是把它与销售不值什么钱的小物件这一需要和用途相适应的特征，在建筑中具体体现出来。它通常是指一层楼高的沿街立面，使用那些可以表明商店经济型管理和间接成本适中的材料；它意味

【图 282】瑞典马尔默，里贝萨斯公寓，阳台细部
建筑师：E. S. 佩尔松
居住的性质由精心的细部安排获得。承美国 - 瑞典新闻交流中心提供

着陈列橱窗和宽敞的出入口；它是指一大片不加分隔的地面，最大限度地方便柜台展示和交通流线，柜台展示需要充分的光线，交通流线需要宽敞的通道，地面材料不仅要耐用，还要易于保持清洁。

由此可见，在近来的建筑中像在过去许多历史过渡时期的建筑中那样，塑造性格必然会遇到困难。例如可以设想，在罗马式修道院里培养的一些善良而守旧的修士，到城里见到新式大教堂时，会大吃一惊，人们怎么能在有这么大的窗户、像个鸟笼子似的庞然大物之中做礼拜呢？然而教堂一直在修建，时至六百余年之后的今日[1]，我们接受了这些新形式作为某些特性的严格评价标准，但那个历史时期的守旧者缺乏对它们的认可。

可是，赋予现代建筑性格的问题，无论如何都会是棘手的，因为这些现代建筑无法激发人们记忆中可作为背景的大量建筑形象，但我们绝不能怯懦地退却至失败主义思想——要么性格问题无关紧要，要么就不可能取得成功。性格在建筑中具有巨大的社会价值和现实价值，建筑性格能够引起人们的情绪反应，这是建筑使人们生活丰富多彩的一种巨大贡献。因而性格是至为必要的特性之一，而且也是一个有趣的事实，在历史上的过渡时期，敏感的建筑师总是有能力跨越背景中的鸿沟，并采用适合的新形式强迫人们接受性格。随着越来越多的新型作品逐渐被建造起来，越来越多的学校、住宅、工厂和公共建筑显示出，20 世纪的设计思想占据了主导地位，公众将会积累一些新的记忆印象，使得理解好的建筑性格日渐容易起来（图 283 ～ 285）。

显然，我们不能把记忆的印象作为建筑性格的一种决定性因素，不能单独依靠记忆的印象来确定现代建筑的性格。哥特式教堂、哥特式大学建筑、殖民地式住宅、古典神庙式银行，不可能是现在有思想的人所能接受的概念，照搬任何现成的古代或现代历史上的风格，来赋予建筑性格，在今天无论如何都是行不通的。整个 19 世纪关于建筑风格与性格间的相关理论，纯属一笔糊涂账。众所周知，过去所有的伟大建筑时期所流行的风格控制了所有类型的建筑，并且可以说，这些建筑风格和建筑类型之间没有任何关系，是一种从折中主义者的货郎担里信手拈来的既无创造力又无思想性的货色。幸亏这一切在很大程度上已经成为往事了。

因此，为了寻求产生现代建筑性格的方法，我们必须求助于那些比与任何肤浅风格相关的概念更为深刻、更为普遍的概念。就像通过认真的研究，我们已经能在布局中成功地掌控功能需求那样，我们也必须同样以某种功能上的检验，去找到获取有效性格的方法。公共建筑需要大量日光，于是我们就应该认识到，必须提供阳光，于是大窗户或大片玻璃带就成了设计的主要特征。同样，处理拥挤问题就需要大的出口，还需要如实地把需要表达出来。一般的尺寸因素也是如此，设计要对有必要大的要素显示其大，有必要小的要素显示其小。在设计中把各种要素之间的各种功能联系表达出来，以便

1 本书原著出版时间为 1952 年。——译注

【图 283】伊利诺伊州温内特卡，乌鸦岛学校，入口
建建师：沙里宁和斯旺森，珀金斯和威尔
动人、宁静的细部与人化性的尺度相结合，形成了美好的学校性格。海德里奇 - 布里斯摄影

【图 284】加利福尼亚州，埃克塞特联合中学，自廊道内望去
建筑师：富兰克林、孔普
宁静、直截了当的处理，形成一种良好的富有表现力的性格。承欧内斯特·孔普提供

【图 285】田纳西流域管理局，齐卡莫加发电站
总建筑师：罗兰·旺克
这是对这里生产的巨大电力的出色表达，这座建筑物的性格表达了工业用途和公共目的。承田纳西流域管理局提供

使观者对整个建筑的基本功能关系一目了然。尺度也要提示建筑的使用目的，诸如此类。

因此，一座建筑将在某种程度上让人在头脑中形成关于内部情况的图画。假若设计清楚、明确，它将告诉观者建筑所具有的特殊功能的故事，这样也许可以丰富他（她）的整个生活概念。这类性格的基础就是，功能明确简单。例如某些大型工业建筑群、现代化的学校，它们的效果之所以令人满意，原因就在于此。

但是，性格也来自于不完全理智的反应。人从建筑中感知性格而获得的乐趣，不能被干巴巴地理解为形式对它所服务的目的的机械式适应，它还是一种明确的情绪反应。优秀的建筑物，让人处于正确的情绪状态，为在其中要进行的活动做准备。所以，好的学校必然使孩子们在学习中体会到快乐，必然把形式和色彩结合起来，在他们中间产生一种宁静与快乐的学习气氛。一个好的教堂，则会以各种形式支持礼拜活动，并将唤起宗教情绪，这些情绪不仅适合于宗教礼仪，而且还对完成仪式有一定助益。设计得好的住宅，不但便于处理家务，而且还趋向于唤起使整个家庭生活悠闲、愉快的情绪——轻松闲适的普遍情绪，以及明显的个人情绪，比如，如有必要可以打造出与外界隔绝的围护感，或者如有可能可以创建出住宅内部与花园密切的关系。这样看来，甚至工厂也远非一个围绕着生产流程效率和良好采光团团转的地方，在这个需要进行精心视觉设计的地方，应有一种消除精神散漫的性质，在色彩和造型上应具有人情味，使工人感到他们不是工资的奴隶，而是生产企业单位中互相协作的个人（图 286）。促使产生正确的同类情绪，应是一切类型建筑性格的基础（图 287）[1]。当然，公共建筑必须表明它们是为公众所用的，它们看上去必须是为社团而不是为个人而建的。就个人的反应而言，还必须强调庄重、自尊和克制的特点，必须使社区的所有人都感到他们有一种共同的意趣和集体的自豪感（图 288、289）。

要设计有性格的建筑，首先需要设计者充分认识建筑在社会生活和个人生活中的地位，必须知道哪种情绪适合于哪类建筑。单从功能上安排，常常会导致结果含混不清。例如，差不多任何学校建筑都要求宽大的窗户和宽敞的出口，而工厂也有同样的要求。然而，显然这两类建筑性格必定不同，适当的性格只能通过人们对情绪的适当表达来获得。只有如此，学校和工厂性格上的不同，才能立刻变得鲜明起来。学校是为孩子们设计的，必须避免任何大得出奇的东西，它的性格必须显得亲切，并且要有一种家庭的味道，一定要考虑到它是孩子们的第二家庭，必须这样设计（图 283、284）。另一方面，工厂则是为成人设计的，他们为了一个已知的目标而工作，相信自己，对高效率感兴趣。设计所基于的实际条件是，数量较多的人要在同一时间做类似的事，好的工厂设计，应该反映出这些特点（图 286）。

同样，住宅和公寓的性格，从根本上说必定是以家庭所唤起的日常情绪为基础的。特别是独立式住宅的设计，将有很大不同，因为家庭在生活方式及感受上，本身就千差万别。从理论上讲，每个住宅都需要原原本本地表达生活在其中的那些人的态度。有些人想要深居简出，想要把世界拒于家门之外；另一些人则希望过一种较为开放的生活，对外部世界抱欢迎的态度。优秀的建筑将发展适合于自己情况的性格。而这两种住宅从本质上来说都是家，二者的某种基本情绪都会被表达出来，而这种情绪，是体贴周到的人们所共有的家庭情绪。在这儿，建筑师的责任非常重大，借助他给予建筑的那个性格，不仅要表现出居住其中的人们的特性，而且还要在那些人的心目中实际创造建筑所拥有的某种态度。建筑师通过他的设计，可以使人在现实中更好地休息，更好地协作，或者使他们进取、傲慢，甚至出风头。建筑师能表达，甚至至少在某种程度上，决定了尘世的感情生活。

在各种类型的建筑物中，很难决定要表达的适当情绪。例如在剧院设计中，要说华丽甚至奢侈的性格是它的固有传统，这是对的，因为人们常常去戏院、电影院观看演出，以求消遣，希望从日常生活拖累中解脱出来，渴望欢乐，寻求乐趣。为了表现这种共同情绪，剧院的设计者们通过铺张甚至轻浮的设计，以求建筑物获得适当的性格（图 290）。可是现在有种新的针锋相对的见解广为流传，既然观众的目的就是看演出，别的什么事都必须从属于它，那么剧院的过厅和观众厅必须尽可能简洁，不让别的东西打扰由戏剧所引起的情绪基调，要照这个意思把建筑物建起来（图 291）。

---

1 体现了明确的居住建筑性格。——译注

【图 286】俄克拉何马州俄克拉何马市，波顿公司大楼
奥斯汀公司设计建造
为与乡村背景相协调而设计的另一种工业建筑的性格。承奥斯汀公司提供

【图 287】缅因州芒特迪瑟特岛萨姆斯桑德，托马斯住宅
建筑师：乔治 • 豪
由构造和材料表达出来的性格：木、石材质的墙，钢筋混凝土悬挑。承本 • 苏纳尔提供

【图 288】德国斯图加特，自动化邮局
简单的设计、良好的比例和宽敞的凹入式遮掩屋顶，都提示了该建筑物的公共用途。承现代艺术博物馆提供

【图 289】加利福尼亚州弗雷斯诺，市政厅
建筑师：富兰克林和孔普建筑师事务所
尊贵、开敞、永久性的材料和自然的对称结合起来，创造出优美的 20 世纪公共建筑的性格。罗杰·斯塔特凡特摄影

建筑师在这两种概念之间如何进行选择呢？不存在对二者都适用的某种抉择标准吗？人们需要社交，需要休息，华丽的风格将能表达这种共同的感觉。另外，人们总是多目的地使用这些建筑物，而且所追求的并不是马马虎虎地逃离日常生活，而是要从银幕或舞台上得到某种明确的感情体验，对这些人来说，宁静的性格倒是适合的。

关于教堂的适当性格问题，已经做了一些类似的讨论。教堂建筑是做礼拜的框子呢，或者索性以它自身的方式成为礼拜的一部分，就像教堂的音乐是礼拜的辅助部分一样呢？对于这个问题的不同的

【图 290】维也纳，人民剧院，内景
一个典型的 19 世纪洛可可剧院的观众厅设计，强调出欢乐的性格。承韦尔图书馆提供

回答，可以对适合建筑的性格进行不同的解释（图 292、293）。在政府建筑中，也已经有了类似的分裂：一些人说，目标是表达个人反应，而不是团体反应；另一些人则相信，在政府或社会活动中，去表达某种非个性的东西，要比表现个人的本性更有必要。当然，每位建筑师对于这些问题都有他的个人感受和自己的答案，但大体上几乎可以说，为他人回答这些问题，或者把他自己的答案强加给它不适合的一个项目，不是建筑师的责任。当建筑师为某个明确的业主做设计的时候，毫无疑问业主也有自己的某种答案，如果建筑师能理智而诚实地做事的话，他首先要做的工作，就是尽善尽美地实现业主的意愿。自然，他要阐述这些基本问题的某些方面，确保业主的反应是建立在知识和思考之上，而不是建立在无知和习惯之上。可是，一旦业主的决心已定，遵循业主的意愿，就成为建筑师的义务了。如果剧院业主想要一个喜庆的大厅，他将会设计一个快乐无忧的建筑。如果有人想要给严肃的戏剧一个严肃的景框，他就会营造一种适合这一要求的气氛。

显然，建筑师的首要责任就是，在所有项目中确定与之相适合的情绪，只有这时，他才能创造一种建筑来产生那些情绪。当然，建筑只能唤起某些情绪。它的作用仅限于少数个人的感觉和多数比较笼统的感觉。因此建筑物能够表现，并以这种表现来帮助产生安逸、宁静、家庭感、强调、志趣、好客、华丽、庄重或敬畏的情绪。

【图 291】麦迪逊，威斯康星大学，剧院和艺术中心
建筑师：迈克尔•黑尔及科比特和麦克默里
简洁的墙体及弯曲的天花，把人的注意力引向舞台。海德里奇 - 布里新摄影

这些独特的情绪可以直接由形式引起。可能有些人比其他的人对形式更加敏感，而实际上对每个人而言，形式本身都承载着某种情绪的信息。这种情绪效果的整个课题，仍然需要更多的研究和更明晰的澄清。它似乎在很大程度上基于移情作用（empathy）或感念倾向（Einfühlung）——一种事实，即人们觉得他们存在于所设想的物体之中；他们会觉得自己在大空间里扩大，在小空间里缩小；他们体会到柱子在实际中的支撑特性，似乎身体上感受到了那不堪负担的压力。事实上，一个人对建筑物在情绪上的反应，多半是由这种直接感受，以及大量记忆和惯例产生的。但是，既然今天建筑师不能求助于记忆来获取建筑性格，他必须对纯形式或线条引起的情绪效果变得更加敏感。

可以将这些效果归纳列举出来：①体量和容积的效果；②重量和支撑的效果；③复杂和简单的效果；④线条和色彩效果。

体量和容积的效果　巨大的尺寸和统一性相结合，总会给人某种壮观的感觉，待其发展到足够的程度，甚至会产生令人敬畏的效果。这就是金字塔有威力的秘密（图 294、295）。小的体量，一般可以激发出有**个性**和**特性**的感觉，如果它与周围的关系处理得当，就会产生一种**亲切感**。一些小的容积，总会暗示这样的想法：单独的个人能以某种方法围绕它们、包围它们，变为它们的一部分。大的体量同样会给人个性扩大的感觉，它们会暗示这样的想法：人类在某种程度上比表面上看起来更加伟

【图 292】罗马，特拉斯泰韦雷的圣玛利亚教堂，圣坛
金色的马赛克、豪华的材料和流动的线条，创造出一种与宗教仪式相关的强烈的情绪高潮。承埃弗里图书馆提供

【图 293】俄勒冈州波特兰，圣托马斯莫尔礼拜堂
建筑师：彼得罗·贝卢斯基与 A. E. 多伊尔
它的宗教性格由最大限度的简洁和舍弃所有不必要的和有干扰作用的特征来形成。承彼得罗·贝卢斯基提供

【图 294】埃及吉萨，大金字塔
它那巨大的尺寸和角锥状的外形，显示出重量、永恒和令人敬畏的特性。承韦尔图书馆提供

【图 295】科罗拉多州丹佛，红岩圆形露天剧场
建筑师：伯纳姆•霍伊特
富有想象力地运用自然峭壁，结合最小限度的外露结构，创造了一种极佳的纪念性格。

大。如果这种扩大是在水平面上进行的，那么这种个人的提升感和生活价值的增强感，则会被切实地察觉到。但是假若这种扩大基本上是垂直方向的，那么这种提升似乎就成了一种理智或精神上的属性，是一种对人类局限的超越。因而，高耸的尖塔和高大的内部空间，本身就蕴含着一种宗教的启示。同样的属性，级别较低的，也可以由从它们外部所看到的垂直体量产生。在各个文明时期，宗教建筑一再寻求内部和外观高度上的效果，这不是偶然的。古希腊和古罗马神庙，诚然在设计中都是在水平方向而不是在垂直方向扩展的，中国和日本的庙宇同样如此，这也许是因为它表现出这些国家崇尚一种人本主义和以人类为中心的特点。另一方面，有高塔的印度神庙和基督教宏大建筑，则通过向高处的伸展，表现出基本的神秘主义。表现在哥特式建筑中的这种强烈意愿，已被广为引述，似乎已经成为一条自明之理了。

重量和支撑的效果 能显示重量的形状，如角锥体、有沉重斜墙的棱锥或棱台式建筑以及类似的建筑，几乎总能给人留下永恒和充满力量的印象。它们所表现出的重量感，似乎将它们和整个宇宙联系起来。这种建筑仿佛是大地的一部分，它们好像有一种单一性——力量感和永恒感，像重量本身所具有的力量一样。美索不达米亚神庙的巨大台座、美洲玛雅人和阿兹特克人的金字塔、印加人要塞的斜墙，这些都具有永恒的重量感，给人难以忘怀的印象。所以，这些形式仅适合于以权力、永恒和庄严的情绪效果为首要目标的建筑，像纪念碑、纪念物、陵墓等。

与重量感有关的是支撑感，即对巨大重量形成有效而从容的支撑。叔本华把这种感觉当作建筑美学的基础，在这种完好的支撑效果中，存在着敏感的观察者所能获得快乐的巨大源泉。今天我们不仅能在柱子（无论是木头的、钢材的、石头的或是混凝土的柱子）中感受到，而且也可以在杆和索的细线条中感受到这种重量和支撑的效果，它们如此轻松、如此优雅地支撑着巨大的悬浮式桥梁的拱券，使人们立刻就能感到满足与安宁，至少在这里人类已经对所面临的问题有了充分的认识。

复杂和简单的效果 一般地说，具有简单线条和体量的建筑，倾向于产生安稳的效果（图 296），如果建筑物尺寸大，则会产生力量感；如果尺寸小，就会产生这样一种感觉：这是一种令人喜欢和珍爱的物体，不会令人紧张。另一方面，一种有设计和组织的复杂性，会有战胜重重困难的效果，即人们的组织才能，成功地克服了变化多端甚至是相互冲突的需要。通过小构件的统一和细部精美有序的性格，通过整体的力量和同一性，表现出人类携手并肩，向单一和确定的目标前进的伟大意识（图 297）。这种结合是建筑所能给予人类的最有力的情绪，它建立在许多伟大建筑需要人类想象力的基础上。而在复杂性中，几乎总是有某种冲突或压力感。这种冲突或压力感被成功地整合到最终的合乎目标的成果中，构成了伟大建筑作品所产生的所谓灵感（图 298）。

线条和韵律的效果 线条所引起的情绪上的效果，已经被比较仔细地研究过了，而且比在体量和容积的情绪效果上花的时间更多。线条在绘画和平面艺术中的重要性，已经把这个问题推向了画家和批评家。在建筑学里，这个问题几乎同样重要，因为在这里，线条是由围绕体量的那些平面相交和多种必要的建筑要素（如支承墩柱、梁底、挑出的屋檐等）而形成的。

水平线条所固有的平静感和舒缓感，已经久为人所熟知，这种平静多半得之于水平线条与平衡原则之间的关系，例如，天平两边的一对秤盘的重量相等。水平线条也唤起人们的一些想象，如想到大海里漫长的海平线，平静的水面，宽而伸展的平川等效果。水平面也具有单一性和统一性的内涵，正像弗兰克•劳埃德•赖特所指出的那样，在建筑中它强调建筑物与大地之间的紧密关系。赖特设计的许多以修长水平线为特色的作品，就有一种非同凡响的宁静和惬意感（图299）。由长条状窗户的水平舒展所产生的宁静感，是近来建筑强烈的特征之一。埃里克•门德尔松的某些优秀作品，像在开姆尼茨的朔肯商店，同样说明了强调水平线的惊人效果。许多荷兰建筑师，像杜多克或布林克曼及范•德•弗拉格特等人，他们最优秀的作品也是这样。

水平线几乎能无限地重复，水平线有韵律的重复又可以使效果大增。在许多古典风格的伟大建筑中，其沉静、庄严的特征，就来自基座、束带层、檐壁、檐口等的主导性水平线条。

另一方面，被着力强调的垂直线条，似乎能产生进取和着重的效果。如果这些线条伸向高处，会暗示一种抱负感和超越感。其效果无疑与尽力向上、抵制重力、想方设法使人的注意力摆脱地球局限的思想有关。许多迅猛发展的哥特式建筑，其与生俱来的力量就说明了这些效果，如许多人从现代摩天大楼的剪影或者从港湾看纽约的景观所感到的动升力也是如此。将这种情绪用于表现商业性建筑究竟是否正确，还是个有争议的问题。对于把赚钱当作唯一目的的建筑物，给它这样非凡而生动的效果，多半表明我们的性格基本上失衡了。布鲁诺•陶特在他那扣人心弦的早期著作《城市之冠》[1]一书中，

【图296】斯德哥尔摩，火葬场

建筑师：E. G. 阿斯普伦德

简单的几何形体、对尺度的巧妙掌握，以及对场地富有想象力的运用，创造出一种强烈的庄严、肃穆及安静的性格。承美国-瑞典新闻交流中心提供

1 《城市之冠》（*Die Stadtkrone*），由Dieterichs于1919年出版。——原注

【图 297】意大利帕埃斯图姆，海神庙，内景
以简单的结构形式、令人赞叹的细部制作，以及建筑材料的表现，创造了建筑性格。承韦尔图书馆提供

【图 298】马萨诸塞州波士顿，昆西商场
建筑师：亚历山大·帕里斯
花岗岩运用自如，形成简朴的庄重和永恒感。托伯特·哈姆林摄影

发展了现代社会之冠的概念，或者说至高无上的、最重要和最需要高度强调的要素的概念，那必须是一组以城镇的政府、教育、文娱生活建筑为中心的建筑群。把这个中心布置在最高处——城市的制高点，以便人们老远就能看到它，让为社会福利而兴建的建筑物俯瞰全城。这正像先前以大教堂的高大体量或教堂尖塔的垂直标志来控制全城一样。

大量运用有韵律的垂直重复，有时似乎比少量运用这种重复所取得的动态效果要差。仿佛人们感到，每个线条都在帮助下一个线条，它们结合起来就产生了一定的悠闲感。而且，垂直线条既然与支撑问题紧密相关——努力摆脱地心引力，但鉴于水平线条与大地直接关联，垂直线条与水平线条的结合，不管在何处，都可以通过悉心的整合产生平衡感，且必然产生一种被充分利用的力量感，换句话说，它们代表了冲突的解决（图 300）。因此，叔本华在支撑（体现在柱子中）和重量（体现在檐部的修长水平线上）的完美关系中，找到了建筑体验中最大的满足，正是因为这一点，他喜爱希腊建筑胜于哥特式建筑。

【图 299】伊利诺伊州威尔梅特，贝克住宅
建筑师：弗兰克•劳埃德•赖特
强调水平线，形成安稳的性格。承现代艺术博物馆提供

在 20 世纪，由于我们对金属支柱的强度有了全新的感受，许多使内在的冲突得到妥善解决的同样的性质，可以从出现在密斯•范德罗最佳作品中的细柱与平板的美妙关系中（图 301），或者在拉辛由赖特设计的约翰逊腊制品公司大楼里散布的混凝土柱里找到。

弯曲线条的效果也经过了多方研究。水平伸展的平缓波动基本上像水平线一样，似乎能产生同样轻快闲适的感觉。事实上，正弦曲线一类的线条，它不断波动和改变方向，但并不断开，总能产生一种有韵律的宁静。山丘和海洋波涛的漫长轮廓线，都有这一性格。在平面中，许多道路和小径的美感，也可以归结为同样的性质。圆形不论是在平面还是在立面的要素里，总是封闭、明确而统一。与椭圆和卵圆有关的曲线，还给这种强烈的封闭感加上某种动态的强调。曲线的中断会使人产生激动和紧张的感觉，人们在这种紧张后面，建立起对某种目标的期待，并要求缓和，以便使最终结果一定是平衡的。螺旋线是最有动感、最有趣味的曲线，已成为数千年间贯通于许多文化的受人喜爱的装饰要素。

建筑结构上的要求，对在建筑中使用的曲线有一定的限制。除了圆顶建筑和弯曲平面等情况外，曲线用在细部装饰中比用在主体建筑形式中更为常见，某些文化已将这种曲线的运用发展到相当高的程度。许多优秀巴洛克建筑的丰富性和力量感，就在于缓和了这种矛盾，并且按章法运用各种充满活力的曲线，从而发展出强调动态的精妙平衡。因此在伯尔尼尼、博罗米尼、埃拉赫及普兰陶尔的作品中，在平面和立面通过均衡（但不一定对称），精心地运用动感曲线，产生一种千回百转、激荡人心的感觉。在德累斯顿，珀佩尔曼设计的茨温格府邸大门，也是这类作品的优秀实例。它具有巴赫赋格曲中精心对位的丰富情绪。

许多情绪——冲突、欢乐甚至幽默——都能在建筑中用曲线和断线来表达。但这需要一种超凡的

【图 300】维也纳，霍夫图书馆（现国家图书馆），室内
建筑师：埃拉赫
控制得当的华丽细部，创造出壮观而富丽的场面。承哥伦比亚大学建筑学院提供

富于创造性的想象力，去掌控那些可能出现的无限花样。在笨拙无能、毫无诚信可言的设计者手里，其结果只能是产生毫不连贯、毫无意义及粗俗不堪的感觉。可以充当这一事实铁证的电影院，真是不胜枚举。

色彩的效果 建筑色彩问题将在第十一章里另行探讨，这里我们只提示一下色彩引发性格的某些基本问题。日常对色彩使用的很多形容词，都具有强烈的情绪内涵。这一简单的事实表明，色彩具有情绪的力量。我们说生活单调时，常常会说色彩单调。有冷色调和暖色调，色调清爽或色调温暖，还有鲜色和素色；事实上我们的整个色谱，除了色彩本身的实际名称之外，都以色彩所能引起的人的情绪为基础。

现代建筑材料给建筑师提供了运用色彩的极大自由，在室内外设计中，色彩有机会获得建筑性格，但建筑师至今少有发挥。一般说来，现代设计师总是用灰色和米黄色的系统来考虑问题，偶尔做一些黑色的点缀，依然处于传统石材建筑的支配之下。他们更常用的或许是干净明亮的色彩，借以形成一定的建筑性格。当代荷兰建筑师们，在这方面更为高明，他们在门窗框和钢制构件上施以明亮的色彩，

【图 301】1929 年巴塞罗那博览会，德国馆，内景
建筑师：路德维希•密斯•范德罗
适用于公共建筑的一种精练而优雅的性格，得到了完美的表现。承现代艺术博物馆提供

常常能成功地创造人性化和安居的性格，最优秀的荷兰住宅的显著特征就是如此。醒目的室内色彩，也是正确表达性格的极好手法。绝大多数的哥特式教堂内部，即使不是全部的话，大部分也都丰富多彩。君士坦丁堡和威尼斯绚丽多彩的马赛克，在促进形成尊贵和丰富的特殊性格方面，有无可估量的作用，像圣索菲亚教堂和圣马可教堂的室内所显示的那样，这些马赛克的金色底子，好像闪烁着天堂的圣光。我们希望，最终我们的建筑师将学会设计同样大胆的色彩构图，这将有助于建筑物把性格传达给置身其中的人们。

除此之外，建筑中还有三个形成性格的根源，这些是更为普遍的性质，而且每个都比上述各点重要。第一是恰当的主从关系。一个具有适当性格的优秀建筑物，必须始终保持主要目标的鲜明性，而且必须设法从远近两个方面设置适当的标记。当然这是指，设计者在任何建筑设计里，必须让所有次要复杂因素从属于它所围绕的主要建筑要素，而且自然地表现建筑的主要目的。在追求细部的趣味时，切不可忘记，整个建筑必须设计得使较次要的要素居于次要位置，这样才能使主要的形式更有可能表达正确的性格，以控制整体，并帮助建筑述说它应有的身世。

形成性格的第二根源在于正确的尺度。这点必须明确。使公共建筑看上去就是公共建筑，这就需要它有与私邸不同的尺度处理。政府建筑则又是一种尺度，它表明了某种比私人建筑更宏大的目标。

超人的尺度将促使建筑寻求永恒或提示永恒观念和理想。因而建筑师只要仔细处理每一个单体建筑的尺度，就能充分赋予建筑正确的性格和正确的情绪。

形成建筑性格的第三根源是，功能表现的直接性和明确性。这大概是最重要的，因为没有什么比让一座建筑表达与它的真实本性不相符的用途或情绪更能损害建筑真实的整体感了。弄虚作假，在建筑学里也和在其他艺术领域一样，是一场灾难。如果任何建筑物的功能都能一目了然并合乎逻辑，那就决不会出现这种事情。办公建筑假装成教堂，银行模仿神庙，同样是对美好建筑理想和优良品质的冒犯。人们的生活丰富多彩，在现代社会中，个体和社会关系的整体复杂性令人无限神往。如果在社会中所有的建筑都具有真实的性格，那么社会本身就会同样引人入胜。因为，建筑是社会生活的一面镜子。

为第九章推荐的补充读物

Belcher, John, *Essentials in Architecture* ... (London: Batsford, 1907), especially Chap. 3, "The Factor of Significance," and Chap. 5, "The Adjustment."

Greeley, William Roger, *The Essence of Architecture* (New York: Van Nostrand [c1927]), Chap. 6.

Greene, Theodore Meyer, *The Arts and the Art of Criticism* (Princeton: Princeton University Press, 1940), pp. 321 ff., especially p. 329.

Hamlin, Talbot [Faulkner], *Architecture, an Art for All Men* (New York: Columbia University Press, 1947), pp. 15 ff.

Ledoux, Claude Nicolas, *Architecture de C. N. Ledoux ... l'architecture considerée sous le rapport de l'art, des moeurs, et de la législation*, ed. by D. Ramée (Paris: Lenoir, 1847). Ledoux demanded an "architecture parlante."

Lethaby, William Richard, *Form in Civilization; Collected Papers on Art & Labour* (London: Oxford University Press, 1922).

Lurçat, André, *Architecture*, in the series "Les Manifestations de l'esprit contemporain" (Paris: Au Sans Pareil, 1929).

Mendelsohn, Eric, *Three Lectures on Architecture* (Berkeley: University of California Press, 1944).

Ruskin, John, *The Seven Lamps of Architecture*, 1st American ed. (New York: Wiley, 1849).

Taut, Bruno, *Modern Architecture* (London: Studio [1929]).

第十章 风格

“风格”一词，在整个建筑领域是最令人捉摸不透又被滥用的词语之一。这是因为该术语有许多不同甚至是相互矛盾的含义，加上许多作者在寻求表达精确含义时，对其拿来即用，不求甚解。广义地说，“风格”一词在建筑学中单纯表示建筑物或建筑设计的一种姿态，是以可认识的方式，区别于其他建筑的姿态。因而风格和风尚全然不同，二者彼此很少相干。许多被认为时髦风尚的东西，倒是缺乏真实的风格。

如果风格指的是任何容易区别的设计类型或者设计效果，自然就可以得出，依据所研究建筑的特殊**类型**，风格会有不同的定义。我们可以说，每一个设计者都有他自己的风格；我们也可以说，一般情况下，不同时代或不同文化有不同的风格；我们还可以说，风格是由特殊的建筑材料得来的，这些话同样都正确。

在建筑学中，这个通用的术语，无疑有其历史渊源。我们说哥特风格、罗马风格、文艺复兴风格等，在这种意义上应用，这个词在每一种情况下，都承载着可知的含义。这是把布局、结构，以及美学效果等所有因素，集结到一个概念之中的尝试，以显示某个时期主要建筑的特性。作为对极端复杂的数据整体的简化，这一风格概念从历史意义上看，很有价值。

然而，对建筑历史追根寻源的学生，不久就开始发现从一个时期到另一个时期建筑的逐步发展中，再三出现了很难被界定为哪种所谓风格的建筑。他还发现，即使在文明高度发达的时期，当任何一种所谓的风格处于顶峰时，都会有很多例外的建筑建成，这些建筑几乎没有那个时期普遍流行的风格特征，换句话说，如果我们想保持“风格”在历史上用语的精确性，我们只能在最广泛的意义上——要么把它当作一种简单的年代问题，要么把它作为一种普遍精神的问题——来定义它，并且仅把它当作任何一套形式范畴的应用问题，以最普通的方式来阐述它。

意义上的模棱两可，招致柯布西耶声称，风格是一种幻觉。他写道，历史观念中的“风格，是激励着一个时代所有作品的若干原则的统一，是本身具有特殊性格的思想状态的结果”[1]。这一定义真够广泛，让人难以反驳，然而，如此广泛的含义，也到了对说明问题普遍无用的境地。因此“风格”一词，在历史中甚至在历史写作中，也都被极为谨慎地使用，过去的某个建筑有还是没有既定风格的问题，评论起来几乎是没有意义的。

---

1 《走向新建筑》(*Towards a New Architecture*)，弗雷德里克·埃切尔斯译，由 Payson&Clarke 于 1927 年出版，第 3 页。——原注

【图 302】加利福尼亚州的广播电台
任意沿用历史上的“风格”，结果完全缺乏真正的风格。托伯特•哈姆林摄影

如果在历史的著作中是这样，近代或当代建筑的情况就更是如此。只有在几代人之后，我们才能着手从文明所产生的复杂建筑中，去择取那些共同的因素，它们是其风格的标志。因此，在历史的观念中，我们所说的现代风格的概念是，或者说也许是，或者说也许必然会变成，极为含糊不清的概念，而且问一座建筑究竟是不是现代风格，也几乎毫无意义。像柯布西耶所说的，“我们自己的时代正在日益确立着自己的风格”[1]。20 世纪的历史风格已在不可抗拒地发展着，不管我们愿意不愿意，构成我们现实生活的那些多方面的压力——经济的、社会的、工业的、政治的——甚至会强制我们去发展。不管我们愿意与否，我们正在表现我们本身的文化，恰恰因为我们是生活在一定时期和一定地域的建筑师，我们的所作所为，或好或坏，或因循或创造，基本上是文化网络对我们所处的位置施加影响的结果。因而，在现代观念中“风格”一词的种种运用，对真正评论当代作品，非但无用，反而有害，与其说对设计者有帮助，倒不如说帮倒忙（图 302）。

我们说过，还可能有另外的关于风格的概念，一些不以时代或普遍精神为依据进行建筑分类的概念。就像有聪敏的作者也有愚钝的作者那样——我们说前者的作品有风格，后者的作品缺乏风格或风格欠佳——这样，敏感的批评家或设计者马上会认识到这一事实，面对建筑他会本能地说“这个美，有风格”，或者“这个丑，根本没有风格”。在这种情况下，风格这个词就有了真实的批评含义，而且有益于我们理解概念中所固有的东西。

1 出处同前。——原注

【图 303】荷兰，荷兰角的住宅
建筑师：J. J. P. 奥德
独特的风格源于对细节的精心把握。承现代艺术博物馆提供

建筑学中所说的风格，指的是这两件事：把某一理念或理想强加给设计；以一种使该理念或理想在每一个细节中都表达清楚的方式创作该设计。这种表现向来不会出自讲求效率的纯粹功能主义建筑。例如像柯布西耶——这位或许超越了所有功能主义者的预言家——所说，“赤裸裸的事实在于，某种理念的表现形式只能根据其中所采用的秩序确定”。在那种有意安排的与基本理念符合的实例中，存在着建筑真实风格的许多秘密。内部与外部一致，实际安排与艺术表现一致，这就是优秀建筑风格的基础。在一座建筑中，必须把同样的品质或表现，自始至终贯彻到各方面——平面、构图和细部。建筑里没有什么东西与这种感受或表现相矛盾。

在有风格的建筑中，贯穿始终的统一理念，可能是许多不同理念中的任何一种，这种理念可以是优雅的、富于表情的、权威的、有力的，甚至是经济的或高效率的理想，而且它必须是与建筑的主要功能有某种关系的，如果这里存在矛盾，内部的连贯性将受到破坏，不管其他方面设计得如何，它看上去将会无目的而且表面化。所以说，风格与性格不无关系。

风格的概念，作为某种基本一致性，必须渗入每一阶段的建筑设计过程中去，做每一选择时必须记住这点。例如，在基本概念中，风格指的是完美、清晰的统一设计，这种设计清晰、统一，毫无虎头蛇尾或纠缠不清的地方。奥德最优秀的作品就完美地说明了这一点，他的荷兰角的住宅是多么清晰、简洁和统一（图 303）。最优秀的现代工厂（图 286）之所以有风格，也是因为同样的原因，概念之完美清晰在每个项目中都十分明显。

【图 304】宾夕法尼亚州熊跑溪，“流水别墅”
建筑师：弗兰克•劳埃德•赖特
以材料的运用形成风格：石头和混凝土。约翰•麦克安德鲁摄影，承现代艺术博物馆提供

对建筑材料的选择和处理，同样也是值得考虑的问题。材料处理方面的风格来自真挚的诚实与最敏锐的想象力的结合。真实性对于材料来说，已经成为建筑中的老生常谈，但总是不能被充分理解。仅仅避免不真实或者假装那种材料是别的什么东西还是不够的，那不是获得风格的问题，而是表面的建筑门面的问题。材料运用方面的风格问题，指的是寻求什么是最有表现力的可能处理方法，必须以这种材料特性的详尽知识，以及对材料的想象力为基础。这种想象力将提示这些处理方法，它们将以最清楚、最完美的方式显示那些特性。弗兰克•劳埃德•赖特的建筑作品在砌体（图 304）和木构（图 305 ～ 307）两方面都有杰出运用。许多现代意大利建筑（图 308），像锡耶纳或蒙特卡蒂尼的火车站和那不勒斯的邮局（图 309），它们无可争议的风格至少部分归功于对大理石和金属等材料富有想象力的处理（图 310、311）。我们的许多西海岸的建筑师们，像哈韦尔•哈里斯、丁威迪和贝卢斯基，在他们的作品中，通过对木材类似的及精妙的运用，都已实现了伟大的风格（图 312、313）。

【图 305】罗德岛威克福德，斜折线形屋顶住宅

以材料的运用获得风格：作为表面材料的木屋顶及木护墙板。托伯特 • 哈姆林摄影

【图 306】马萨诸塞州，在温亚德港一所住宅中的“拼图式”门廊

以材料的运用获得风格：细部木作表现木材的强度和可加工性。托伯特 • 哈姆林摄影

【图 307】俄勒冈州波特兰，瓦茨克住宅，庭院景观

建筑师：约翰 • 研（Yeon）与 A. E. 多伊尔联合建筑师事务所联合设计

以材料的运用获得风格：木材以富有想象力的新手法被处理。承商业摄影艺术提供

【图 308】意大利威尼斯，奇迹圣母堂
建筑师：彼得罗•隆巴尔多
以材料的运用获得风格：大理石与木材的巧妙结合。

【图 309】意大利，蒙特卡蒂尼 - 泰尔梅火车站
以材料的运用获得风格：在具有现代功能的建筑中，大理石被用于贴面。

【图 310】马萨诸塞州新贝德福德，海关大楼，入口
以材料的运用获得风格：花岗岩细部的做法，表现这种材料的硬度、强度和自然属性。托伯特•哈姆林摄影

【图 311】新罕布什尔州曼彻斯特，米尔住区
以材料的运用获得风格：砖。承约翰•库里奇提供

【图 312】缅因州芒特迪瑟特岛萨姆斯桑德，托马斯住宅，自卧室翼望去
建筑师：乔治•豪
以材料、使用目的和位置获得风格。本•施纳尔摄影

【图 313】加利福尼亚州，韦斯特伍德 • 希尔住宅
建筑师：加德纳•戴利
纯净的细部、规则的形式，与宜居性相结合，形成一种独特的优雅风格。托伯特•哈姆林摄影

【图 314】瓜德罗普岛路易港，鱼肉公共市场
建筑师：阿里•蒂尔
以气候和材料应用获得风格：热带高温和钢筋混凝土的协调处理。引自《建筑师》

【图 315】德国夏洛滕堡，建筑师自宅，花园的正面
建筑师：埃里克•门德尔松
严谨的构图和含蓄的细部，创造出一种安静的、迷人的优雅风格，表达了建筑的目的与所处区域的气候特点。承埃里克•门德尔松提供

甚至气候也能使建筑产生某种类型的风格一致性，建筑与所处地域的空气、阳光、雨量、日照、风向的完全协调，就是这种一致性的基础。所以，阿里•蒂尔在法国安蒂里斯的杰出作品，就有一种开放性的诗意，那是顺应气候的真实结果；以这种严格的一致性为基础，使他的建筑获得风格（图314）。在气候影响的问题上，对照一下建筑师埃里克•门德尔松设计的两个住宅，也许会有教益 。一个是建筑师在柏林的自宅，另一个是在巴勒斯坦为哈伊姆•魏茨曼所建造的住宅（图315、316）。其中

【图 316】巴勒斯坦雷霍博特，哈伊姆 • 魏茨曼住宅
建筑师：埃里克•门德尔松
在这里干燥而温和的气候，启发了有显著特色的建筑形式。承埃里克•门德尔松提供

【图 317】柏林，哥伦布豪斯办公大楼，细部
建筑师：埃里克•门德尔松
通过对使用目的、构造和材料的成功表现，获得独特的风格。承埃里克•门德尔松提供

的每一种情况，都表现了气候所控制的特征，并奠定其风格，气候上的要求已经不是对设计的限制条件，而变成了表现风格的源泉。

细部方面的风格，首先包括一种在整个建筑的概念及所有最小构件的设计之间精神方面上的特别一致性。好的建筑细部，不仅完成所在部位的实际功能，而且有助于创建或破坏整体艺术的内在一致性，其作用有不可估量（图 317 ～ 319）。在概念上表现力量的建筑，若细部过分考究，就可能丢了

【图 318】英格兰贝克斯希尔，德拉沃尔馆
建筑师：门德尔松和切尔马耶夫
俯瞰宽阔的海滨，表现出公共的和娱乐的风格。承现代艺术博物馆提供

【图 319】康涅狄格州纽黑文，埃尔姆黑文住区
建筑师：奥尔与福特。顾问：艾伯特•迈耶。
构图宁静，细部精致的门廊与檐口结合起来，产生一种优雅的宜居风格。托伯特•哈姆林摄影

【图 320】纽约中心公园南部 40 号，公寓住宅，入口
建筑师：迈耶和惠特尔西
都市的尊贵与人性化的尺度相结合，形成独特的风格。承迈耶和惠特尔西提供

【图 321】伊利诺伊州芝加哥，大湖海军训练学校，游艺厅
建筑师：SOM
为公共游艺厅所做的社交用经济性房屋，以结构的自然表现，获得风格。海德里奇 - 布里新摄影

风格；同样，一座精美而有亲切感的建筑物，若细部漫不经心或粗制滥造，就显得粗野，不招人喜欢（图 320、321）。在这当中，不假思索地接受标准化细部，是一件很冒险的事，当然，优秀的设计师经常运用标准细部，但他会机智地运用，并保持与建筑设计整体的一致性。密斯 • 范德罗设计的巴塞罗那博览会展馆，其动人的优美感，在很大程度上得之于它那精致的细部（图 135、301）。爱德华 • 斯通设计的长岛古德伊尔住宅（图 276，322 ～ 324）是另一个精彩的具有真实风格的建筑实例。不论建筑哪个最小的细部，都体现了把建筑物当成一个整体这个基本概念，因此建筑同样获得雅致精美的性格。

【图 322】纽约长岛韦斯特伯里，古德伊尔住宅，外观
建筑师：爱德华 • 斯通
风格来自于对混凝土、金属、玻璃的精心处理。伊兹拉 • 斯托勒摄影

【图 323】纽约长岛韦斯特伯里，古德伊尔住宅，餐厅
建筑师；爱德华 • 斯通
房间形状、窗户细部和家具，创造出一种优雅华丽风格。伊兹拉 • 斯托勒摄影

【图 324】纽约长岛韦斯特伯里，古德伊尔住宅，起居室
建筑师：爱德华·斯通
宽大的玻璃、精致的金属制品，以及柔和与优美的线条和比例，形成独特的风格。依拉·斯托勒摄影

从根本上说，建筑的风格大都来自设计者本人的个性特点，建立在不同方法和不同答案之间的一系列选择的基础上。如果要使建筑物具有风格，那么无数选择中的每个单一选择，都必须做到与一个单一的和前后一致的基本理念相一致。要实现这一目标，就必须具有清晰的头脑和个性以便让人们认识到单一理念的含义是什么，并且还要足够敏感和富于想象力，以使每个选择绝对正确。极而言之，这种能力不只是才能问题，几乎就是天才本身。

为第十章推荐的补充读物

Giedion, Sigfried, *Space, Time and Architecture* (Cambridge, Mass.: Harvard University Press, 1941).

Greene, Theodore Meyer, *The Arts and the Art of Criticism* (Princeton: Princeton University Press, 1940).

Gropius, Walter, *The New Architecture and the Bauhaus*, translated by P. Morton Shand, with a preface by Joseph Hudnut (New York: Museum of Modern Art [1937]).

Hamlin, Talbot [Faulkner], *Architecture, an Art for All Men* (New York: Columbia University Press, 1947), Chap. 9.

Johnson, Philip C., *Mies van der Rohe* (New York: Museum of Modern Art [c1947]).

Le Corbusier (Charles Édouard Jeanneret), *New World of Space* (New York: Reynal & Hitchcock, 1948).

Vers une Architecture (Paris: Crès, 1923); English ed., *Towards a New Architecture*, translated by Frederick Etchells (New York: Payson & Clarke [1927]).

Mendelsohn, Eric, *Three Lectures on Architecture* (Berkeley: University of California Press, 1944).

Sullivan, Louis H., *The Autobiography of an Idea*, with a foreword by Claude Bragdon (New York: Norton [c1926]).

Wright, Frank Lloyd, *Frank Lloyd Wright on Architecture; Selected Writings 1894-1940*, edited with an introduction by Frederick Gutheim (New York: Duel, Sloan & Pearce, 1941).

Modern Architecture; being the Kahn Lectures for 1930, Princeton Monographs in Art and Archeology (Princeton: Princeton University Press, 1931).

第十一章　建筑色彩

色彩顾问　朱利安·E. 加恩西　撰稿

在建筑设计中，不容忽视色彩关系问题，因为每种建筑材料都有色彩，并且应该与相邻的材料保持适宜的关系。这种相宜性与选色中运用的谨慎和智慧成正比。平庸的设计可以用色彩的突出效果加以改善；粗枝大叶不动脑筋的色彩处理，多半会废掉经过充分研究的形式方面的目的。设计者用"安全灰色"也不保险，因为所有灰色材料都染有这种或那种色调；视觉上完美无缺的纯正灰色，只有在实验室里才能得到。尽管如此，在设计和建造的进程中，大多数色彩方案，通常是用小型样本匆匆赶出来的，经常由一些彼此不相往来的人，在不同光线条件下工作，而且总是在紧迫的工期压力下赶出来的。可是经验也表明，有为数不多的建筑物施色方案，其与建筑形式同步生成，获得了成功。

奇妙的是，从1893年的芝加哥博览会到40多年以后的纽约和芝加哥博览会，参与规划的建筑师们，坚持把色彩当作一种不可缺少的整体设计因素来考虑。人们弄不清，是否就可以推断，就建筑的意图而言，建筑施色只是对临时建筑有价值，而不适于永久性建筑呢？或者说，建筑上的发明创造，能够脱离永恒义务，而在色彩上快乐而自然地表现自己呢？在此可以发现的争论点是，不宜设计存在五年以上的建筑物。这样，在舒适的环境和精神健康方面获得的净收益可能会超过频繁重建的经济成本。在这一章里，"色彩"这一术语，将被理解成不仅包括适于博览会的欢快华丽的彩饰，而且还特别包括必不可少的心理学效果，以及由于带色材料的并置与相互影响，所产生的更好或更坏的效果。

建筑师在永久性建筑中对色彩疏忽的过失，部分要归咎到19世纪和20世纪初期的建筑教育门户。当时，巴黎美术学院要求某些考古复原图带颜色，但在设计中，任何庄重的设计习题所提交的渲染图，只限于用暖调的黑、灰色系中国墨作薄层渲染。他们相信，学生们在单色画面前人人平等，剥夺了善画色彩画学生比不怎么善画色彩画学生的先天优势。事实出乎意料，用单色和传统阴影画法所表现的建筑外观，待建成之后再看，那完全是一种错误的预告，然而，这种谬误的方式，伴随着巴黎美术学院毕业生回到他们分布在不同地方的家而充斥全球。这种流弊也在美国建筑竞赛中流行，为数不少的建筑评选委员会，他们认可图纸上的建筑，而在完工的建筑面前目瞪口呆。

在美国的建筑设计学院中，建筑先例的意象是，而且大部分依然是，得之于黑白照片或幻灯片。因此学生们很难不设想有价值的建筑是无色彩的这种事。甚至有幸访问欧洲的学生，带回来的也是单色测绘图或徒手画的钢笔、铅笔草图。至于色彩的记录，只限于一点水彩风景画。待到他们已经成为执业建筑师的时候，对色彩的忽视已完全成为积习。至于那些不辞辛劳地观察和研究帕提农神庙蜂蜜色的潘泰列克大理石，古罗马柱子的斑岩、蛇纹岩迷人的色彩，以及使加尼耶设计的巴黎歌剧院获得内部协调的以优雅绿灰色为基调的色彩调子，以供未来参考，那可真是少之又少。

然而，19 世纪以前的建筑，有丰富的先例把色彩当成完整表现建筑的一个必要因素。希腊人用色彩去加强大理石神庙的视觉效果，对于这一点甚至连那些自称纯粹主义者的人都感到震撼。例如，厄瑞克修姆神庙的爱奥尼克柱头卷涡，被涂上红色加以金边，与蓝色的圆鼓形成对比。在奥林匹亚，赤土制成的科林斯柱头上，用蓝色和金色交替勾画出一排排的叶饰来，把看起来向前卷的叶饰内表面涂成红色。甚至三种柱式中最简单的一种多立克柱式，也被在结构上合理安排的色彩加强了视觉效果，水平的构件施红色，垂直的构件施蓝色，而黄色（代替金色）则用在分界线上。装饰性的线脚红、蓝交替，之间以黄色使线脚更为清晰。事实上，希腊人指望以色彩去强调形式。幸亏他们本身就是艺术家，没有被必须用所谓“经典的”单色法这一错误思想所禁锢。

这一点不必再赘述了，只是提一下庞贝（在庞贝，由于天灾保留下来了希腊 - 罗马时期的精致装饰）在红、黑或黄色背景上错综复杂的彩色图案；圣索菲亚或圣马可教堂闪光的马赛克和大理石；遍及欧洲的穹顶和哥特式线脚丰富多彩的装饰；阿拉伯、波斯和西班牙富丽堂皇的面砖；以及那些与建筑、英法的彩色玻璃窗结合得极为密切的、绝妙的用色实例：这一切与近 150 年来无色建筑的个性形成对比。但是由于所引实例是不同于 19 和 20 世纪的文明和哲学所支配的作品，如今被引为先例而不假思索地使用，必然是一种唐突。原则可以不提，但色彩处理方法的模仿，势必会落入枯燥乏味的折中主义窠臼。尽管 20 世纪的建筑师很会采用多数装饰中运用的**希腊原则**，可是在最小结构构件上的最多数色彩，从来找不到在北方环境中光彩夺目的原始希腊**色相**。

在现代，色彩的物理学和心理学的研究，已经有了长足的进步。五个世纪以前，达 • 芬奇以他在色彩理论方面的惊人才能得出的某些见解和方法，至今依然适用。但是直到建筑师们回避色彩的那个时期，真正的科学研究还没有开始。罗伯特 • 玻意耳在 17 世纪末期，艾萨克 • 牛顿爵士在 18 世纪之初，开创了对光线通过透明棱镜时光学现象的研究，而且开发出第一个色相环。在他们之后，歌德、叔本华、扬、菲尔德、麦克斯韦、亥姆霍兹、布儒斯特等，在增加色彩的知识方面，做出了他们的贡献。但是观点和理论方面众说纷纭，带来了莫衷一是的混乱局面。

米歇尔 • 谢弗勒尔，从 1786 年到 1889 年活了一百零三岁，大大地澄清了这种局面，特别是关于色彩在建筑和工艺品的应用方面。他既非物理学家，也非经过训练的心理学家，但是他善于观察和爱追根究底，这使他明白了探讨色彩问题的必要性，从根本上说，与其说色彩问题是物理学或心理学的推论，倒不如说是一种视觉现象。他以经验为依据，向在哥白林花毯工厂任指导时所遇到的困难发起了攻击，通过观察和试验，他得出了符合实际的结论。他以“色彩的协调和对比原则”为题，于 1835 年发表了文章。在这里，连同他对人类视觉特性的其他论述一起，叙述了 11 个话题，对于当代了解色彩是什么，有什么用，有巨大的影响。它们构成了印象主义画派（特别是点彩派）的理论基础，给纺织品和室内装潢设计者提供了新的灵感，而且许多原则沿用至今。自谢弗勒尔之后，奥格登 • 鲁德（1831—1902）、威廉 • 奥斯特瓦尔德（1853—1932）和艾伯特 • 芒塞尔（1859—1916）把色彩作为视觉感受的研究，又向前推进了一步，并且形成了识别色彩的一些体系（图 325）。

这些体系之一就是芒塞尔体系，尽管这一体系技术上有些不足，但它是在实际中广泛运用的一个体系。该体系借助于空间的三个维度（长度、宽度、高度）表现色彩的三个特性——色相、明度和纯度[1]，可以用色相与两个编号的系数（一个是明度，一个是纯度）把任何色彩准确地标示出来。在一个更好的色彩体系发明之前，鉴于精确识别中意色彩的失当，常常是败笔之源，芒塞尔体系可以很好地供配色者在制作色彩方案时研究采用。

本章的其余部分，将专门叙述色彩的视觉现象，这里所讲的种种方法，常常有助于建筑的色彩规划。

有光线的地方，才能呈现色彩。色彩通过眼睛和脑对光线的反应而被感知。从波长几英里的无线电振荡波，一直到无穷短的宇宙射线，这一宽广的波系列中，光线是其间仅有的一小段辐射能量的可见波系列。振动着的光波，当经过棱镜被散射时，马上就会依其波长（400 ～ 700 nm）的不同显出不同的色彩。每个光源发射出一些有自己特点的色光束，当这些色光分离的时候，就组成这种光线的“光谱”。不同的色光是由组成它们光源的不同元素燃烧而引起的。例如，铁、镉或钠的燃烧，都会放射出它们典型的组合色光，由此可以宣布它们在某星球上或在其他天体上的存在。地球上任何物体的色彩，都是由它吸收某些色光，并把其余色光反射到观者眼睛中的固有能力决定的。

一般采用来自晴空天顶的日光光谱，作为辨别色彩的基准，因为它的色光十分均匀。在光谱上色彩的次序，是从一个可见的红色极限，经过橙、黄、绿、蓝到另一个紫色极限。每种色相均匀地消融于相邻的色相之中，能被正常人的眼睛辨认出来的不同色相大约有 150 种。被物体所反射的色相数量和比例决定物体的色彩：一个西红柿反射大量红色色光、一部分橙色和黄色色光，而蓝色和绿色的色光几乎大部分被吸收。

太阳光谱的六个基本色相（如上述它们位于最大纯度的各点上）和位于这六个色相之间的许多随意再细分的中间各点的色相，可以被等距离地安排在一个圆周上，形成一个“色彩环”，最好叫作“色相环”（应注意，芒塞尔体系由 5 个基本色相组成，而不是 6 个，此处涉及的问题太专业而不再谈它。出发点不同，但这并不太重要，不影响我们要说明的问题）。按照这个方法，就色彩来说设想可以做如下组织：第一，直径的两端设置“互补色”，其色相在性质上必须彼此对比，如红是绿的互补色，橙与蓝为互补色，等等。当颜料调在一起时，这一对颜色彼此中和而趋向于灰，因为各个色相吸收它的补色所反射的色光。当把互补色靠在一起，但没有混合起来的时候，它们的效果彼此增强。第二，在色相环一边的色

---

1 色相（hue）：色彩的第一印象，不管明度或纯度。我们说一个“红”苹果，一片“绿”叶子，无须进一步解释。除了紫色外，所有的色相都能在太阳光谱中找到。

明度（value）：与明和暗有关，不管色相或纯度。通常把从黑到白之间分成相等的距离，并作为尺度来衡量，加白“提高”色彩的明度，加黑则“降低”明度。茄子的明度比柠檬的低。

纯度（intensity），也叫（色彩的）浓度（chroma），指强弱而言，不管色相或明度。通常参照一个视觉感受等距的尺度来度量，用一个中性灰色标杆，向外灰色的强度逐步增加，一直达到颜料可以获得的最鲜艳程度。——原注

相——红 - 橙 - 黄序列是“暖色”，而且看起来突出；对面的绿 - 蓝 - 紫序列是“冷色”，看起来似乎后退。在这两个序列之间，红紫和黄绿，既不暖也不冷，而且看起来与它们所在空间的实际位置相符合。第三，“邻色”被安排在邻近的位置，并被解释成有一种共同色相的色彩，如红、紫红和紫，都包含着某种红色。

必须强调的是，刚才提到的色彩之间的相互关系，仅仅发生在眼和脑的观看机制中。就现在所知，这些关系除了符合人类的视觉现象外，既不符合波长的数学关系，也不符合别的什么自然规律，像掌控音乐的振动那样的规律。所以，在初步设想任何色彩方案时，绝不应该考虑别人在其他场合下已经采用过什么色彩，也不管眼下流行的是什么色彩，而是应该想到，通过观者的眼到脑所传递的反应是什么。善用色者所做的工作，就是调度色彩关系，朝着达到功能、适用和愉快的称心如意的色彩效果前进。为了准确地预测所发生的色彩反应，他必须知道，当人们接受被一种或多种物体所反射的色光时，眼睛是怎样动作的。

避免对观看机制方面相互矛盾的理论进行不必要的讨论，将最重要的视觉现象归纳如下（图 326）。

一、共时对比

谢弗勒尔发现，在视觉领域，色彩本身不作为定量存在。每种色彩在色相、明度和纯度上影响其他颜色并受其他色彩影响，如果让色彩彼此更加靠近，这种相互影响也就愈大。换句话说，每个色相将在相邻的色彩上，引发自己的互补色相；明度亮的靠近明度暗的，会使后者明度更暗，反过来也是一样；纯度高的会使相邻色彩表现出的纯度减弱。上述这三种反应一并出现。例如，将一本明亮、鲜红的书放在一张台球桌上，这会使绿色织品台面比没有放书时显得更暗、更绿、纯度更低。在建筑中，一面蓝灰色的石头外墙，会被橘褐色的补色门道或被密植的百日草对比得更趋于蓝色，同样也会被强烈的蓝色门道或蓝色屋顶对比得更趋于灰。住宅的百叶窗和摩天大楼窗帘的色彩，也可以选来达到同样的意图。

二、残留影像

眼睛会很快地在它所注视的任何色彩上产生疲劳，而疲劳的程度与那个色彩的纯度成正比。同时，看了使人疲劳的色彩之后，眼睛有暂时记录它的补色的趋势。因此，一个人注视明亮的橙色色块，15 秒钟之后，再把眼睛转视白色的卡片，他会在卡片上看到一个淡蓝色的色块。眼睛的这种特性，被利用在 1939 年纽约世界博览会上，这里长岛铁路入口处的一组建筑的金色效果，被长条车站蓝紫色玻璃窗衬托得更加强烈，通过长长的车站，旅客走向金色圆形广场。另外一个这类应用补色色相富于戏剧性的例子，可以在荣军院的拿破仑墓四周的窗户上看到。然而，在眼睛从一种色彩向另一种色彩的转移中，这一现象以不那么戏剧性的方式发生。

残留影像现象可引发三种效果：第一种，一种色彩可以被先前所见色彩遗留在眼睛中的补色所增强，如在看绿色之后再看红色；第二种，也可能被削弱，如看了红色之后再看粉红色；第三种，会朝预料不到的，但不一定就是令人不舒服的色相变化，如看蓝色之后再看黄绿色。运用眼睛的这种特性或者运用所提到的其他任何特性得到意想中的色彩效果，并不是儿童戏法，而是借助生理学和心理学上确实存在的现象处理问题，不论人们承认与否，实际上它的确存在。

三、色彩融合

由两种色相、数量相等的许多小色块密布交织在一起组成的一片色彩，像方格图案之类，从一定的距离看上去，会给人第三种色相的感受，它是与原来的两种有关系但都不一样的色相。比如红蓝交替的镶料构成的马赛克背景，从 12.2 ～ 15.25 米远的地方望去，会呈现紫罗兰或紫红色色相，不像红也不像蓝。通过放大镜观察的结果表明，半色调的彩色印刷，就以眼睛的这个习惯为基础，纺织品材料中，许多有趣的织纹也是靠这种效果。在建筑中，必须注意保持乱石墙的整体视觉效果，使砌体在色相和明度上形成对比，建成之后，不应该出现令人不快的意外。相反，美观大气的纺织品可以通过大胆采用对比鲜明的材料的密织来获得。18 世纪宾夕法尼亚和新泽西州所出现的许多结合得成功的石砌作品便可作为先例。在油漆面饰方面，距观者有一定距离的表面，运用“中断色彩”的方法产生很多趣味——两种不同色相的小色块交替结合产生了意想中的震荡色彩。

四、光照效果

色彩在视觉现象方面的变化，以照射在色彩上的光线的色相和纯度为转移，这是常识。在一家商店的荧光灯下购买的小地毯，放到家里白炽灯泡或者在日光下观看，常常会失望。理由很明显：由于一个物体的色彩，是吸收某种光线的色光反射其余的色光所形成的。除非，物体从一种光源那里接受适合于它那色彩本性的那类色光，否则它就不能反射它们。因此，一块蓝色的小地毯，在“日光”荧光灯管光线之下，因这光线富有蓝色色光而缺乏光谱里偏暖色一侧的色光，会出现正好中意的色彩。可是到了起居室里，它在富有红、黄和橙色，而蓝色色光相当少的白炽灯下，看起来就灰暗、褪色。人的皮肤也有类似的效果，不过情况相反，在冷色的荧光之下，小女孩红润的脸蛋看起来显得有些菜色。

随之而来的是，建筑色彩的选择，必须在相同的光线环境下进行，在某种打算要看到它的环境中进行。在朝北的绘图室的冷光之下选择建筑外观的色彩，而在阳光照射下的完工建筑，效果就不能称人心愿。直接的太阳光线（不是来自天顶的反射光线）充满了黄、橙的色光，而且它的阴影带一些紫和蓝——被光线直接照射周围暖色表面的共时对比所引起——因而在这种光线之下，暖色会被加强，冷色倒有些被中和，由此可以得到一个根据朝向来规划外部色彩的启示。一扇红门，在南立面就会太耀眼，在北面就会得到校正。同样的道理，室内色彩的选择，应考虑到所照射的光线本身在色彩上的补偿作用。

不仅光源的色彩必须被调节成意想中的效果，其纯度也应如此。光线愈强明度愈高，呈现的色彩纯度会愈弱；如把光源减弱，则会使一种色彩变暗，纯度也会减弱。在很强或很弱的光线下，视觉的敏锐性将大大减退，以致相邻的色彩在色相、明度、纯度上彼此靠拢。这就是说，处于照度暗淡的室内，如果要察觉出各种色彩的差异，就必须增强其对比。极为强烈的对比色在强光下可以容忍，在普通光线中则会让人觉得不舒服。强烈的色彩在热带阳光照射下效果较好就是一例。

五、光渗

这一术语是指，当一个明亮物体在一种暗背景下被看时，其尺寸会显得增大；当一个灰暗物体在一种亮背景下被看时，尺寸会显得缩小。印刷铅字版面的设计者和广告设计，都会注意这一视觉反应，而建筑师却常常忽视它。那些明度大的构件，当设置在暗的墙面或开洞的前面时，看上去会让人觉得变得大而粗，反之，其他深色材料构成的物件被放在明亮的背景之前时，则会让人觉得比设计者所要求的要细些。成功的铭刻设计及字体铭刻，都会考虑这件重要的事情。幸好，由于光渗现象在任何范围内都能出现，它的效果可以用色彩草图来预先确定。

六、色彩的协调和不协调

在这个标题之下，有许多荒谬和误人匪浅的信息公开发表了。失败主义者相信，构成色彩协调关系的能力是上帝的恩赐，或者是染色体巧妙安排的结果。这些人想方设法证明，天地造化在他的叶饰和天空方面制定了颠扑不破的法则，以遂意的色相、明度和纯度的任意度量基准为基础，去做数学计算。对任何色彩结合的最终评定都是用人的眼睛，因此，一种更为合乎逻辑的程序似乎是，研究眼睛喜欢什么，讨厌什么，把这种眼睛的好、恶当成适当布置色彩方案的可靠指导准则。

下面眼睛的偏好都已被过去历史实例证实过，也被近来的实例调查和研究过（图 327）：

（a）眼睛喜欢少量色相的结合，而不喜欢许多色相的结合。多于三个基本色相就难得成功，当数目增加到三个以上，色相的搭配就很少令人满意了。事实上，无数成功的方案，只是从一个色相变化其明度和纯度来获得的，这叫作单色方案。由一个色相，可以得到一个局部色谱表，红色可能做得出这样一个丰富的方案：虾仁红、草莓红、肉红、粉珊瑚红、猩红、龙血红、伊特鲁利亚红、巴西红、砖红、摩洛哥红、葡萄酒红和麻布褐。人们可以从单色方案中获得一种端庄、紧凑和有力的印象，但这种方案也可能让人很快失去兴致。如果是那样，引入小面积的与原色相接近的补色，便会使得方案活跃起来。

（b）以两个或三个基本色相为基础的配色方案，能适应眼睛要求简洁的特性，同时也能使之多样化。但眼睛还偏爱色相之间保持最适当的间隔，它喜爱色相间紧密相邻（类似色）或明确远离（对比色）。如早先所说，相邻的色相，其中必有共同的组成成分，三种色相的十二种色彩，每种都被统一安排在色相环上。对比色中以互补色最为明显，安排在色相环长弦的两端。尽管在谈论色彩的文章中不时提请注意，但是眼睛对于直接互补色还是不大感兴趣，这多半是由于它们彼此分毫不差地平衡的缘故。眼睛很喜欢分离式互补色，那就是在一个三色相组合之中，两个色相是第三色相的补色。这种配合可以是：红，黄绿，蓝绿；黄，蓝，红紫。不过，这里没有弄明白的是，纯度高的三个色相会使人觉得愉快，但在明度、纯度和面积上，将必须做出调整。

（c）眼睛喜欢色相的面积和纯度二者多样化。喜欢色彩的面积与它的纯度成反比变化。这就是说色彩愈灰，面积可以愈大。设计师们只是相信，使所有色彩发灰就能保证协调，却未能看到，眼睛的这种偏爱是在两方面起作用的：大面积色块需要减少纯度；面积较小的色块则需要相应地增加纯度，以适应正常的色彩感。同样，那些现代色彩专家，把强烈的色彩涂在室内的整片墙面上，也忽视了眼睛的这种偏爱，使得这些室内所有者们有不适的感觉，而这种不适多是由别的什么原因引起的，而不是纯度问题。

解决色彩设计的最简易方法，大概就是把称为“主导色”的色相布置得面积最大、纯度最低，把“调节色”的色相面积布置得较小、纯度较高，而“重点色”则是面积最小、纯度最高。最丰富的色彩方案是调整少许色相的明度和纯度所得的。因此，在主导色、调节色和重点色的整体架构内，可以按照设计者的意图采取明暗和强弱等多种变化。甚至在色相上处理得稍有差异，如果不过分的话，也是可以接受的。

（d）色彩有一种起源含糊的特殊心理联想，这对色彩的设计者十分重要。人人都知道，绿色是春天的色相，橙则是秋色，蓝是天空。而配色家则需要使色彩具有更加精微的特征，对他而言，色彩可以是暖的、冷的、“可食的”、讨厌的、宜人的（好客的）、郑重的、镇静的、消沉的、刺激的等。例如，银行内部普通墙的色彩选择，要使顾客们领会到，银行或欢迎小笔存款，或喜欢巨富的特殊光顾。在工厂中，雇员们在高温环境下工作，如果把房间漆成明亮的冷色则会更加舒服。在医院里，有益于健康的色彩明度，毫无疑问要与各种房间的功能密切相关。医院内部是纯白的，意味着一种过了时的惯例。

在继续探讨设计色彩方案之前，现在尝试着将上面所提到的归纳成如下色彩工具：

1．一种工作用调色表，像芒塞尔体系所提供的那种优秀色彩体系。

2．了解色相环，并通过对它的使用发现色相之间的关系。

3．共时对比、残留影像、色彩融合、光照效果和光渗等视觉现象的鉴别。

4．眼睛对运用色彩的数目、面积和色相关系的偏爱的知识。

有了这些工具，就可以满怀信心地着手处理任何建筑色彩问题了。色彩设计像形式设计一样，必须首先满足功能和适用的要求。选择适当色相的难处，并不在于色彩本身的复杂性，而在于事先准确地预告出所寻求的结果。功能上的设计要求，既然能引导建筑师取得适当的形式，也会指引他们获得适当的色彩。例如一个医院的妇科病房，应该以精密的设计去响应每一个病员的要求，仅就色彩而言，应该使她了解：第一，在这个临时环境中她会得到满足；第二，一旦痊愈就容许回家，为别的病员腾出床位。尽快周转，是这类房间的功能要求之一。

在任何建筑问题中，最重要的色彩选择将是主导色相的选择。就外观而言，这要看想把新建筑在其环境中突出到什么程度。把它融于周围环境之中呢，还是置于公众关注之下，或者是以谦逊的性格与相邻建筑共处？业主的愿望、居住区的特征、建筑的使用目的及建筑师本身的品位，都是需要考虑的因素。在这里，突破框框，大胆而为的观点，要付出代价。可以断言，所有美国城市的枯燥面貌，就在于部分建筑师不能虚心地为建筑物寻找最合适的基本色相，而这种寻找会对建筑有所指引。这是建筑师实现创造性想象的机会，每个人都乐于做这种美好的尝试，尽管并不能完全成功。建筑师运用色彩的信心，不仅会由这里所建议的实践入手，而且还会通过对带色物体的认识而增强，如纺织品、搪瓷、马赛克、陶制品和其他物品的视觉效果处理，都可以在博物馆或书籍中找到。一个大胆而出彩的方案是雷蒙德·胡德设计的纽约美国暖炉大厦，它作为他色彩运用方面无拘无束的想象力的纪念碑而耸立着。

伴随着主导色相，随后要选择两个辅助色相，或为类似色关系或为对比色关系，来充当调节色和重点色。在想获得退隐效果的地方，对比色显然会破坏这种意图，而在适于运用突出效果的地方，类似色就没有什么表现力。选定三个色相之后，必须决定它们的明度和纯度，从明度极为接近到极为对立的关系中，几乎有无数组合系列可以使用，供设计者精确地表达意图。在此，鼓起勇气探索各种可能，将会带来丰厚的回报。每个美国城市都不乏贻误良机的例子， 特别是在高层建筑中。人们可以想象，用钢所建成的修长而高耸的塔楼，不仅可以用垂直线条来强调，也可以用色彩的趣味来增加竖向的效果，还可以在顶端爆发出它的宏伟感。到现在，这种为城市的骄傲而设计的光荣桂冠，还只停留在想象之中。

除了这一点，每个色彩问题都变成一种特殊的情况，建筑师的观点、试验和知识的研究不必受上述建议的约束，这里所提出的合乎逻辑的程序，不应成为建筑师自由表现的障碍。尽管在色彩方面伟大的艺术家像其他所有艺术家一样，并不需要什么规则，但一般建筑从业者，还是得寻求具有规律性的思想，为牢固建立在人类反应基础上适宜的、清新的和刺激的色彩方案打开意想不到的源泉。

为第十一章推荐的补充读物

Birren, Faber, *Functional Color* (New York: Crimson Press, 1937).

Monument to Color (New York: McFarlane, Warde, McFarlane, 1938).

Burris-Meyer, Elizabeth, Historical Color Guide (New York: Helburn [c1938]). Chevreul, M. E., *The Principles of Harmony and Contrast of Colours* (London: Bell & Daldy, 1870).

Guptill, Arthur L., *Color in Sketching and Rendering* (New York: Reinhold,1935).

International Printing Ink Corporation, *Three Monographs on Color* (New York: the Corporation, 1935).

Katz, David, *The World of Colour* (London: Kegan Paul, Trench, Trubner, 1935).

Luckiesh, M., *Color and Colors* (New York: Van Nostrand, 1938).

Light, Vision and Seeing (New York: Van Nostrand, 1945).

and F. Moss, *The Science of Seeing* (New York: Van Nostrand, 1937).

Munsell, A. H., *Book of Color* (Baltimore: Munsell Color, 1929).

A Color Notation (Baltimore: Munsell Color, 1929).

Ostwald, Wilhelm, *Colour Science*, Parts I and II (London: Winsor & Newton, 1931-33).

Sargent, Walter, *The Enjoyment and Use of Color* (New York: Scribner’s [c1923]).

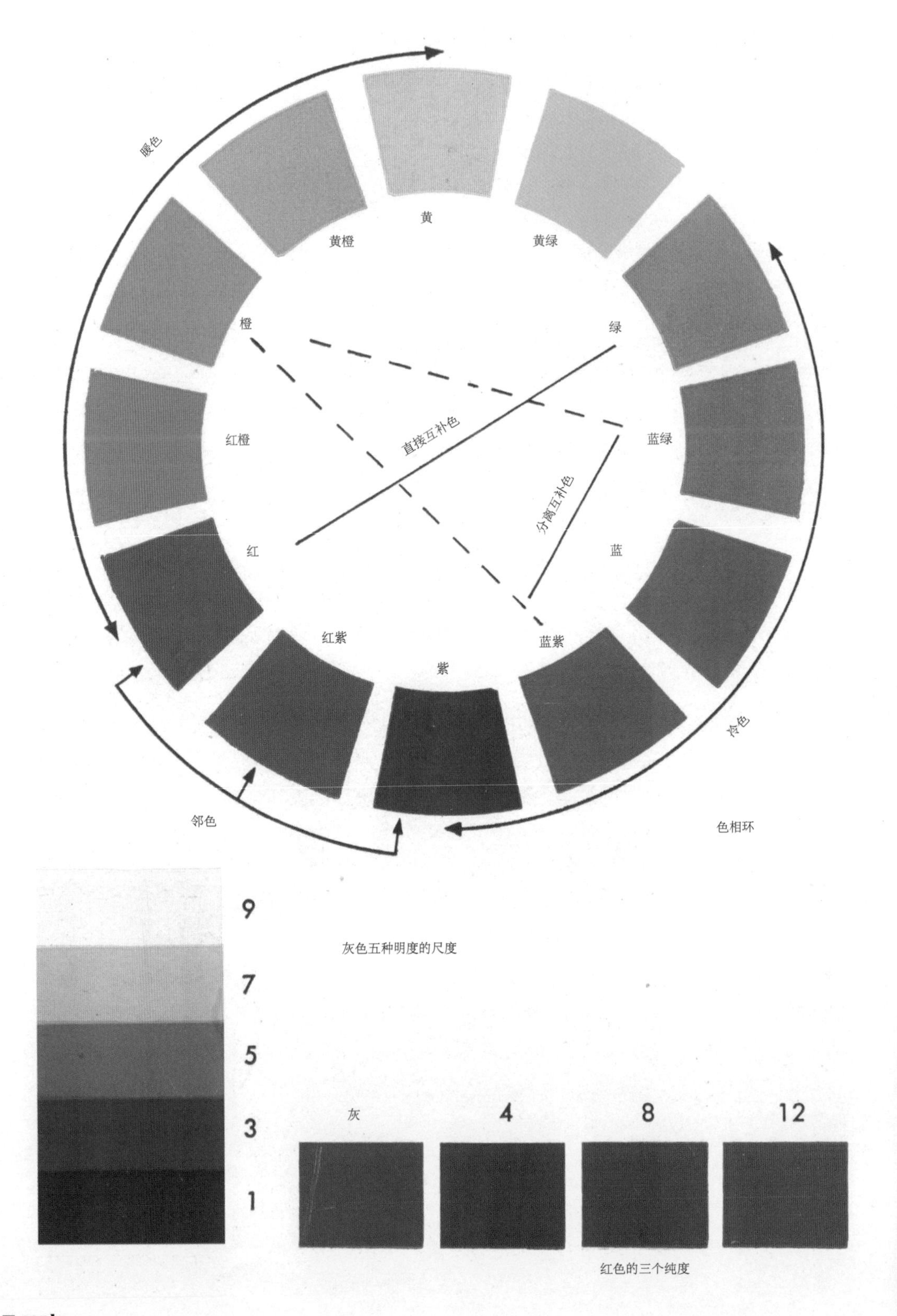
暖色
黄
黄橙
黄绿
橙
绿
红橙
直接互补色
蓝绿
分离互补色
红
蓝
红紫
蓝紫
紫
冷色
邻色
色相环
9
7
5
3
1
灰色五种明度的尺度
灰
4
8
12
红色的三个纯度

【图 325】

同时对比

中心圆面是同样的灰色

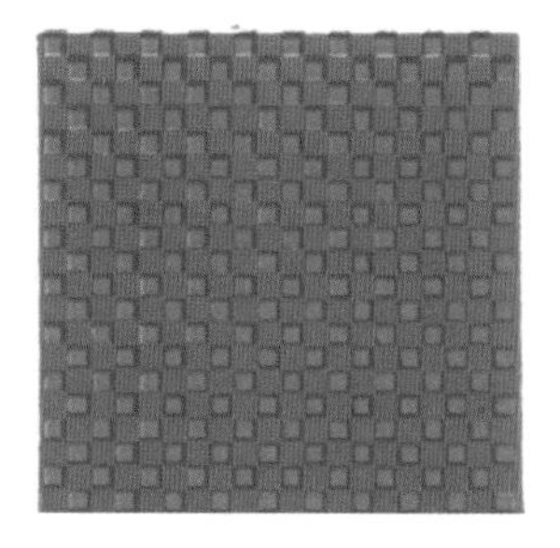

色彩在眼睛中的融合

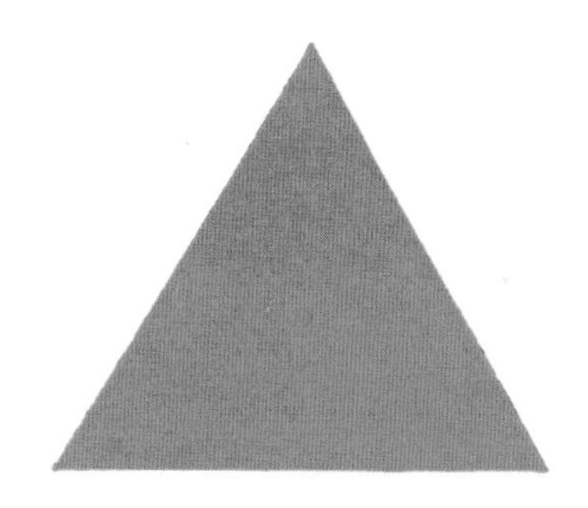

残留影像

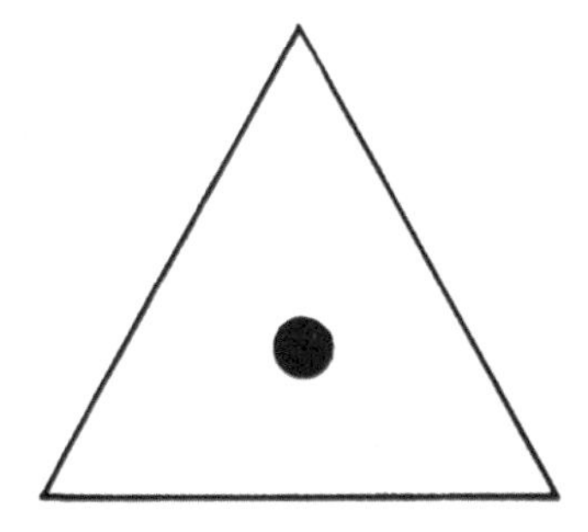

光渗

星形的尺寸是一样的

【图 326】

色彩的进退

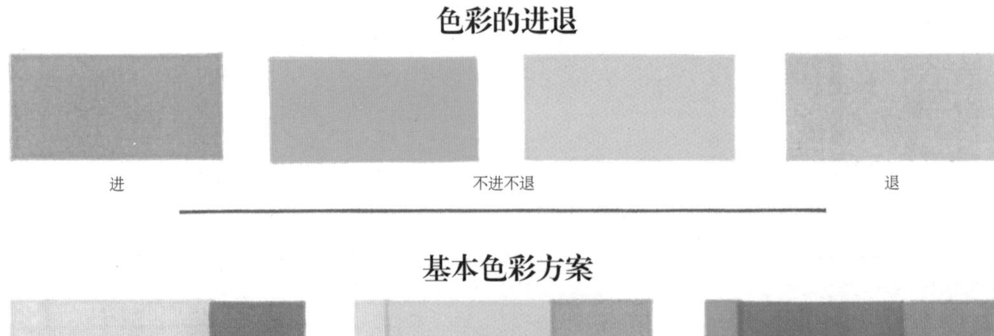

基本色彩方案

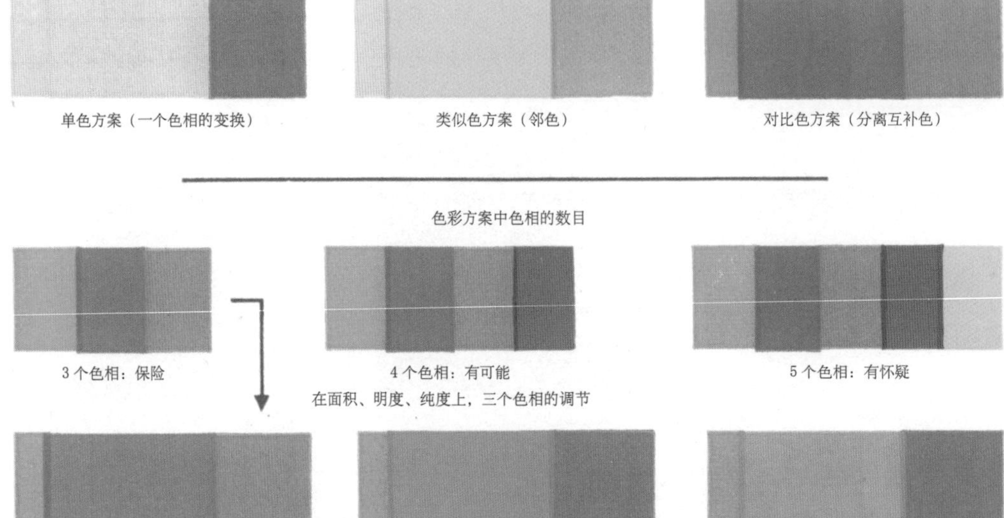

任何三个色相可用上面的调节获得协调，进而在三个色相中发展丰富性

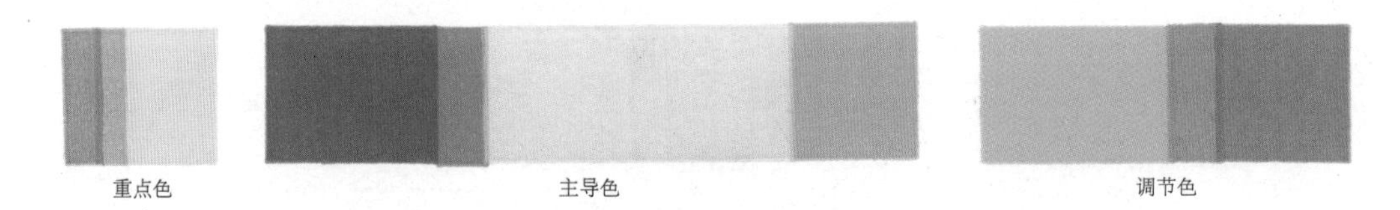

色彩心理学联想的实例

【图 327】

再版后记

《建筑形式美的原则》是我1978年完成的译作，1980年由建筑工业出版社出版。40余年后，华中科技大学出版社计划再版，这让我有些激动，甚至震动。

这部著作是哥伦比亚大学建筑学院主持制定、由该大学出版社于1952年出版的四卷本建筑学教材，《建筑形式美的原则》就译自此四卷本的第二卷《建筑构图》。

现在的建筑学青年朋友很难想象，“建筑构图”或“建筑形式美”曾经被视为资产阶级建筑教育思想，改革开放之前，事实上它已经成为建筑教学或理论的禁地。我作为学生追寻建筑构图或建筑艺术基本知识的漫长过程，以及我作为教师所见低年级同学对相关知识的渴望，譬如，这些刚刚拼完了数理化的中学生考了建筑学专业之后，对于建筑形式的不知所措等，都表明我们确实需要哥伦比亚大学的建筑形式或建筑艺术这类入门基础教材。

即将进入2020年代，还注重20世纪50年代的教材，这是让我震动的主要原因，也是出版社的独特眼光。这使我回想到该书的几点特色。其一，它是我见过的关于“建筑形式美”甚至“形式美学”最全面的教材，它用十一章的篇幅，概括了包括色彩在内的形式要素及其运动规律的几乎全部内容；其二，从心理学原理出发，解释建筑的形式美学原理，以简单的语言说明复杂的道理；其三，书中提示了教材所应有的“可持续性”态度。书中所举的实例，多数是文艺复兴、哥特、古典、巴洛克等时期的老旧作品，但在每个章节几乎都提到当时已达“英雄时期”的现代建筑对建筑构图所表现的正面或负面态度，这提示人们向前看，避免了“老学院派”守旧态度。

20世纪50年代至今，建筑技术、艺术和观念，都有了翻天覆地的变化，反映在建筑形式上好像也是“换了人间”。但是建筑的基本要素及其运动规律并没有发生根本性的改变。20世纪50年代与当前仍然同属工业化时期，尽管我们似乎已经站在新生产力——信息技术时期的门口，但建筑尚没有形成可以进入教材的新形式原理。新生想对建筑形式有一个基本的认识，这里仍然是个恰当的入口。所以，20世纪与建筑的形式与功能相关的多数原理，至今仍然适用，这就是我决心做好这次再版修订的动力。

当年，《建筑形式美的原则》的初稿曾寄给恩师沈玉麟先生看，他当即给我巨大的鼓励，后来又欣然答应校核译稿。一个小小技术员，贸然投稿建筑工业出版社，在互不认识、互不了解的情况下，竟能获准出版，确实是令人兴奋。我建议的书名是《建筑构图》或《建筑美学》，编辑建议为现名，足见对“构图”仍心存疑虑。不过，我欣赏带有“形式美”的名字，“形式”不涉及“内容”，问题简单多了。我也庆幸没采用“建筑美学”，从后来的学习中才知道，“美学”是个太大、太复杂的问题。

在这次重读与修订的过程中，我越读越失去曾经的兴奋。当年为了避免“洋腔洋调”追求“口语化”，没有顾及原作语言较为简洁的学术风格。所以这次抱着重新来过的态度，加以订正。完稿后，我又将稿件交给我的弟子刘丛红来完善。她现任天津大学建筑学院教授，当年我就把那部《建筑：形式、空间和秩序》交给她，她的工作很出色，那本书一印再印。

旧版《建筑形式美的原则》出版于改革开放起步时，那时物质和技术条件依然很差，纸张粗黑、图片模糊，已经不能满足今日广大读者的需求了。华中科技大学出版社提出再版的计划，不但看到此书的学术价值，也给了它旧貌换新颜的机会。这肯定与出版社的张淑梅女士的努力有关，她曾经负责过我的文集的编辑工作，其间曾经决定重印不合格的产品，我知道，那可不是一项容易的决定。我与她平常几无联系，但她的认真和专业精神，给我印象极深、极好。这次负责编辑的新朋友是贺晴女士，相信我们会通力合作，完美地达成理想的目标。

邹德侬

记于珠海有无书斋

2019年9月9日